SHUISHENG BURU DONGWU ZIYUAN

水生哺乳动物资源

袁文泽　　主编

中国农业出版社

编写人员名单

主　编：袁文泽

副主编：郭　宁　贾　赟

编　者（按姓名笔画排序）：

于恒智　于海奎　　王　琳　王　耀

付　博　刘大鹏　　孙艳峰　邱向锋

张　瑜　张·达古拉　林　伟　周玉音

高振波　郭　磊　　简中友　魏　菁

绘　画：周玉音

FOREWORD 前言

　　我们的家园是烟波浩淼的宇宙中一颗微不足道的蓝色星球，然而恰恰是这样一颗毫不起眼的星球，却孕育了无数纷繁复杂、多姿多彩的生命。生命从哪里来？又要到哪里去？生命究竟是偶然还是必然？这样的问题已困扰了人类数千年之久，并继续将疑问保持下去。

　　科学家们普遍认为，生命起源于海洋。在大约 38 亿年前，当陆地上还是一片荒芜时，海洋中就开始孕育了生命——最原始的细胞。然后，又历经数亿年的进化，大约在 2 亿年前，地球上出现了爬行类、两栖类、鸟类等，所有的哺乳动物也在陆地上诞生了，而它们的一部分又回到海洋中。大约在 300 万年前，出现了具有高度智慧的人类。

　　自从诞生之日开始，人类就从未停止过对海洋的探寻和思索。在"天圆地方"观念流行的年代，人类就勇敢地起航，七下西洋、开辟横渡大西洋到美洲的航路、完成首次环球航行……一次次的成功承载着文明的创举。在科学技术飞速发展的今天，人类对神奇的海洋的认识在不断深化，然而海洋带给人类的谜题却不减反增。我们忽然发现，人类对海洋的探索似乎才刚刚开始，未来还有更漫长的道路要走，还有更美好的前景在等着我们。

　　赫尔曼·梅尔维尔的《白鲸记》、儒勒·凡尔纳的《海底两万里》以及欧内斯特·米勒尔·海明威的《老人与海》等名著，让我们对波澜壮阔的海洋充满想象，让我们对瑰丽多姿的生物心驰神往，也激励着一代又一代人，去探索、珍惜和爱护海洋，去追求人类与海洋的和谐相处，以全新的视角去感悟生命，品味人生，净化心灵。

　　我国是一个海洋大国，21 世纪是海洋的世纪！党的十八大报告指出，要提高海洋资源开发能力，发展海洋经济，保护海洋生态环境，维护国家海洋权益，建设海洋强国。这也激励我们尝试从"水生哺乳动物"这样一个比较小众的角度来介绍一些在海洋及淡水生境中生存的富有代表性的生物物种。

　　我国目前关于海洋和水生生物领域的文献大多偏重于经济类、养殖类水生动物，对水生哺乳动物的研究和保护尚处于世界落后水平，有关水生哺乳动物的专业论文和书籍屈指可数，普通民众对水生哺乳动物的认知度也非常欠缺，这与我们海洋大国的地位形成鲜明反差。在"开发海洋、利用海洋、保护海洋"的大背景下，希望本书能够为大家了解、研究、开发、保护水生哺乳动物资源，提高全社会的生态环境保护意识，建设美丽中国出一份力。

除大家广泛认知的鲸目、鳍足亚目、海牛目等海洋哺乳动物外，本书还收录了食肉目、啮齿目、偶蹄目、单孔目下营水栖半水栖的哺乳动物，如北极熊、水獭、河狸、河马、鸭嘴兽等，共计收录物种88种。

本书从物种分类、形态特征、生活习性、种群现状、面临威胁和物种保护等角度对每个物种分别进行了介绍。在编撰过程中，我们参阅、收集、编译了世界自然保护联盟（IUCN）《2013年濒危物种红色名录》《濒危绝种野生动植物国际贸易公约》(CITES)、《保护野生动物迁徙物种公约》（CMS）、《中国物种红色名录》《中国国家地理自然百科》等该领域众多权威信息和数据，除安排专人制作每个物种的分布范围示意图外，还邀请专业美术工作者绘制了每个物种的彩色插图，保证了本书的专业性和科学性水平。

本书是我们在宣传普及水生哺乳动物知识，推动我国水生哺乳动物研究、利用、保护事业发展方面的一次积极的探索和尝试。希望大家通过阅读这本书，能够对自然多一份敬畏，对生命多一份尊重。我们同时也期待这本书，能对有兴趣去寻找、观察、欣赏、研究水生哺乳动物的读者有所帮助。

编　者

2015 年 11 月

CONTENTS 目录

第 1 章 鲸 目

　　鲸，是海洋哺乳动物中鲸目生物的俗称，有着体温恒定、用肺呼吸、胎生、哺乳等哺乳动物的基本特征。与陆生哺乳动物不同的是，鲸豚类动物身体呈流线形，皮肤裸露，仅吻部具少许刚毛。皮下脂肪肥厚，以保持体温并减少身体的比重。前肢鳍状，后肢退化，尾鳍是主要的游泳器官。眼小，视力较差，主要靠回声定位寻找食物和逃避敌害。鼻孔位于头顶，1～2 个，俗称喷水孔，是鲸类的重要特点。无外耳壳，外听道细小，但感觉灵敏，能感受超声波。胚胎时期都具齿，但须鲸类的齿在出生时变为鲸须，而齿鲸类的齿终生保留。

　　鲸类小者体长仅超过 1 米，大者如蓝鲸体长 30 多米，目前已经辨识出的有 70 多种，可分为齿鲸类（Odontoceti）和须鲸类（Mysticeti）。齿鲸类包括抹香鲸、白鲸、喙鲸、所有的海豚及鼠海豚等，大多以鱼类、头足类为食，有的也捕食包括其他鲸类在内的海洋哺乳动物，如虎鲸等鲸类。须鲸类包括大多数的巨型鲸类，如蓝鲸、弓头鲸、露脊鲸等，没有牙齿，取而代之的是成百上千条鲸须，如刷子般从上颚悬垂而下，主要以营大群生活的甲壳类或鱼类为食。

　　其生物学分类如下：

须鲸亚目 Mysticeti

- 露脊鲸科 Balaenidae
  - 露脊鲸属 *Balaena*
    - 弓头鲸 *Balaena mysticetus*
  - 真露脊鲸属 *Eubalaena*
    - 南露脊鲸 *Eubalaena australis*
    - 北大西洋露脊鲸 *Eubalaena glacialis*
    - 北太平洋露脊鲸 *Eubalaena japonica*
- 须鲸科 Balaenopteridae
  - 须鲸属 *Balaenoptera*
    - 小须鲸 *Balaenoptera acutorostrata*
    - 南极小须鲸 *Balaenoptera bonaerensis*
    - 塞鲸 *Balaenoptera borealis*
    - 布氏鲸 *Balaenoptera edeni*

1

- ■ 蓝鲸 *Balaenoptera musculus*
- ■ 长须鲸 *Balaenoptera physalus*
  - ○ 座头鲸属 *Megaptera*
    - ■ 座头鲸 *Megaptera novaeangliae*
- ● **灰鲸科 Eschrichtiidae**
  - ○ 灰鲸属 *Eschrichtius*
    - ■ 灰鲸 *Eschrichtius robustus*
- ● **小露脊鲸科 Neobalaenidae**
  - ○ 小露脊鲸属 *Caperea*
    - ■ 小露脊鲸 *Caperea marginata*

齿鲸亚目 Odontoceti

- ● **海豚科 Delphinidae**
  - ○ 黑白海豚属（喙头海豚属）*Cephalorhynchus*
    - ■ 康氏矮海豚（花斑喙头海豚）*Cephalorhynchus commersonii*
    - ■ 黑喙头海豚 *Cephalorhynchus eutropia*
    - ■ 喙头海豚 *Cephalorhynchus heavisidii*
    - ■ 白头喙头海豚 *Cephalorhynchus hectori*
  - ○ 真海豚属 *Delphinus*
    - ■ 长吻真海豚 *Delphinus capensis*
    - ■ 短吻真海豚 *Delphinus delphis*
    - ■ 印度洋长喙真海豚 *Delphinus tropicalis*
  - ○ 倭圆头鲸属 *Feresa*
    - ■ 小虎鲸 *Feresa attenuata*
  - ○ 圆头鲸属 *Globicephala*
    - ■ 短肢领航鲸 *Globicephala macrorhyncus*
    - ■ 长肢领航鲸 *Globicephala melas*
  - ○ 灰海豚属 *Grampus*
    - ■ 灰海豚（里氏海豚）*Grampus griseus*
  - ○ 坛喙海豚属 *Lagenodelphis*
    - ■ 霍氏海豚 *Lagenodelphis hosei*
  - ○ 瓶喙海豚属 *Lagenorhynchus*
    - ■ 白腰斑纹海豚 *Lagenorhynchus acutus*
    - ■ 白喙海豚 *Lagenorhynchus albirostris*
    - ■ 黑颐海豚 *Lagenorhynchus australis*
    - ■ 沙漏斑纹海豚（十字纹海豚）*Lagenorhynchus cruciger*
    - ■ 斜纹海豚 *Lagenorhynchus obliquidens*
    - ■ 乌色海豚 *Lagenorhynchus obscurus*

○ 露脊海豚属 *Lissodelphis*
- 北露脊海豚 *Lissodelphis borealis*
- 南露脊海豚 *Lissodelphis peronii*

○ 短鳍海豚属 *Orcaella*
- 短吻海豚（伊河海豚）*Orcaella brevirostris*

○ 虎鲸属 *Orcinus*
- 虎鲸 *Orcinus orca*

○ 瓜头海豚属 *Peponocephala*
- 瓜头鲸 *Peponocephala electra*

○ 伪虎鲸属 *Pseudorca*
- 伪虎鲸 *Pseudorca crassidens*

○ 侏儒白海豚属 *Sotalia*
- 亚马孙河白海豚 *Sotalia fluviatilis*

○ 白海豚属 *Sousa*
- 中华白海豚 *Sousa chinensis*

○ 原海豚属 *Stenella*
- 白点原海豚 *Stenella attenuata*
- 细斑原海豚 *Stenella clymene*
- 条纹原海豚 *Stenella coeruleoalba*
- 花斑原海豚 *Stenella frontalis*
- 长吻原海豚 *Stenella longirostris*

○ 尖嘴海豚属 *Steno*
- 糙齿尖嘴海豚 *Steno bredanensis*

○ 宽吻海豚属 *Tursiops*
- 东方宽吻海豚 *Tursiops aduncus*
- 宽吻海豚 *Tursiops truncatus*

● 一角鲸科 **Monodontidae**
○ 白鲸属 *Delphinapterus*
- 白鲸 *Delphinapterus leucas*

○ 一角鲸属 *Monodon*
- 一角鲸 *Monodon monoceros*

● 鼠海豚科 **Phocoenidae**
○ 江豚属 *Neophocaena*
- 江豚 *Neophocaena phocaenoides*

○ 鼠海豚属 *Phocoena*
- 南美鼠海豚 *Phocoena dioptrica*
- 鼠海豚 *Phocoena phocaena*
- 加湾鼠海豚（太平洋鼠海豚）*Phocoena sinus*

■ 棘鳍鼠海豚 *Phocoena spinipinnis*
○ 无喙鼠海豚属 *Phocoenoides*
■ 无喙鼠海豚 *Phocoenoides dalli*
● 抹香鲸科 **Physeteridae**
○ 抹香鲸属 *Physeter*
■ 抹香鲸 *Physeter macrocephalus*
● 小抹香鲸科 **Kogiidae**
○ 小抹香鲸属 *Kogia*
■ 小抹香鲸 *Kogia breviceps*
■ 侏儒抹香鲸（倭抹香鲸）*Kogia sima*
● 亚马孙河豚科 **Iniidae**
○ 亚马孙河豚属 *Inia*
■ 亚马孙河豚 *Inia geoffrensis*
● 白暨豚科 **Lipotidae**
○ 白暨豚属 *Lipotes*
■ 白暨豚 *Lipotes vexillifer*
● 普拉塔河豚科 **Pontoporiidae**
○ 普拉塔河豚属 *Pontoporia*
■ 拉普拉塔河豚 *Pontoporia blainvillei*
● 恒河豚科 **Platanistidae**
○ 恒河豚属 *Platanista*
■ 恒河豚 *Platanista gangetica*
● 喙鲸科 **Ziphidae**
○ 贝喙鲸属 *Berardius*
■ 阿氏喙鲸 *Berardius arnuxii*
■ 贝氏喙鲸 *Berardius bairdii*
○ 瓶鼻鲸属 *Hyperoodon*
■ 北瓶鼻鲸 *Hyperoodon ampullatus*
■ 南瓶鼻鲸 *Hyperoodon planifrons*
○ 印太喙鲸属 *Indopacetus*
■ 朗氏中喙鲸 *Indopacetus pacificus*
○ 长喙鲸属 *Mesoplodon*
■ 梭氏中喙鲸 *Mesoplodon bidens*
■ 安氏中喙鲸 *Mesoplodon bowdoini*
■ 哈氏中喙鲸 *Mesoplodon carlhubbsi*
■ 柏氏中喙鲸 *Mesoplodon densirostris*
■ 杰氏中喙鲸 *Mesoplodon europaeus*
■ 银杏齿中喙鲸 *Mesoplodon ginkgodens*

- 哥氏中喙鲸 *Mesoplodon grayi*
- 贺氏中喙鲸 *Mesoplodon hectori*
- 长齿中喙鲸 *Mesoplodon layardii*
- 初氏中喙鲸 *Mesoplodon mirus*
- 佩氏中喙鲸 *Mesoplodon perrini*
- 小中喙鲸 *Mesoplodon peruvianus*
- 史氏中喙鲸 *Mesoplodon stejnegeri*
- 铲齿中喙鲸 *Mesoplodon traversii*
  - 塔喙鲸属 *Tasmacetus*
    - 谢氏塔喙鲸 *Tasmacetus shepherdi*
  - 柯喙鲸属 *Ziphius*
    - 柯氏喙鲸 *Ziphius cavirostris*

1.1　须鲸亚目

1.1.1　弓头鲸

别名：北极鲸、格陵兰露脊鲸、格陵兰鲸、巨极地鲸、北极露脊鲸

英文名：Bowhead Whale、Greenland Right Whale、Arctic Whale

学名：*Balaena mysticetus*

分类：鲸目 Cetacea 须鲸亚目 Mysticeti 露脊鲸科 Balaenidae 露脊鲸属 *Balaena* 弓头鲸种 *B. mysticetus*

1. 形态特征

弓头鲸得名于其巨大而独特的弓状头颅。其头部硕大无比，约占体长的 1/3，颅骨大而厚实，甚至可以在水下撞击冰面，为自己开凿呼吸孔。其上颚狭窄，下颚呈弓形，下巴有显著的不规则白色斑块，喷气孔后方显著凹陷。

弓头鲸体形粗壮，体色较暗，一般呈黑、蓝黑、暗灰或深褐色。皮肤光滑，身上没有皮茧或藤壶。背部浑圆，无背鳍，尾鳍极宽大，宽度几乎能达到全身体长的 1/2。成年鲸体长一般在 14~18 米，体重 60~100 吨，一般雌性个体较大。目前有记录的最大雌性弓头鲸体长可达 20 米。

弓头鲸脂肪层厚度可达 70 厘米，比任何其他动物的脂肪都厚。鲸须最长达 3 米，

也是所有须鲸中最长者。弓头鲸的口腔前部没有鲸须,这一点与南露脊鲸、北露脊鲸相同。

2. 生活习性

弓头鲸的捕食对象包括磷虾等小甲壳类和各种浮游动物,它们经常在海面、海面下或者沿着海床觅食。游泳速度缓慢,通常独来独往,或者结成最多6头的小群体。它们可以潜至超过200米深处,并在水中逗留40分钟,通常会在同一个地点浮回海面。偶尔有跃出水面、在水面拍打尾巴以及在水中直立浮窥等行为。

所有须鲸中,只有弓头鲸的一生几乎都在北极浮冰区(通常冰覆面积超过70%)的边缘度过。有夏季在北、冬季在南的短暂季节性迁徙现象,这可能与冰块的形成及移动有关。

弓头鲸在10~15岁时性成熟。每年的3~8月份为繁殖季节,繁殖群体由一雄一雌或数组雄性与1~2头雌鲸组成。雌鲸每3~4年会产下一头幼鲸,妊娠期为13~14个月。幼鲸出生时长约4.5米,重1吨,1岁时即可长至9米。之前有科学家估计弓头鲸寿命为60~70年,与其他鲸类相似,但有研究表明,部分个体可以活到150~200岁。

弓头鲸的声音响亮浑厚,在迁移、进食和社交时用以互相沟通,其中一些长而重复的"鲸歌"可能是求偶的讯号。

3. 种群状况

目前全球弓头鲸数目约在1万头以上,主要分布于北极浮冰区。按地域可分4个族群,即戴维斯海峡—巴芬湾—北哈得孙湾—福克斯湾族群、白令海—楚科奇海—波弗特海族群、鄂霍次克海族群(有部分可能隶属波弗特海族群)、北大西洋族群(可能已灭绝)。其中白令海—楚科奇海—波弗特海族群数量最多。目前仍不清楚这些族群彼此之间有无混合生活现象。

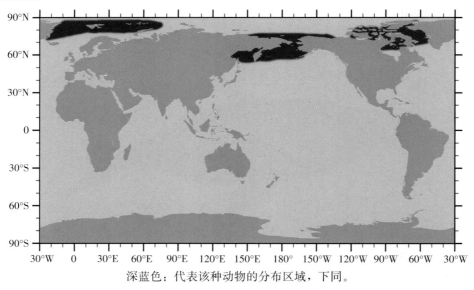

深蓝色:代表该种动物的分布区域,下同。

与其近亲南、北露脊鲸一样,弓头鲸泳速缓慢,死后在水中漂浮。这样的特性,使得弓头鲸一度成为商业化捕鲸的上选。到19世纪中叶,弓头鲸几乎灭绝。在商业捕鲸活动叫停后，其数量开始有所恢复，如白令海—楚科奇海—波弗特海族群在 1990 年时的数量约为 7 800 头，已经恢复至大规模商业捕鲸前数量的 41%。2005 年有报告显示，弓头鲸数量在 1 万头以上，其中白令海—楚科奇海—波弗特海约有 10 500 头，且每年以约 3.4% 的速率增加。哈得孙湾—福克斯盆地和巴芬湾—戴维斯海峡约有 3 600 头。鄂霍次克海、斯瓦尔巴德群岛以及巴伦支海的弓头鲸族群数量较小，目前没有可靠的数据。

4. 主要威胁

美国阿拉斯加、加拿大的原住民，以及俄罗斯楚科奇自治州的居民经国际捕鲸委员会允许，可以出于生存目的猎杀少量弓头鲸。目前的捕猎数量，并不会对弓头鲸族群造成影响。但出于目前对加拿大东部极地海域弓头鲸数量的乐观估计，加拿大的原住民可能会向国际捕鲸委员会施加压力，以期提高捕猎配额。

在北极海域勘探和开采石油及天然气，也会对弓头鲸造成影响。此外，与船舶相撞或纠缠在渔网中，可能会使弓头鲸死亡或导致严重的创伤。

值得注意的是，在 21 世纪北极地区的气温平均上升速度高于全球平均水平。气温升高导致北极地区的海冰范围明显减少，并可能在夏季完全消失，这对弓头鲸势必会造成负面影响。

5. 物种保护

列入《濒危绝种野生动植物国际贸易公约》（CITES）附录Ⅰ；

列入世界自然保护联盟（IUCN）《2013 年濒危物种红色名录》ver 3.1——无危（LC）；

列入《保护野生动物迁徙物种公约》（CMS）附录Ⅰ；

列入中国《国家重点保护野生动物名录》：国家二级保护动物；

受《全球禁止捕鲸公约》保护。

1.1.2 南/北露脊鲸

别名：露脊鲸（泛指两种）、黑露脊鲸（南露脊鲸）、比斯卡恩露脊鲸（北露脊鲸）、直背鲸、脊美鲸

英文名：Southern/Northern Right Whale

学名：南露脊鲸 *Eubalaena australis*

北大西洋露脊鲸 *Eubalaena glacialis*

北太平洋露脊鲸 *Eubalaena japonica*

分类：鲸目 Cetacea 须鲸亚目 Mysticeti 露脊鲸科 Balaenidae 真露脊鲸属 *Eubalaena*：南露脊鲸种 *E. australis*、北大西洋露脊鲸种 *E. glacialis*、北太平洋露脊鲸种 *E. japonica*

1. 形态特征

露脊鲸包括真露脊鲸属的南露脊鲸、北大西洋露脊鲸和北太平洋露脊鲸。总体而言，露脊鲸身躯极为强壮，体形肥圆短粗，呈纺锤形，身体最粗的地方围度有时能够达到体长的 60%。体色一般从深灰色到黑色，偶尔在腹部带有不规则的白色斑块。腹面平滑无褶沟。头部巨大，略超过体长的 1/4，头部覆有皮革，尤以喙形上颚顶部的皮革最大，在呼

吸孔前方及上、下颌两侧也各覆有一列较小的皮茧。由于寄生有大量鲸虱而使皮茧呈现白、粉红、黄或者橙色。嘴巴长而呈弓状，唇线强烈弯曲，上颌细长向下弯曲呈拱状，下颌两侧向上突出。胸鳍短宽，呈铲状。无背鳍。尾鳍极为宽阔，可达体长的40%，末端尖锐，中央缺刻明显。

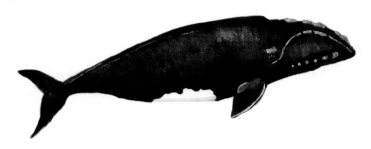

成年露脊鲸体长一般在11～18米，重60～80吨。一般雌性体形比雄性较大。北太平洋露脊鲸是3种露脊鲸中体形最大的，可长达21米，重100余吨。

露脊鲸的睾丸比世界上其他任何动物的都大，每个重约500千克，即便是成年蓝鲸的睾丸也仅有露脊鲸睾丸的1/10那么大，这可能意味着交配过程中精子之间的竞争极为激烈。

2. 生活习性

露脊鲸性情温顺，非常容易接近，生活在沿岸海域，喜欢贴近海面游泳，游泳的速度较为缓慢，时速一般为3～5千米，就是在逃跑时也仅有9千米左右。但其游泳技术高超，常会跃出海面，用尾巴拍打海面，甚至能完成空中转体动作。在海面上，露脊鲸会喷出罕见的V形水柱，水柱高度能达到4～6米。

南露脊鲸有一种被称为"sailing"独特的行为：在水中倒立，垂直浮升尾鳍充当风帆，尾鳍迎向来风，借以乘风而行。这种行为可能是种游戏形式，因为它们总是会游回原点，再次御风而行。

露脊鲸的食物主要为浮游生物和磷虾等小甲壳动物。"滤食式捕食"是露脊鲸采取的典型捕食方式，摄食的时候张开大嘴，将海水连同食物一起吞入口中，然后将嘴微闭，用舌将海水从长须之间挤压出去，滤下的食物再吞而食之。

像其他须鲸一样，露脊鲸并不是群居性的，一般成对出没。在摄食区内，能够形成短暂的大群落，但它们并不会联合在一起。

露脊鲸一般夏季游向高纬度水域摄食，冬季则到低纬度暖水域繁殖。由于它们的脂肪层极厚，在温暖的海水中无法把身体内的热量散发出去，因此，露脊鲸很难穿越赤道的暖水带去接触另一半球的族群。

雌鲸在6～12岁性成熟，每2年或更长时间生产一次，妊娠期约1年，交配和生殖一般在冬季进行。幼鲸出生时一般重1吨，长4～6米。母鲸对幼鲸有强烈的眷恋情感，如果幼鲸被击伤，甚至已经死亡，母鲸也久久不肯离去。在捕鲸时代，捕鲸船会利用此特点，先杀死幼鲸，再捕获不肯离去的母鲸。

与其他鲸相比，露脊鲸发出的声音并不是太复杂，会制造"吱嘎"声和"砰"声，这可能是它们交流的方式。有研究发现北露脊鲸会对一种像汽笛声的高频率声音做出回应，在听到这种声音之后它们会迅速地游到海面。

　　3. 种群状况

　　真露脊鲸属（Eubalaena）到底有几种，科学界曾争论不休。后来海洋生物学家通过分析露脊鲸皮上的寄生虫——鲸虱的 DNA 变异情况，确定它们的寄主，即露脊鲸是在500 万～600 万年前分离出来，成为 3 个不同的物种的。目前，南露脊鲸总数量约 7 000头以上，生活在整个南太平洋海域。

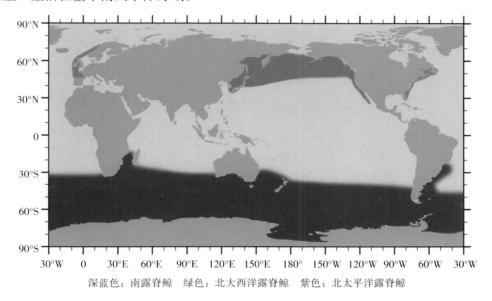

深蓝色：南露脊鲸　　绿色：北大西洋露脊鲸　　紫色：北太平洋露脊鲸

　　北大西洋及北太平洋露脊鲸分别栖息于大西洋西北部、太平洋北部从日本到美国阿拉斯加一带，这两种露脊鲸是所有鲸中最濒危的动物，也是全世界最濒危动物中的两种。由于族群的密度过低，这两个物种预料在 200 年后都会绝种。

　　4. 主要威胁

　　露脊鲸在自然界的唯一天敌是虎鲸。当有危险时，一群露脊鲸会尾鳍朝外围成一圈，将幼鲸或生病的鲸鱼围在中间，尾鳍不断拍击，以威慑敌人。但这种防御并不是常常成功，偶尔幼鲸会被虎鲸隔离开来而被杀。

　　露脊鲸族群面临的最大威胁来自人类活动。露脊鲸喜欢在沿岸海域贴近海面游泳，而且不大理会船只靠近时发出的声音，这导致它们经常与船只相撞。这种情况尤以北大西洋露脊鲸为甚，它们的活动范围刚好与美国东岸航船的繁忙路线重叠，与船只相撞因而成为它们死亡的主要原因。为此，美国国家海洋和大气管理局于 2006 年 6 月 26 日规定，在繁殖季节船只速度不可越过 18.5 千米/小时。

　　另外的威胁来自于人类渔业活动。露脊鲸进食浮游生物时，会把嘴巴大大地张开，这增加了其在水中被绳子或渔网缠住的风险。它们通常会被绳子缠住口部、鳍状肢及尾部，虽然大部分都能逃脱，只造成一点创伤，但也有一些被死死缠住不能逃脱，在数月之内死去。

5. 物种保护

列入《濒危绝种野生动植物国际贸易公约》（CITES）附录Ⅰ；

列入世界自然保护联盟（IUCN）《2013 年濒危物种红色名录》ver 3.1 ［*E. austra-lis*——无危（LC），*E. glacialis*、*E. japonica*——濒危（EN）］；

列入《保护野生动物迁徙物种公约》（CMS）附录Ⅰ；

列入中国《国家重点保护野生动物名录》：国家二级保护动物；

列入《中国物种红色名录》：北太平洋露脊鲸 *E. japonica*——极危（CR）；

受《全球禁止捕鲸公约》保护。

1.1.3 布氏鲸

别名：热带鲸、南须鲸、拟大须鲸、白氏须鲸、鳀鲸、拟鳁鲸

英文名：Bryde's Whale、Tropical Whale、Common Bryde's Whale、Eden's Whale

学名：*Balaenoptera edeni*

分类：鲸目 Cetacea 须鲸亚目 Mysticeti 须鲸科 Balaenopteridae 须鲸属 *Balaenoptera* 布氏鲸种 *B. edeni*

1. 形态特征

无论从体形大小到外观，布氏鲸都与同科的塞鲸极为相似。从远处观察时，这两种鲸极易让人混淆。但与须鲸科的其他成员头顶只有一道纵脊不同，布氏鲸头上有 3 道高 1～2 厘米的平行纵脊。位于中央的纵脊从吻端一直延伸到喷气孔，外侧的两条纵脊较短，并没有延伸到吻端或喷气孔处，而是逐渐在头顶隐没，变成长度不等的凹沟。这是在近距离观察布氏鲸时最显著的辨认特征。

布氏鲸成年体长 11.5～14.5 米，体重 12～20 吨。雌性个体较大，体重能达到 20～25 吨。躯体修长，背部呈暗灰色或蓝黑色，可能会有寄生生物导致的斑驳圆形瘢痕。腹部较白，也可能呈现淡紫灰、蓝灰或乳灰色。背鳍前缘外凸，后缘显著内凹，呈镰刀状。胸鳍又细又短，约占体长的 1/10。尾干宽扁，尾鳍宽阔，中央缺刻明显。

布氏鲸的鲸须形状独特，既短且宽，长度最长能达到 50 厘米，宽约 19 厘米，而且内缘稍微向内凹，颜色多呈现黑色或蓝黑色。完全长成的鲸须数量有 250～280 条。

2. 生活习性

布氏鲸是蔚蓝大海中相当神秘的一种鲸鱼，有人称其为"最不为人知而最与众不同的鲸"。关于它们的活动细节、交配习惯等，到目前为止还没有较准确的研究成果。

布氏鲸经常单独或小群出现，在饵料密集的海域会暂时形成达 30 头的松散群。布氏鲸是须鲸科中较为活跃的一种，偶尔会好奇地接近船只，绕着船只打转或跟在一旁

游行，在摄食时，有突然改变方向的典型行为。通常在高速游泳后常会进行跃身击浪的动作，平均 2～3 次，但也有连续 10 数次的记录。布氏鲸通常会以 70°～90°角跃离水面，在空中拱背后再落入海中。布氏鲸可以下潜到海底 300 米处，呼吸程序较少但有规律，平均喷气 4～7 次后就会进行约 2 分钟的潜水，而最长潜水时间一般不超过 8 分钟。

与其他须鲸一样，南极磷虾也是布氏鲸重要的食物来源，但布氏鲸捕食的对象移动性更强、体形也更巨大，喜欢以各种鱼类作为食物。在摄食时，布氏鲸更具有掠夺性，有时会坐享其成。当海豚、海狮或者金枪鱼合作捕食时，目标鱼群通常会收缩得更加密集，并被驱赶到海面附近。每当这时，布氏鲸就会突然出现，敏捷地在鱼群最密集处张开血盆大口将鱼群连同海水一同吞下，随着它合上的下巴，海水的泡沫就如爆炸般四溅，其巨大的尾巴左右舞动，气势磅礴。而周围的其他"猎手"也只能等其摇摇尾巴走开后，享受其盛宴后留下的残羹冷炙。

布氏鲸寿命约 50 年，性成熟年龄 8～11 岁。繁殖周期一般为 2～3 年，妊娠期约 11 个月。栖息在热带水域的布氏鲸全年都可生育，而在亚热带海域的个体则多在冬季产仔，每次产 1 胎，哺乳期 6～7 个月。初生幼鲸长约 4 米，体重约 1 吨。

3. 种群状况

布氏鲸现存数量约 9 万头，除了北冰洋外，广泛分布于太平洋、大西洋和印度洋。布氏鲸喜好 20℃以上的水温处生存，因此，在南、北纬 30°间的热带及亚热带海域最常见，且常集中在某些特定地点，如日本、南非、斯里兰卡及澳大利亚西部等海域。

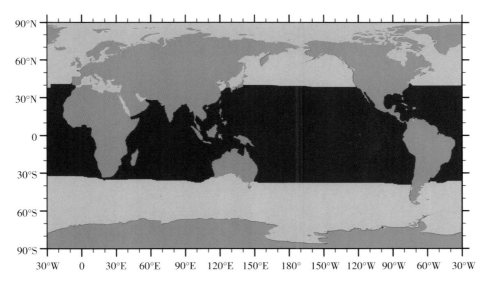

4. 主要威胁

虽然布氏鲸已列入《濒危绝种野生动植物国际贸易公约》（CITES）附录Ⅰ中，但日本于 1983 年对此提出保留。在其"科研捕鲸"的幌子下，日本每年仍捕猎 50 头布氏鲸。

值得注意的是，布氏鲸的分类地位目前尚不明确。似乎有多个不同的类型，其成年体形大小各异，栖息海域也相互隔绝。如果这些种类被认为是布氏鲸的亚种，那么布氏鲸的数量是可观的。但如果这些种类其实是几个单独的物种，那么其中一些物种的数量可能很小，其生存状况是不容乐观的。

5. 物种保护

列入《濒危绝种野生动植物国际贸易公约》（CITES）附录Ⅰ；

列入世界自然保护联盟（IUCN）《2013 年濒危物种红色名录》ver 3.1——数据缺乏（DD）；

列入《保护野生动物迁徙物种公约》（CMS）附录Ⅱ；

列入中国《国家重点保护野生动物名录》：国家二级保护动物；

列入《中国物种红色名录》：濒危（EN）；

受《全球禁止捕鲸公约》保护。

1.1.4 蓝鲸

别名：磺底鲸、西巴德鲸、塞巴氏须鲸、大蓝鲸、大北须鲸、巨北须鲸、蓝须鲸、剃刀鲸

英文名：Blue Whale、Sulphur-bottom Whale、Sibbold's Rorqual

学名：*Balaenoptera musculus*

分类：鲸目 Cetacea 须鲸亚目 Mysticeti 须鲸科 Balaenopteridae 须鲸属 *Balaenoptera* 蓝鲸种 *B. musculus*

1. 形态特征

蓝鲸被认为是地球上有史以来最大的动物，最大体长可超过 33 米，体重约 200 吨。通常可见的蓝鲸体长为 24～27 米，体重 100～120 吨。

蓝鲸的身躯瘦长，呈现近乎完美的流线形。背部蓝灰色，个体间从带有许多斑纹的亮蓝色到全身都是略带白斑的暗蓝灰色不等。腹部由于大量硅藻附着，可以呈现橘棕色或淡黄色，因此也被称为"磺底鲸"。

蓝鲸的头部占体长的 1/4，呈宽而平状，头部比其他种须鲸都要宽阔，从上往下看，基本上呈 U 形。沿着喙形上颚顶部长有一道纵脊，从吻尖一直延伸到喷气孔。喷气孔前卫隆起，巨大且多肉，对喷气孔起到"防护罩"的作用，蓝鲸的喷气孔比须鲸科其他种鲸鱼的喷气孔都要高，这也可以说是蓝鲸最明显的特征。喉腹褶一般有 55～88 道，通常延伸至肚脐或其后方。胸鳍修长，占体长 1/8～1/7。背鳍短粗，位于背部后 3/4 处。尾干极粗，尾鳍狭长，中间有小缺刻。

2. 生活习性

蓝鲸几乎完全以磷虾为食。蓝鲸总是在它们能找到的最密集的磷虾群中觅食，有时候

它们一天会捕食超过 4 吨的磷虾。通常蓝鲸白天需要在超过 100 米深的海底水域觅食，在夜晚才到水面觅食。在觅食过程中，蓝鲸的潜水时间一般是 10 分钟左右，有记录的最长潜水时间可达到 36 分钟。

蓝鲸最常用的捕食方式，被称为"鲸吞式捕食"。捕食时，蓝鲸在水下先加速前进，再张开大嘴，舒展喉褶，猛然减速，把大量水连同食物一起吞入口中，再把嘴巴合上，收缩喉褶，把水通过鲸须从嘴巴的缝隙中挤出去。由于需要加速，能量消耗较大，这使得蓝鲸在水下的潜水时间比不上露脊鲸，需要更经常地出水呼吸。

蓝鲸常栖游在离岸较远的海域，游泳速度很快，一般索饵时泳速 11～14 千米/小时，远游时超过 27 千米/小时，若受惊吓或被追逐时，速度最高可达 37 千米/小时。有些个体极易靠近，有些则会躲避船只。成年鲸很少会跃离水面。

蓝鲸通常单独或成对（母子）活动。3 只在一起出现的情况，则大多为雌鲸和幼鲸紧靠在一起，雄鲸尾随其后。在食物高度密集的区域中，能看到多达 50 只蓝鲸聚集在很小的范围之内游荡，但是它们不会像其他鲸类那样形成组织严密的大群体。

科学家估计蓝鲸的寿命至少有 80 年，通常在 8～10 岁时达到性成熟，此时雄鲸的体长至少达到 20 米，雌鲸体形更大一些。人类对于它们的交配行为和繁殖区域所知甚少，一般认为交配季节通常在晚秋开始，一直持续到冬末。雌鲸通常 2～3 年生产一次，妊娠期 10～12 个月，一般会在冬初产下幼鲸，哺乳期约为 6 个月。幼鲸出生时，体重就能达到 2.5 吨，相当于一只成年河马的体重。幼鲸每天摄入母乳 380～570 升，体重每天可增加 90 千克。

3. 种群状况

蓝鲸现存 10 000～25 000 头，主要分布于南极至北极之间水温 5～20℃的温带和寒带冷水域，热带水域较为少见。

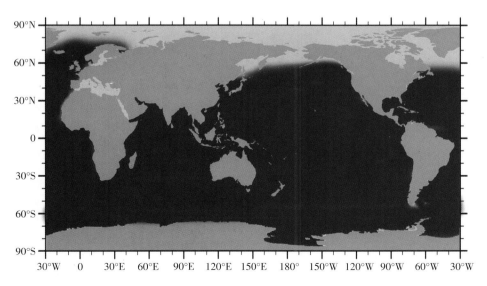

目前已经确定蓝鲸至少有 3 个亚种：

生活在北大西洋和北太平洋的北蓝鲸 *B. m. musculus*；

栖息在南极海域的南蓝鲸 *B. m. intermedia*；

生活在印度洋和南太平洋的侏儒蓝鲸 *B. m. brevicauda*。

在印度洋发现的印度洋蓝鲸 *B. m. indica* 则可能是第四个亚种。

虽然有被虎鲸袭击的记录，但可以肯定的是，蓝鲸在自然界中几乎没有天敌。直到20世纪初，在世界上几乎每一个海域中蓝鲸的数量都是相当多的。蓝鲸最大的威胁来自人类，从20世纪初到60年代中期，人类猖獗的捕鲸活动屠杀了约36万头蓝鲸，导致蓝鲸几乎绝种。1966年，国际捕鲸委员会开始禁止猎捕蓝鲸，但是苏联直至1970年才彻底停止非法捕猎活动。有估计显示，在苏联非法捕鲸结束之后，南极地区的蓝鲸数量每年以7.3%的速度成长，但整体的数量仍然不足原本的1%；栖息在冰岛与加拿大附近海域的蓝鲸也正在增加，但增幅不显著。

4. 主要威胁

相对于其他鲸类而言，蓝鲸的栖息区域较为偏远，受人类活动影响较小，但仍然受到船舶撞击、噪声、水污染、纠缠在渔网中等威胁。

受温室效应影响，南、北极气温平均上升速度高于全球平均水平。气温升高导致南、北极地区的海冰范围明显减少，并可能在夏季完全消失，极地冰川与永久冻土层的快速融化导致大量淡水流入海中，一旦流入海中的淡水量超过临界点，将会导致温盐环流瓦解。考虑到蓝鲸根据海水温度的迁移模式，环流瓦解将导致温暖与寒冷的海水环绕全球，这可能会对蓝鲸的迁徙造成影响。另外，海洋温度的改变也会影响蓝鲸的食物来源，对蓝鲸的生存构成威胁。

5. 物种保护

列入《濒危绝种野生动植物国际贸易公约》（CITES）附录Ⅰ；

列入世界自然保护联盟（IUCN）《2013年濒危物种红色名录》ver 3.1——濒危（EN）；

列入《保护野生动物迁徙物种公约》（CMS）附录Ⅰ；

列入中国《国家重点保护野生动物名录》：国家二级保护动物；

列入《中国物种红色名录》：极危（CR）；

受《全球禁止捕鲸公约》保护。

1.1.5 座头鲸

别名：大翅鲸、驼背鲸、巨臂鲸、弓背鲸、长鳍鲸、子持鲸

英文名：Humpback Whale、Hump Whale、Hunchbacked Whale、Bunch

学名：*Megaptera novaeangliae*

分类：鲸目 Cetacea 须鲸亚目 Mysticeti 须鲸科 Balaenopteridae 座头鲸属 *Megaptera* 座头鲸种 *M. novaeangliae*

1. 形态特征

座头鲸身材厚实，背部呈蓝黑、黑或暗灰色，带有明显驼峰，因此也有人称其为"驼背鲸"。

座头鲸头部与下颚布满大小如高尔夫球的毛囊，中心长有 1～3 厘米长的粗糙毛发，可能有某种感觉功能。胸鳍超长，约占体长的 1/3，是鲸类中最长者，由此得名"大翅鲸""巨臂鲸"。胸鳍可能呈斑驳的白色，前缘呈波浪状，长有约 10 个皮质结瘤。背鳍小而矮钝，基部宽大，前方有明显隆起。尾鳍宽大，后缘也长有节瘤，呈不规则锯齿状，中央缺刻明显。尾鳍腹面的黑白斑纹和人类的指纹一样，每头座头鲸都不相同，可以帮助科学家日复一日、年复一年地追踪某只特定座头鲸的活动。

成年鲸体长一般在 12～16 米，体重 25～30 吨，一般雌性个体较大。雄性座头鲸平均体长为 12.9 米，雌性为 13.7 米，目前雌性个体长最大纪录为 18 米。

2. 生活习性

座头鲸是一种非常活跃的大型鲸类，素以杂技式的水面跳跃而知名，其跃身击浪、尾鳍击浪、胸鳍拍水的景象相当壮观。经常浮窥，有时会侧泳或者仰泳，将一只或者两只胸鳍举到空中。

其群体结构较松散，很少有超过 10 头的大群，在饵料集中和丰富的海域，往往能形成数十头的群体，方便互相合作觅食。多雌雄伴游，雌雄之间及母子之间有强烈的爱护和依恋感情，通常其中一头受伤或遇袭后会发声求救，另一头会很快返回与伤鲸并排游泳，置危险于不顾，力图解救伤鲸。尤其是母鲸对幼鲸的爱护之情甚笃，对有生命危险的幼鲸从不舍弃。

捕食对象包括磷虾等小甲壳类动物和毛鳞、鲱、胡瓜鱼、玉筋鱼等群游性小型鱼类。座头鲸的猎食技巧是所有须鲸中最多种多样的，它们穿越磷虾或鱼群，大口吞食，甚至会用胸鳍或尾鳍拍打海水而将猎物击晕，然后进食。座头鲸最令人印象深刻的猎食技巧莫过于它们的"气泡网捕猎法"：一群座头鲸在鱼群的下方围成一个大圈迅速地游动，再利用它们的喷水孔向上喷气形成一个巨大的气泡网，从而使猎物更为密集。然后它们会张开大口，从下方穿越鱼群或虾群游向海面，这样它们一口就可以吞下数以千计的鱼虾。同时参与捕猎的鲸鱼可多达 12 条，而水泡网的直径可长达 30～45 米。这是目前已知的海洋哺乳类最独特的猎食技巧。

它们夏天在高纬度的冷水水域进食，冬季则停留在热带或亚热带水域交配繁衍，并在两地数千千米间迁徙。通常每年迁徙路程长达 25 000 千米，这使得它们成为哺乳动物中最好旅行者之一。但生活在阿拉伯海的座头鲸例外，它们长年都生活在那些热带海域。

座头鲸的叫声非常出名，它们被海洋生物学家称为海洋中的"歌星"。它们会唱出动物界最长最复杂的歌曲，悦耳悠扬，就像是人唱歌一样，最新研究发现，座头鲸用以交流的"歌声"中包含有人类语言要素。有研究者曾表示："就座头鲸的歌声而言，一段歌是由一首首歌组成的；一首歌是由旋律组成的；一个旋律是由一个个短语组成的；一个短语则是一个个音符组成的。"将所有这些要素归纳起来看，就会发现座头鲸有某种类似自己语法的东西，这就好像句子中的词汇按语法的排列顺序一样。

座头鲸的寿命可长达40~50年。雌鲸每2年生育一次，多在冬、春季交配，妊娠期约10个月，每胎产1仔。初生幼鲸体长4.5~5.0米，哺乳期6~7个月。

3. 种群状况

座头鲸广泛分布在从南极冰缘到北纬65°的广阔海面，在所有主要海洋中均有发现。种群现存数量至少80 000头，其中18 000~20 000头在北太平洋、12 000头在北大西洋、50 000头在南半球。由于商业捕鲸泛滥，座头鲸的数量在1966年曾只维持在仅仅约20 000条的水平。1986年国际捕鲸委员会通过了《全球禁止捕鲸公约》，严格禁止所有商业捕鲸活动，令座头鲸幸免于绝种。目前，座头鲸种群数量正在持续增长。

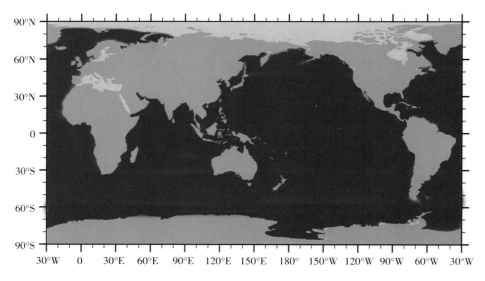

4. 主要威胁

座头鲸在自然界几乎没有天敌，其生存威胁主要来源于环境污染、人类捕杀和栖息地破坏。已知在巴西、加蓬、安哥拉、莫桑比克和马达加斯加等座头鲸常见海域，有大量正在进行的和计划中的海上石油和天然气的开发项目，这对座头鲸会造成潜在的影响。

人类渔业活动、海洋变暖等导致座头鲸赖以维生的磷虾数量减少也是其生存困难的重要原因。此外，纠缠在渔网中或与船舶相撞，对座头鲸而言，通常是致命的。如美国大西洋沿岸，仅在1999—2003年期间，就有19头座头鲸陷于渔网中、7头座头鲸被船舶撞击，导致死亡或严重创伤。

5. 物种保护

列入《濒危绝种野生动植物国际贸易公约》（CITES）附录Ⅰ；

列入世界自然保护联盟（IUCN）《2013年濒危物种红色名录》ver 3.1——无危（LC）；

列入《保护野生动物迁徙物种公约》（CMS）附录Ⅰ；

列入中国《国家重点保护野生动物名录》：国家二级保护动物；

列入《中国物种红色名录》：极危（CR）；

受《全球禁止捕鲸公约》保护。

1.1.6 灰鲸

别名：东太平洋灰鲸、加州灰鲸、魔鬼鱼、掘贝者、弱鲸

英文名：Gray Whale

学名：*Eschrichtius robustus*

分类：鲸目 Cetacea 须鲸亚目 Mysticeti 灰鲸科 Eschrichtiidae 灰鲸属 *Eschrichtius* 灰鲸种 *E. robustus*

1. 形态特征

灰鲸是灰鲸科唯一的物种，也是地球上现存最古老的物种之一，在地球上大约已经存在 3 000 万年之久。

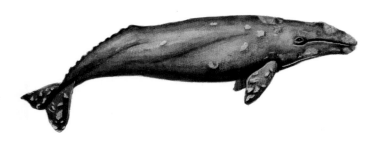

成年灰鲸体长 13～15 米，体重 15～33 吨，最重可达 40 吨，雌鲸略大于雄鲸。灰鲸体表呈斑驳的灰色，皮肤凹凸不平，全身覆盖着由体表寄生生物导致的不规则的白、黄或橙色斑块，腹部的颜色较浅。

灰鲸体形粗胖，尤以胸鳍部位最粗，然后由此向尾部逐渐变细。头的形状像是狭长的三角形，头长约为体长的 1/5，唇线长而略弯或平直。喉部有 2～4 条呈 V 形或平行的纵沟。眼睛圆形，位于口角的后面，比其他须鲸类的眼睛位置靠上。胸鳍小而呈桨状，末端尖锐。无背鳍，但背部的后 1/3 有 6～12 个低矮的隆突。尾鳍宽大，最长可达 3 米，中央凹刻明显，后缘外凸，末端尖锐。

2. 生活习性

灰鲸是比较活跃的大型鲸类，经常有浮窥、鲸尾击浪等行为，也常见跃身击浪。性喜乘浪而行，经常可以见到其在浅水海域冲浪。有时候还会侧卧海面，在空中划动胸鳍。灰鲸有趋于近海水域或浅海湾栖游的特性，通常 2～3 头一起栖游，在繁殖海域多见母鲸与幼鲸伴游。游速很慢，一般为每小时 5～7 千米，即使是被袭击逃命时最快时速也不超过 15 千米。

灰鲸主要摄食底栖生物、磷虾和小型鱼类，也吃海胆、海星、海螺、寄居蟹、瑟虾、海参以及海藻等。它们的进食方式相当独特，为了吃到底栖生物，灰鲸会将身体向右侧翻滚（像人类一样，灰鲸也有左撇子，会翻滚向左侧），嘴巴的一侧贴着海底，从海床吸食含有底栖生物的沉淀物，然后把水和淤泥从鲸须间滤出，将食物留在嘴里。这种进食方式导致大部分灰鲸右侧的鲸须会比较短，而且磨损得比较严重，头部右侧也经常会刮伤，留

下疤痕。这种进食方式应该也是灰鲸体表感染寄生生物比其他所有鲸种严重的主要原因之一。

灰鲸性成熟年龄为5~11岁，平均8岁，性成熟时体长平均雄鲸11.1米，雌鲸11.7米。每2~3年产仔1次，妊娠期约12个月，每次产1胎。幼鲸出生时体长4.5~5.5米，体重0.5吨，哺乳期约7个月，离乳时体长约达8米。

灰鲸的东太平洋族群，是目前所有已知海洋或陆地哺乳动物中迁徙距离最长的。每年的4~11月，它们待在美国阿拉斯加州周围的阿留申群岛和白令海峡的夏季摄食区，在秋天，它们沿着北美洲沿岸的浅水海域前往冬季的繁殖地——美国加利福尼亚州和墨西哥近海的潟湖，单向的迁徙路程能够达到8 000~11 000千米。怀孕的雌鲸在抵达繁殖潟湖区之前，或在到达后不久，就会生出单胎幼鲸。雌鲸和幼鲸通常会留在潟湖区的内侧，远离雄鲸与单身的雌鲸。数周之后，它们开始返程前往夏季摄食区。

一些灰鲸特别喜欢发出一种"哼哼"声，频率范围在20~200赫兹，强度可达160分贝，像是在叹息或者嘟囔。人们对它发出这种声音的原因尚不清楚，有人认为是回声定位或者群体成员之间交流的信号，也有人认为是对暴风雨、地震等自然现象的反应。最近的发现表明，发出这种声音的个体大多是没有找到配偶的个体，这种"哼哼"声可能是它们对于"失恋"的叹息，或者是一种愤懑和发泄。

3. 种群状况

现存的灰鲸可以分为亚洲族群和东太平洋族群两个族群。其中，亚洲族群生活在西太平洋，目前数量约100头，处于濒危状态，它们在鄂霍次克海和日本海之间迁徙。东太平洋族群数量生活在美国阿拉斯加州和加利福尼亚州之间，数量在15 000~22 000，暂时无危。历史上，灰鲸也曾广泛生活在北大西洋海域，但该族群在17世纪因被大量猎杀而灭绝。

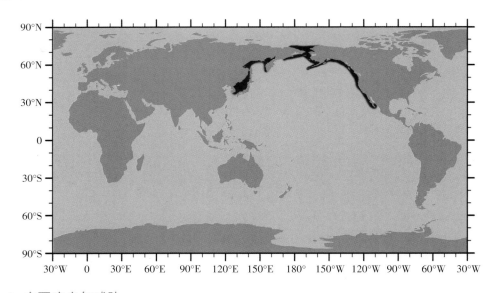

4. 主要疾患与威胁

灰鲸体表感染寄生生物的情况比其他鲸种都要严重，同时还长有鲸虱和藤壶。鲸虱在灰鲸呼吸孔、肛门、生殖裂和胸鳍根部位置较多。藤壶散布在身体之上，尤其是在体表上面和侧面，脱落后会留下很多圆形瘢痕。

灰鲸面临的威胁主要来自于人类活动，如在墨西哥繁殖潟湖区日益增加的人类活动、与船舶相撞、渔具缠绕、有毒有害物质的排放，夏季觅食地大型海上石油和天然气开发项目等，都对灰鲸的生存构成了显著威胁。

5. 物种保护

列入《濒危绝种野生动植物国际贸易公约》（CITES）附录Ⅰ；

列入世界自然保护联盟（IUCN）《2013年濒危物种红色名录》ver 3.1——无危（LC）；

列入中国《国家重点保护野生动物名录》：国家二级保护动物；

受《全球禁止捕鲸公约》保护。

1.2 齿鲸亚目

1.2.1 短吻真海豚

别名：普通海豚、大西洋/太平洋海豚、鞍背海豚、白腹小海豚、十字海豚、岬角披肩海豚、红腹海豚

英文名：Common Dolphin

学名：*Delphinus delphis*

分类：鲸目 Cetacea 齿鲸亚目 Odontoceti 海豚科 Delphinidae 海豚属 *Delphinus* 短吻真海豚种 *D. delphis*

1. 形态特征

短吻真海豚体侧由黄色或古铜色色块与尾干处的淡灰色色块构成的沙漏图案是本种最鲜明的鉴别特征。其腹部与体侧下方呈白色或黄白色，背部呈灰色、棕色或黑色，在背鳍下方形成V形的深色区域。

短吻真海豚嘴喙突出，呈灰或黑色，尖端可能略发白。前额平缓，与嘴喙之间有一道明显的皱褶。眼睛位于口角后上方，周围有暗色眼圈。眼部与嘴喙之间有黑色带相连。下颚与胸鳍之间也有暗色条带相连。

背鳍位于背部中央，呈三角形或镰刀形，背鳍颜色全黑或中央略白。胸鳍呈黑色或灰色，前缘向外突出，末端尖。尾鳍末端尖锐，后缘内凹，中央凹刻明显。

短吻真海豚与近亲长吻真海豚在海面上难以分辨。但前者吻较短，体侧明亮的颜色与

颌下至胸鳍之暗色纵带呈明显对比，体形也较短胖，头部较圆，黑眼圈明显。后者吻较长，胸侧颜色较灰暗，暗色纵带由眼连至胸鳍，体形较修长，前额较低缓。

短吻真海豚体长一般在 1.50～2.06 米，体重在 70～110 千克。成年雌性体长最大可达 2.3 米，成年雄性体长最大可达 2.6 米，重 135 千克。

2. 生活习性

短吻真海豚喜欢成群生活，常数百只或上千只结群活动，同伴间眷恋性很强，如果群体中有成员受伤或者生病，其他成员就会前来用胸鳍帮助其继续漂浮在海面上。个性活泼，常鸣叫及在水面跳跃，有极强的空中翻腾技巧，游泳速度很快，瞬时速度可达 55 千米/小时。迁徙路线不明，有些地区全年可见。

短吻真海豚主要摄食鱼类及乌贼，善于团队合作捕鱼，有时也会在渔船周围出没，捡拾漏网之鱼或渔民丢弃的鱼。某些海域的真海豚常在夜晚等深海鱼类游至海面时进行捕食。

短吻真海豚寿命 25～30 年。平均性成熟年龄雌性 6～7 岁、体长 1.6～1.9 米，雄性 5～12 岁、体长 1.7～2.0 米。繁殖高峰在春、秋两季，生育间隔 2～3 年，妊娠期 10～11 个月，每次产 1 胎，偶有多胎，初生幼鲸体长 70～100 厘米，体重约 10 千克，哺乳期约 1 年。

3. 种群状况

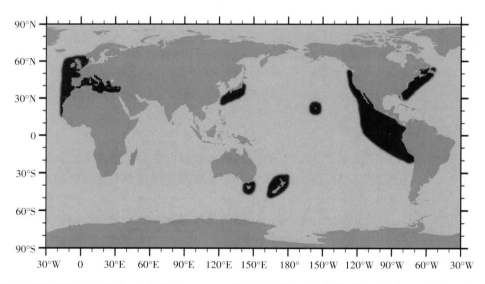

短吻真海豚广泛分布于水温在 10～28℃的温带至热带海域，其中，北纬 60°至南纬 50°之间大西洋、北纬 50°至南纬 50°之间的太平洋较常见，在红海、地中海等封闭水域也曾有发现，但在印度洋不常见。

短吻真海豚总数可能达到数百万头，仍是世界上数目最多的鲸豚类动物。但有证据显示，黑海、地中海与热带太平洋东部的族群已经减少。

4. 主要疾患与威胁

在黑海，1990 年和 1994 年曾发生过 2 次大规模的短吻真海豚死亡事件，后者被确认为是麻疹病毒流行的结果。但当时的麻疹病毒流行伴随着短吻真海豚食物的匮乏、水体富营养化以及栉水母的爆炸性增长，上述因素可能增加了短吻真海豚对病毒的易感性。

目前，短吻真海豚仍然受到远洋拖网、流刺网、围网渔业的威胁，尤其是在东太平洋热带水域、印度洋、西非海域。仅 1986 年一年，在东太平洋热带水域的金枪鱼围网渔业造成短吻真海豚作为副渔获物的捕获量就高达 24 307 头，在 1990—2002 年间，美国海域的鲨鱼和旗鱼漂刺网渔业导致约 2 100 头短吻真海豚死亡。最近的一项调查表明，摩洛哥在直布罗陀海峡的流刺网渔业每年仍导致 12 000～15 000 头短吻真海豚死亡。

其他影响包括渔业资源的匮乏、栖息地的退化以及化学污染物的积累可能会导致免疫抑制和繁殖障碍等。

5. 物种保护

列入《濒危绝种野生动植物国际贸易公约》（CITES）附录Ⅱ；

列入世界自然保护联盟（IUCN）《2013 年濒危物种红色名录》ver 3.1——无危（LC）；

列入《保护野生动物迁徙物种公约》（CMS）：附录Ⅰ（仅地中海种群），附录Ⅱ（北海和波罗的海各种群、地中海种群、黑海各种群、东热带太平洋种群）；

列入中国《国家重点保护野生动物名录》：国家二级保护动物；

列入《中国物种红色名录》：近危（NT）；

受《全球禁止捕鲸公约》保护。

1.2.2　小虎鲸

别名：小逆戟鲸、小杀人鲸、细长黑鲸、细长领航鲸、矮虎鲸、侏儒虎鲸、矮鲸、矮豚

英文名：Pygmy Killer Whale、Slender Blackfish

学名：*Feresa attenuata*

分类：鲸目 Cetacea 齿鲸亚目 Odontoceti 海豚科 Delphinidae 小虎鲸属 *Feresa* 小虎鲸种 *F. attenuata*

1. 形态特征

小虎鲸是海豚科中一种比较小，并且不常见的物种，是小虎鲸属唯一的一种。小虎鲸得名于其与虎鲸类似的外形，但是体形比虎鲸小得多。小虎鲸学名中的"*attentuata*"是拉丁语"楔"的意思，指的是它从头部到尾部身躯逐渐变细，像一个楔子一样。

小虎鲸的身躯健壮，体色呈蓝黑、暗灰或灰褐色，背部有一暗色条带，由头顶沿背部中央向后延伸至背鳍后部。体侧颜色较浅，腹部有大面积的近似长圆形的白色斑块。胸前有淡灰色的W形斑纹。头部浑圆，没有喙，唇呈白色。有些个体的嘴和下巴都是白色的。胸鳍长、末端钝圆。背鳍高耸且呈镰刀状。尾鳍末端尖锐，后缘内凹，中央有小凹刻。

一般成体小虎鲸体长 2.1～2.6 米，体重 110～170 千克，最大体长 2.7 米，最大体重 225 千克。雄性较雌性体形略大。

2. 生活习性

小虎鲸较敏感，不易靠近，通常会躲避船只，但有船首或船尾乘浪的记录。成群活动为主，族群一般有成员 15～25 头，偶尔也会观察到更大的群。

小虎鲸主食鱼类和头足类。性情上表现得比虎鲸还要凶猛，有记录显示小虎鲸会攻击人类和其他鲸豚类动物，被驯养的小虎鲸甚至会自相残杀。在这一点上，似乎小虎鲸比虎鲸更符合"杀手"的称号。

本种生活史尚不明确，有分析认为性成熟时体长可达 2.1～2.3 米。初生幼鲸体长 0.8 米。

3. 种群状况

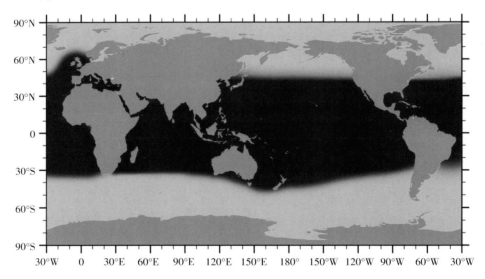

小虎鲸分布在世界所有热带及亚热带深水海域，尤其在太平洋东部热带海域较为多见。小虎鲸似乎天然数量很少，迄今为止对于其数量的唯一估计是在热带太平洋东部的数量为 38 900 头。小虎鲸迁徙行为不详，但分布在印度洋斯里兰卡海域和加勒比海圣文森特海域的族群属定栖型。

4. 主要威胁

在加勒比沿海、斯里兰卡、日本、中国台湾和印度尼西亚海域，小虎鲸作为刺网渔业副渔获物而死亡的案例屡见不鲜。仅在斯里兰卡，刺网渔业每年就能导致 300～900 头小虎鲸死亡。除此之外，斯里兰卡的渔民目前仍在用鱼叉猎杀小虎鲸，取其肉用来作为长线钓取鲨鱼、旗鱼以及其他海洋鱼类的鱼饵。

小虎鲸还容易受到海军声呐、地震勘探等人为噪声影响。记录显示，2010 年有 21 头、2014 年有 8 头小虎鲸先后在中国台湾地区集体搁浅，这些不同寻常的搁浅事件可能与噪声污染有关。

另外，人类对海洋渔业资源不加节制的滥捕、全球气候变化对海洋环境的影响，都可能导致小虎鲸种群数量的下降。

5. 物种保护

列入《濒危绝种野生动植物国际贸易公约》（CITES）附录Ⅱ；

列入世界自然保护联盟（IUCN）《2013 年濒危物种红色名录》ver 3.1——数据缺乏（DD）；

列入中国《国家重点保护野生动物名录》：国家二级保护动物；

列入《中国物种红色名录》：易危（VU）；

受《全球禁止捕鲸公约》保护。

1.2.3 短肢领航鲸

别名：短鳍领航鲸、圆头鲸、太平洋领航鲸、大吻巨头鲸、大吻领航鲸

英文名：Short-finned Pilot Whale、Pacific Pilot Whale

学名：*Globicephala macrorhynchus*

分类：鲸目 Cetacea 齿鲸亚目 Odontoceti 海豚科 Delphinidae 圆头鲸属 *Globicephala* 短肢领航鲸种 *G. macrorhynchus*

1. 形态特征

短肢领航鲸的身体长而粗壮，成年体长 3.5～6.5 米，体重 1～4 吨。全身呈黑色或深灰色，腹部及喉咙有灰色至灰白色的斑块，喉部斑块呈 M 形。两眼后方均有斜向上的灰色或白色斑纹，背鳍后方的披肩部位呈灰色或白色。

从侧面看，短肢领航鲸的头与躯干部界限极不明显，头部呈球状，前额向前隆突超出下颌。吻部短，没有明显吻突，唇线显著上扬。胸鳍靠近头部，呈长而尖的镰刀状。背鳍位于体前部约 1/3 体长处，基部非常宽。雄鲸及雌鲸的背鳍形状有所不同，且会随着年龄增长而变化。

短肢领航鲸与其近亲长肢领航鲸非常相似，在海面上几乎无法区分。这两种之间微妙的差异主要体现在胸鳍长度、头骨形状和牙齿数量上。如前者胸鳍长度只有体长的 14%～19%，而后者的胸鳍长度则能够达到体长的 18%～30%。

2. 生活习性

短肢领航鲸是极具社会性的动物，与虎鲸一样，会形成长期稳定的母系族群。族群往

往由少数成年雄鲸和多数成年雌鲸及幼鲸组成，常见 10～30 头的小族群，个别族群甚至能聚集上百头。短肢领航鲸有很强的集群本能，很少会单独出没，即使被船只驱赶也不散群。会与宽吻海豚等小型鲸豚类合群，虽然有记录显示会攻击对方。

短肢领航鲸对船只兴趣不大，但允许船只靠近，很少跃身击浪，有时会观察到鲸尾击浪或浮窥。对声音反应敏感，闻声则必向其反方向游去。在潜水前，会明显拱起尾干，当回到水面呼吸时，成年鲸通常只会露出头的上半部，但幼鲸则会将整个头部露出水面。当快速游行或加速时，会将大部分身体跃离水面。偶见集体搁浅现象。

短肢领航鲸的食物主要为头足类，有时也会猎食鳕、鲱等鱼类，一般在夜间摄食。没有固定的迁徙行为，某些南北向的迁徙可能与猎物的移动或者暖流的流动有关，离岸或者向岸迁徙则取决于乌贼的产卵期。

短肢领航鲸最大寿命雌性为 63 年，雄性为 46 年。性成熟年龄雌性 7～12 年，雄性 14～19 年。夏季是短肢领航鲸繁殖的主要季节，但全年均可繁殖，每次产 1 胎，妊娠期约 15 个月，哺乳期约 1 年。初生幼鲸体长 1.4～1.9 米，重 60 千克。

3. 种群状况

短肢领航鲸主要分布在北纬 50°至南纬 40°之间的热带、亚热带及暖温带水域，较喜欢深水海域，主要在大陆架的边缘或者海沟附近海域出没。

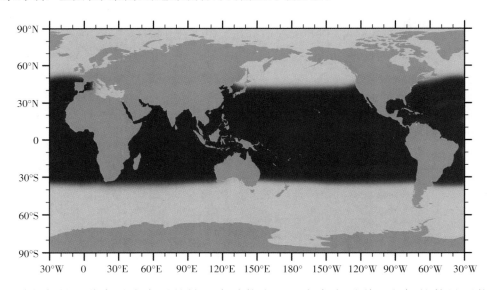

短肢领航鲸是分布最为广泛的鲸豚类动物之一。在东太平洋，它们的数量可能高达 58 万多头，在西太平洋约有 7 万多头，而在大西洋西部海域可能有 3 万多头。

4. 主要威胁

目前日本、印度尼西亚、斯里兰卡、菲律宾和加勒比沿海国家，仍然在捕杀短肢领航鲸。尤其在日本太地，当地渔民每年都猎杀数百头短肢领航鲸，他们有一套传承数百年的捕鲸方法，将长钢管伸入海中，并且不断敲打，用这种方法来把鲸鱼赶到半封闭的海湾内，再用渔网封锁海面，使鲸鱼无处可逃，然后再进行屠杀。仅在 1982—1989 年，就有约 4 600 头短肢领航鲸被猎杀。在加勒比沿海岛国圣文森特，每年猎杀约 220 头短肢领航鲸。在菲律宾，当地居民在每年 2～5 月的季风间隙，猎杀 800 多头包括短肢领航鲸在内的多种鲸鱼，取其肉供人类食用或者作为鱼饵，当地市场还出售鲸鱼的头骨作为纪念品。

人类渔业活动对短肢领航鲸的影响也很显著。在北大西洋、太平洋及印度洋海域，无论围网、刺网、流网及延绳钓等何种渔业方式，都有短肢领航鲸作为副渔获物而死亡的报道。

与其他喜食头足类的鲸豚类动物一样，短肢领航鲸经常潜至深海捕食的习性，使它们也容易受到海军声呐、地震勘探等人为噪声影响。2004 年 2 月，中国台湾沿海 9 头短肢领航鲸搁浅，导致 6 头死亡。这次集体搁浅事件估计与当时不同寻常的大规模军演有直接关系。

5. 物种保护

列入《濒危绝种野生动植物国际贸易公约》（CITES）附录Ⅱ；

列入世界自然保护联盟（IUCN）《2013 年濒危物种红色名录》ver 3.1——数据缺乏（DD）；

列入《保护野生动物迁徙物种公约》（CMS）附录Ⅱ；

列入中国《国家重点保护野生动物名录》：国家二级保护动物；

受《全球禁止捕鲸公约》保护。

1.2.4　康氏矮海豚

别名：黑白海豚、花斑喙头海豚、熊猫海豚、臭鼬海豚、詹姆士海豚

英文名：Commerson's Dolphin、Piebald Dolphin、Panda Dolphin

学名：*Cephalorhynchus commersonii*

分类：鲸目 Cetacea 齿鲸亚目 Odontoceti 海豚科 Delphinidae 黑白海豚属 *Cephalorhynchus* 康氏矮海豚种 *C. commersonii*

1. 形态特征

康氏矮海豚可能是世界上最小的海豚，体长通常在 1.2～1.7 米，体重 35～60 千克。黑白相间的体色及小而短胖的体形，使其在海水相当容易鉴别。

康氏矮海豚头部呈锥状，没有嘴喙，前额坡度和缓。除头部、胸鳍、背鳍至尾部、生殖裂呈黑色外，喉部及躯体主要为白色。生殖裂周围的黑色斑块有性别差异，雄性的斑块形状为水滴形，雌性的则要圆一些。胸鳍呈长圆形，左侧胸鳍的前端有锯齿状突起。背鳍呈圆弧状，尾鳍宽阔，后缘内凹，中央有小缺刻。

印度洋凯尔盖朗群岛的族群是地理上的隔绝品种，体形较大，身上有黑、白、灰3种颜色，或许可以独立成一亚种。

2. 生活习性

康氏矮海豚经常在寒冷的邻近岸边的开阔水域及海湾、港口和河口出没，有时会进入河流。似乎更喜欢大陆架广阔平坦，潮水落差大，水温4～16℃的海域，还经常光顾巨型海草丛生的海域。迁徙行为不明显。

通常聚集成小群队，可能会接近船只。通常1～3头为一组，偶尔会聚集超过100头的群体。泳速快，在海面上通常非常活跃，游泳模式变化多端，会多种水中腾跃技巧，如垂直起跃、仰泳、水中旋转等。

康氏矮海豚主要以鱼类、头足类和磷虾等为食。它们有时在邻近洋流边界独自觅食，更多的是合作围捕。小群队或是围成一个半圆，把鱼群赶向海岸，以海岸为屏障围捕猎物，或是将鱼群合围成鱼团，然后轮流钻入鱼群捕食。

康氏矮海豚已知的最大寿命为18岁，性成熟年龄雄性6～9岁，雌性5～9岁，而南大西洋的个体进入性成熟期的年龄比印度洋凯尔盖朗群岛的族群普遍小。繁育期在一般在9月至翌年2月，即南半球的春夏之交，妊娠期10～11个月，初生重量约6千克。

3. 种群状况

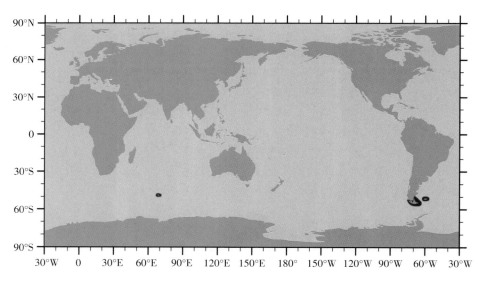

康氏矮海豚主要分布在南美洲南部的大西洋沿岸，即瓦尔德斯半岛、火地岛、麦哲伦海峡附近的海域，约有21 000头，可能是黑白海豚属中数量最多的种群。南纬51°以南的智利海域、马尔维纳斯群岛及印度洋的凯尔盖朗群岛周围也有零星分布。印度洋凯尔盖朗群岛的族群数量估计很小，并且由于分布范围极小，更容易受到人类活动影响。

4. 主要威胁

全球不断上升的鱼粉需求导致南美南部海岸鳀渔业无节制的扩张。有数据显示，1998—2004年，全球水产养殖业使用鱼粉生产的饲料增加了50%，并可能会继续增长。

另外，智利南部鲑养殖业的扩张，使得凤尾鱼、鲭等中上层鱼类作为饲料鱼的需求不断增加。上述渔业的泛滥除了导致康氏矮海豚食物匮乏以外，其采用的拖网和围网等作业方式也极易误捕康氏矮海豚。如在 1999—2000 年的捕捞季节，仅在阿根廷南部圣克鲁斯省的一个小地区，刺网渔业就导致约 180 头康氏矮海豚死亡。

除此之外，阿根廷和智利南部的渔民还在猎杀康氏矮海豚，取其肉作为南方帝王蟹和拟帝王蟹的钓饵。

5. 物种保护

列入《濒危绝种野生动植物国际贸易公约》（CITES）附录Ⅱ；

列入世界自然保护联盟（IUCN）《2013 年濒危物种红色名录》ver 3.1——数据缺乏（DD）；

列入《保护野生动物迁徙物种公约》（CMS）附录Ⅱ（南美洲种群）；

列入中国《国家重点保护野生动物名录》：国家二级保护动物；

受《全球禁止捕鲸公约》保护。

1.2.5 灰海豚

别名：里氏海豚、白头花纹海豚、灰格兰布氏海豚、纹身海豚、花纹鲸

英文名：Risso's Dolphin、Grey Dolphin

学名：*Grampus griseus*

分类：鲸目 Cetacea 齿鲸亚目 Odontoceti 海豚科 Delphinidae 灰海豚属 *Grampus* 灰海豚种 *G. griseus*

1. 形态特征

灰海豚是海豚科中第五大的个体，仅次于虎鲸、短肢领航鲸、长肢领航鲸和伪虎鲸。成年个体典型体长 3 米，最大体长 4.3 米，体重 300～500 千克。背部体色呈蓝灰、灰褐色或者全白色，腹面颜色略浅，身上遍布与其他灰海豚相斗留下的白色疤痕。

灰海豚头部大而浑圆，无吻突，唇线明显上弯。前额自吻端近乎垂直隆起，中央有一道纵沟从吻端一直延伸到喷气孔。背鳍前方的躯干非常粗壮，但自肛门之后急剧变细。胸鳍呈长镰刀状，末端尖锐。背鳍非常高耸，长度可达 50 厘米，其背鳍长度与体长的比例是除成年雄性虎鲸之外的所有鲸类中最高的，以至于灰海豚在海面上经常会被误认为雌性或者幼年虎鲸。尾鳍宽阔，中央缺刻明显。

灰海豚刚出生时全身体色均为灰色，在性成熟之前变为深褐色，然后随着年龄增长，逐渐变成极浅的灰色，至老年时则几乎全身都是白色。胸鳍、背鳍、尾鳍颜色则一直保持深色。

2. 生活习性

灰海豚常聚集成数十头的群，偶尔会聚集成数百头的大群，有时也会与其他种的海豚或者领航鲸混群，游泳速度快，泳速可达 37 千米/小时，一般数头并排游泳，背鳍和布满花纹的脊背全部露出，在海面上极易鉴别。有时半身或全身跃出水面，很少在船首乘浪，但有跟随船只习性。

灰海豚主食头足类，也食鱼类，似乎主要在夜间捕食。

目前已知灰海豚最大年龄可能超过 34.5 岁。性成熟年龄雌性 8~10 岁，雄性 10~12 岁，妊娠期 13~14 个月，每次产 1 胎，初生幼鲸体长 1.1~1.5 米。生育间隔约为 2.4 年，东太平洋的冬季、西太平洋的夏季及秋季是繁殖高峰。

3. 种群状况

灰海豚的数量相当多，广泛分布在南、北纬 60° 之间、表层水温在 10℃ 以上、水深 400~1 000 米的外海深水海域。估计在东太平洋热带海域有 175 000 头，西太平洋热带海域有 85 000 头；美国东海岸及墨西哥湾有 22 000 头；斯里兰卡附近海域有 5 500~13 000 头。目前没有其全球数量的统计数据。

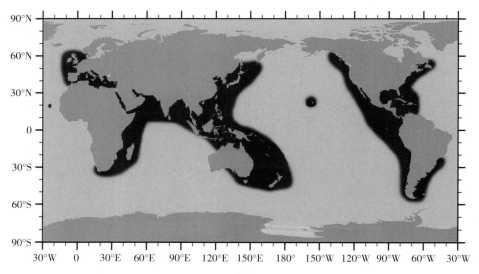

虽然在某些地区的灰海豚会出现季节性的向岸、离岸迁徙，但大多数地区的族群常年久居一地。

4. 主要威胁

目前在日本、斯里兰卡、加勒比沿海国家和印度尼西亚等地，仍然在捕杀灰海豚。尤其在日本，海豚驱捕渔业（Dolphin Drive Fishery，用船只将海豚驱赶至海湾或逼迫其搁浅后捕杀）每年猎杀 250~500 头灰海豚，取其肉供人类食用或用作养殖渔业饲料。

围网、刺网渔业也会对灰海豚的生存造成影响。在北大西洋、地中海、南部加勒比海、亚速尔群岛、秘鲁和所罗门群岛，经常有灰海豚作为副渔获物而误捕致死的报道。

此外，出于对头足类的食物偏好，灰海豚经常会潜至深海，导致它们更容易受到海军声呐、地震勘探等人为噪声影响而受到伤害。

5. 物种保护

列入《濒危绝种野生动植物国际贸易公约》（CITES）附录Ⅱ；

列入世界自然保护联盟（IUCN）《2013 年濒危物种红色名录》ver 3.1——数据缺乏（DD）；

列入《保护野生动物迁徙物种公约》（CMS）附录Ⅱ（仅北海和波罗的海及地中海各种群）；

列入中国《国家重点保护野生动物名录》：国家二级保护动物；

列入《中国物种红色名录》：濒危（EN）；

受《全球禁止捕鲸公约》保护。

1.2.6　沙漏斑纹海豚

别名：十字纹海豚、南方白侧海豚

英文名：Hourglass Dolphin

学名：*Lagenorhynchus cruciger*

分类：鲸目 Cetacea 齿鲸亚目 Odontoceti 海豚科 Delphinidae 瓶喙海豚属 *Lagenorhynchus* 沙漏斑纹海豚种 *L. cruciger*

1. 形态特征

沙漏斑纹海豚体形粗壮，身上有醒目的黑白相间斑纹。背部及体侧大部呈黑色，腹部呈白色，体侧的白色图案就像是一个横放的沙漏，这也是它们名称的由来。

体长一般在 142～187 厘米，体重在 90～120 千克，两性个体差异不明显。嘴喙黑而短，前额呈黑色。胸鳍、背鳍和尾鳍两面都是黑色，胸鳍长且明显弯曲，末端尖锐。背鳍高耸弯曲，基部宽阔，后缘内凹，且可能会随着年龄增长变得强烈弯曲而呈现钩状。尾鳍后缘内凹，中央凹刻明显。尾干腹面有明显的龙骨突起。

2. 生活习性

沙漏斑纹海豚游泳时通常嘈杂吵闹，会在快速航行的船只前后乘浪前行。游泳速度快，呈上下起伏的波浪状，速度最高可超过 22.2 千米/小时，也会以小角度跃离海面，远距离观察时，易被误认为是游泳的企鹅。

族群往往很小，虽然曾有 100 头以上个体同游的目击记录，但 1～14 头个体组成的族群更常见。可能与长须鲸、塞鲸、虎鲸、长肢领航鲸、南露脊海豚混群。

主要以鱼类、鱿鱼和甲壳类动物为食。经常可以见到沙漏斑纹海豚在其他鲸类和鸟类大量聚集时出现，这可能意味着当时磷虾或者其他浮游生物非常丰富，沙漏斑纹海豚会利用这一时机进行捕食。

　　3．种群状况

　　全世界沙漏斑纹海豚约有 14 万头，主要分布在南纬 45°～65°的南极和亚南极寒冷水域。该物种似乎更喜欢 0.6～13.0℃ 的水温，可能出现在距离南极冰山边缘 160 千米以内的水域。

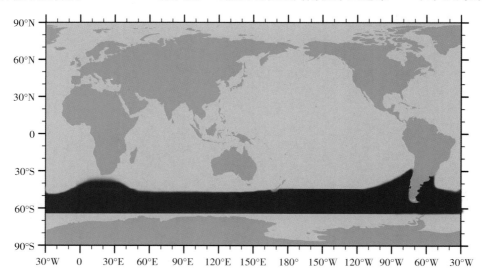

　　在外海通常比较常见，在德雷克海峡出现的概率非常高，在南极半岛附近非常浅的海域及南美洲南部沿岸也可以观察到。可能随季节变化而向南北迁徙。

　　4．主要威胁

　　沙漏斑纹海豚历史上并不是商业捕鲸的目标，目前也没有已知的特定威胁。但南极海域不受管制的渔业活动，可能会使沙漏斑纹海豚可获得的食物大大减少，并且增加沙漏斑纹海豚作为副渔获物而死亡的风险。

　　5．物种保护

　　列入《濒危绝种野生动植物国际贸易公约》（CITES）附录Ⅱ；

　　列入世界自然保护联盟（IUCN）《2013 年濒危物种红色名录》ver 3.1——数据缺乏（DD）；

　　列入中国《国家重点保护野生动物名录》：国家二级保护动物；

　　受《全球禁止捕鲸公约》保护。

1.2.7　南露脊海豚

　　别名：南鲸豚、无背鳍喙吻海豚

　　英文名：Southern Right Whale Dolphin

　　学名：*Lissodelphis peronii*

　　分类：鲸目 Cetacea 齿鲸亚目 Odontoceti 海豚科 Delphinidae 露脊海豚属 *Lissodelphis* 南露脊海豚种 *L. peronii*

1. 形态特征

南露脊海豚是南半球唯一没有长背鳍的海豚，与其近亲北露脊海豚非常相似，但分布区域并不重叠。两者同样都得名于没长背鳍的南、北露脊鲸。

南露脊海豚体形修长，平均体长1.8～2.4米，体重60～100千克，雄性体形较雌性略大。背部呈墨黑色，腹部呈白色，黑色区域和白色区域界限非常明显，白色区域一般扩展至体侧中线以上。喙与额头均呈白色，之间有明显间隔。喙较短，下颌略长于上颌。眼睛位于黑色区域内。

胸鳍小而弯曲，末端尖锐，大部分呈白色，前、后缘可能呈黑色。尾鳍背面黑色，腹面白色，后缘明显内凹，中央缺刻明显。

2. 生活习性

南露脊海豚是高度群居性的动物，平均族群大小为210只，有时也会组成1 000只以上的群体。经常与暗色斑纹海豚、领航鲸等其他种的海豚共游。经常一连串地小角度跃离海面，动作优雅，在空中滑行距离远，远距离观察时，极易被误认为企鹅。缓慢游行时，几乎水波不兴，又会被错认为海狮。浮出海面呼吸时，仅露出部分头部和背部。有些族群会让船只接近，有些族群则会躲避船只。

南露脊海豚主要以海洋中层鱼类、头足类为食，尤其喜欢捕食灯笼鱼。潜水时间可达6分钟，可潜入200多米的深水搜寻食物。繁殖细节不详。

在南非的观察记录显示，在夏季南露脊海豚会向北迁徙。在南美洲，有研究指出7～9月份在南美洲西北部南纬25°海域出现的南露脊海豚比其他所有月份加起来还要多，这说明在南半球的冬、春季，南露脊海豚会向北部迁徙。

3. 种群状况

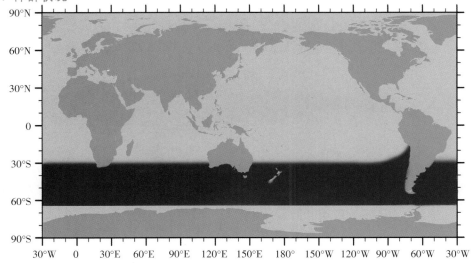

南露脊海豚主要分布在南纬 40°～55°的南半球温带深水海域，呈现环绕极区分布，生活的南部边界则随着每年的海水温度而变化。南露脊海豚经常循秘鲁寒流游至亚热带纬度海域，有记录显示可能会向北游至南纬 12°的秘鲁外海，也可能会随着西风漂流横渡南印度洋。

目前尚没有关于南露脊海豚种群数量的准确统计，对其亚种群的组成状况也一无所知。根据在智利北部海域的航海调查及对搁浅情况的记录显示，它们可能是当地最常见的鲸类。

4. 主要威胁

南露脊海豚并不是商业捕鲸的主要目标，但近年来，智利和秘鲁等国家的渔民仍在猎杀南露脊海豚作为南帝王蟹等蟹类钓饵或者直接供人类食用。此外，智利自 20 世纪 80 年代开始的旗鱼流刺网渔业，极有可能造成了大量南露脊海豚的死亡，但具体数据不详。秘鲁和澳大利亚南部沿海的流刺网及延绳钓渔业也偶有南露脊海豚作为副渔获物的报道。

5. 物种保护

列入《濒危绝种野生动植物国际贸易公约》（CITES）附录Ⅱ；

列入世界自然保护联盟（IUCN）《2013 年濒危物种红色名录》ver 3.1——数据缺乏（DD）；

列入中国《国家重点保护野生动物名录》：国家二级保护动物；

受《全球禁止捕鲸公约》保护。

1.2.8 短吻海豚

别名：伊河海豚、伊洛瓦底海豚、伊洛瓦底江豚、伊豚、伊河豚、鳍海豚

英文名：Irrawaddy Dolphin、Snubfin Dolphin

学名：*Orcaella brevirostris*

分类：鲸目 Cetacea 齿鲸亚目 Odontoceti 海豚科 Delphinide 伊豚属 *Orcaella* 短吻海豚种 *O. brevirostris*

1. 形态特征

短吻海豚外观与白鲸相似，曾被归入一角鲸科，但它们却是虎鲸的近亲。成年短吻海豚体长 2.1～2.6 米，体重 90～150 千克。有记录的最大体长约为 2.75 米。

短吻海豚头部圆钝，由喷气孔往前的部分成圆形膨大，嘴喙不明显，口颅大，周围有唇状隆起。颈部有皱褶，背部呈灰蓝色或近黑色，腹面颜色较浅。背鳍小，末端圆钝，略呈三角形，位于躯干约后 1/3 处。胸鳍前缘明显弯曲，有些个体的胸鳍呈现长且宽的刮铲状。尾干狭窄，尾鳍宽大，后缘内凹，中央有明显缺刻。

2. 生活习性

短吻海豚主要生活在印度洋和太平洋之间的热带沿岸海域，也会在淡水河流中出现，如恒河、湄公河以及伊洛瓦底江等，有时会溯游而上超过 1 300 千米，喜欢栖息在混浊的河流入海口或红树林水域。泳速缓慢，最高 20～25 千米/小时。游泳时一般只有少部分身体露出海面，经常有浮窥、鲸尾击浪及跃身击浪等行为。会进行小角度水平跳跃，但不完全跃离水面。一般潜水时长 70～150 秒，最长可达 12 分钟。

短吻海豚主要以硬骨鱼类、头足类以及甲壳类动物为食，在浮窥及觅食时可能会将捕鱼时吞入的水吐出。在伊洛瓦底江和湄公河，短吻海豚会与当地渔民合作，将鱼群赶入渔网，而渔民会将捕获的鱼分给短吻海豚。

短吻海豚通常群居，族群一般少于 6 头，最多时能达到 15 头，很少和其他海豚共处，有报道称，中华白海豚与短吻海豚在同一水域相遇时，短吻海豚经常被中华白海豚驱逐至狭小有限的空间内。另外，有指在印度最大湖泊吉尔卡湖，当短吻海豚在入海口与宽吻海豚遭遇时，短吻海豚会出于恐惧而被迫重返湖中。

短吻海豚平均寿命 30 岁。性成熟年龄 7～9 岁。北半球的短吻海豚交配季在 12 月至翌年 6 月，分娩期大约从 6 月持续到 8 月，妊娠期 14 个月，每 2～3 年产 1 胎。初生海豚体长约 1 米，重约 10 千克。出生大约 6 个月后，幼豚开始吃鱼等食物，到 2 岁时完全断奶。

3. 种群状况

据不完全统计，全球短吻海豚约 7 000 头，主要分布在孟加拉湾、几内亚及菲律宾海域，其中 90% 来自孟加拉湾。在缅甸、老挝、柬埔寨、泰国、婆罗洲和马来西亚也有出现。但是在孟加拉湾及印度以外的地方，短吻海豚正处于极度濒危的状况。

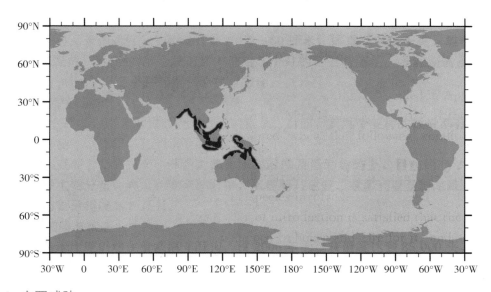

4. 主要威胁

短吻海豚喜欢在入海口和河流中生活的特点，使得它们更容易受到人类活动影响。在湄公河和马哈坎河，当地居民有直接猎杀短吻海豚的历史。如今，它们面临的最大威胁是与渔业的冲突、与船舶相撞、栖息地的退化和丧失等。

此外，在某些亚洲国家，短吻海豚会被大量捕捉用来观赏或表演，这也对野生短吻海豚的种群数量构成威胁。

5. 物种保护

列入《濒危绝种野生动植物国际贸易公约》（CITES）附录Ⅰ；

列入世界自然保护联盟（IUCN）《2013年濒危物种红色名录》ver 3.1——易危（VU）；

列入《保护野生动物迁徙物种公约》（CMS）附录Ⅰ、附录Ⅱ；

列入中国《国家重点保护野生动物名录》：国家二级保护动物。

1.2.9　虎鲸

别名：逆戟鲸、杀人鲸、杀手鲸、格兰布鲸

英文名：Killer Whale、Grampus、Orca

学名：*Orcinus orca*

分类：鲸目 Cetacea 齿鲸亚目 Odontoceti 海豚科 Delphinidae 虎鲸属 *Orcinus* 虎鲸种 *O. orca*

1. 形态特征

作为海洋中的顶级掠食者，虎鲸的体形极为粗壮，体长最大可达9.8米，体重超过10吨。对比强烈的黑白体色、高耸的背鳍，使得它们非常容易辨认。

虎鲸躯体呈纺锤形，头部略圆，嘴喙不突出，由呼吸孔向后逐渐变粗，至背鳍处最粗，由此至尾部逐渐变细。

背部与体侧皆为黑色或黑灰色，腹面呈白色，腹面白色区域从吻端开始，覆盖整个下颌及喉部，在胸鳍根部变窄，到体中部又扩大为三叉形状，分别覆盖生殖裂及腰部两侧。眼睛后上方有卵圆形白斑。大而高耸的背鳍位于背部中央，在背鳍后方有呈灰至白色的马鞍状斑纹，其形状和颜色有个体差异。胸鳍大而宽阔，与轮船螺旋桨形状接近，上下两面皆为黑色。尾鳍背面为黑色，腹面为白色，后缘稍微内凹，末端尖锐，中央凹刻明显，呈V形。

虎鲸两性个体差异明显，雄鲸明显要比雌鲸长且身躯庞大：雄鲸典型体长在6～8米，体重超过 6 吨，雌鲸体长则在 5～7 米，体重 3～4 吨。两性背鳍形状和大小也有极大差异，从侧面看，成年雄鲸的背鳍近似狭长的等腰三角形，高度可达 1.8 米，雌鲸与未成年虎鲸的背鳍则小而弯，呈镰刀状，高度可达 0.9 米。

2. 生活习性

虎鲸是速度最快的海洋哺乳动物之一，在追赶猎物时泳速最快可以达到 15.4 米/秒（55.5 千米/小时）。常有跃身击浪、浮窥或是以尾鳍或胸鳍拍击水面等行为。成年鲸和幼鲸都经常跃身击浪，优雅地完全跃离水面，然后再以背部、体侧或者腹部着水。不惧怕船只，较少在船头或船尾乘浪。

在巡游时，虎鲸群会形成紧密的队伍，群体成员间的胸鳍经常保持接触，显得亲热和团结，甚至浮升和下潜都步调一致。如果群体中有成员受伤，或者发生意外失去了知觉，其他成员就会前来帮助，用身体或头部连顶带托，使其能够继续漂浮在海面上。偶尔会集体搁浅，群体有时会被困在潮间带或海湾中。

虎鲸的食物种类和捕猎技巧是所有鲸豚类动物中花样最繁多的。食物包括鱼类、头足类、鳍足类、海獭类、鸟类、其他鲸类等。令很多动物闻风丧胆的大白鲨和灰鲭鲨，甚至是体形巨硕的蓝鲸，有时候也会成为它们的盘中餐。虎鲸还有一种奇特的嗜好，它们喜欢吃须鲸的舌头和下颚，而并不把猎物全部吃掉。

虎鲸拥有非常发达的大脑和强壮有力的身体，群体合作捕猎时也有着令人难以置信的协同性，攻击开始前，它们会通过叫声和打水声分配任务，有时为了悄悄靠近猎物，它们也可以一下子变得鸦雀无声，有"海中狼群"之称。

虎鲸是一种高度社会化的动物，有一些群体组成的家族是动物界中最稳定的家族。虎鲸的一些复杂社会行为、捕猎技巧和声音交流，被认为是虎鲸拥有自己的文化的证据。有观察记载，虎鲸在捕食鱼群时，会合力将鱼群集中成一个大球，使它们无路可逃，然后轮流钻入鱼群择肥而食。为了成功猎食浮冰上的海豹，虎鲸会悄悄潜伏，在海豹尚未发觉之时突然从浮冰边缘探出头，掀翻浮冰，然后在浮冰四周围追堵截，最后分享美餐。而当浮冰过大不易掀翻时，虎鲸群则会慢慢向远处游去，在游了一段距离之后，猛然转身折回，一字排开地向猎物扑去，在距离猎物几米的地方，突然来个"急刹车"，继而用强壮的身躯和尾鳍拍打水面，在浮冰的周围掀起大浪，使浮冰剧烈摇晃，海豹虽然尽力扒住倾斜的冰面，但很快就会跌落到水中，厄运难逃。在袭击蓝鲸等大型猎物时，一部分虎鲸在蓝鲸的左右两侧，两头虎鲸在它的前面，另外两头在它的后面，阻止蓝鲸逃跑，还有一些虎鲸在它的腹部底下监视，防止它潜水溜掉。另一些虎鲸则跃起向下压迫蓝鲸的头部，不让猎物露出水面呼吸；其他虎鲸则疯狂地从蓝鲸身上撕下大块鲸脂。蓝鲸先被咬去背鳍，胸鳍和尾鳍又被撕碎，无法游动。这时虎鲸们再一哄而上，共享美餐。

虎鲸的基本社群单位为小型母系群体，通常由最年长的雌鲸居于核心地位，其余成员为它的成年子女以及外孙子女。小群队内部成员关系非常稳定，通常会终生共处，所有成员似乎会共同分担养育工作。然而当族群过大时，鲸群也会"分家"，产生一个新的族群。

据美国华盛顿州与英属哥伦比亚的虎鲸研究者指出，当地有定居型（resident）与过境型（transient）两种虎鲸群，两种群体在本地终年皆可被发现。定居型倾向于形成较大的群队，通常 5～25 头，栖居的范围较小，主要以鱼类为食。过境型则倾向于组成较小的群队，通常 1～7 头，在广阔的海域漫游，主要以海洋哺乳类为食。

虎鲸寿命雄性 50～60 年，雌性为 80～90 年。性成熟年龄雄性约 15 岁，雌性约 10 岁。根据对位于美国华盛顿州与英属哥伦比亚外海的定居型族群的研究资料显示，虎鲸终年皆有交配活动，高峰期自秋季至第二年春天，平均生殖间隔为 5 年，妊娠期 15～18 个月，每次产 1 胎。幼鲸出生时体长 2.2～2.6 米，体重 160～180 千克，哺乳期至少会持续达 1 年以上，通常要到 2 岁大左右才会完全断奶。

虎鲸的语言复杂而多变，能发出 62 种不同的声音，如急促地喀喇声、吹口哨声、吱吱声等。有研究者认为，虎鲸的每种声音都有着不同的含义，如通过它们的口哨声和其他的大多数叫声彼此传递信号的，表示警告、吸引配偶、发动进攻和一些其他的交流，而喀喇声则有其独特的功能，那就是寻找并锁定猎物。

虎鲸的每个家族可能会发展出自己的独立语言，或者称为方言。相近的家族有着相近的方言，所以居住在相近群落的虎鲸之间能明白彼此的方言。那些居住在完全不相关群落里的虎鲸则有着完全不同的方言。

3. 种群状况

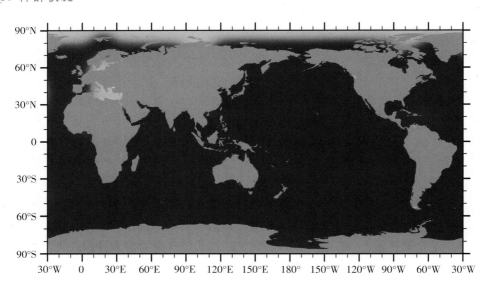

地球上的所有大洋中都有虎鲸生活，从冰冷的大西洋和南极地区到热带海域，到处可以见到它们的踪影，一般凉爽的海域比热带和亚热带的海域更常见，在极地海域尤为多见。部分虎鲸会终年停留于南极海域。它们会迁徙至何处、会移动多远，目前仍未有定论。

虎鲸现存数量估计在 50 000 头以上，其中，南极水域约有 25 000 头，太平洋东部热带海域约有 8 500 头虎鲸，美国阿拉斯加水域有 2 250～2 700 头，日本外海可能在 2 000 头以上，其他地区可能在数百至千余头。

4. 主要威胁

虎鲸虽然不是濒危物种，但是仍然受到食物匮乏、噪声污染、水污染和栖息地丧失等因素的威胁。日本、丹麦格陵兰岛、印度尼西亚及加勒比沿海国家仍在猎杀虎鲸。很多国家的渔民视虎鲸为渔业大患，常会向虎鲸射击，这种情况尤以美国阿拉斯加州为甚。鲑和金枪鱼的过度捕捞，可能会导致主要以这些鱼类为食的定居型虎鲸种群数量下降。

另外，虎鲸作为海洋中的顶级捕食者，环境污染物在体内的持续积累对其种群延续有潜在风险。有研究表明，加拿大和不列颠哥伦比亚海域的虎鲸体内的多氯联苯含量处于非常高的水平。

5. 物种保护

列入《濒危绝种野生动植物国际贸易公约》（CITES）附录Ⅱ；

列入世界自然保护联盟（IUCN）《2013 年濒危物种红色名录》ver 3.1——数据缺乏（DD）；

列入《保护野生动物迁徙物种公约》（CMS）附录Ⅱ；

列入中国《国家重点保护野生动物名录》：国家二级保护动物；

受《全球禁止捕鲸公约》保护。

1.2.10　瓜头鲸

别名：多齿黑鲸、小杀人鲸、伊列特拉海豚、瓜状头鲸

英文名：Melon-headed Whale

学名：*Peponocephala electra*

分类：鲸目 Cetacea 齿鲸亚目 Odontoceti 海豚科 Delphinidae 瓜头鲸属 *Peponocephala* 瓜头鲸种 *P. electra*

1. 形态特征

瓜头鲸是海豚科瓜头鲸属中唯一的物种，得名于其尖瓜状的头部。一般成年体长 2.2～2.5 米，体重 160 千克。

瓜头鲸躯体修长，呈鱼雷状，头部小而尖，下巴平直或微向内凹，唇部呈白色或淡灰色。脸部有一块黑色区域，如同戴了面具一般。除了脸部之外，几乎通体呈蓝灰、暗灰或暗棕色。背部有一暗色条带，从头部沿体中线向后延伸至背鳍后方。喉部有白斑，胸鳍之间有类似于领航鲸的淡灰色锚状斑纹，腹部的斑块呈现出灰或不纯的白色。胸鳍长而尖，约占体长的 1/5。背鳍高耸，呈钩状，末端较为尖锐，后缘经常受创。尾鳍宽大，约占体长的 1/4，雌鲸的尾鳍相对较窄。

2. 生活习性

瓜头鲸是群居动物，族群成员通常在几百或上千头。游泳速度缓慢，一般会躲避船只，在受到惊吓时，会快速游走。在快速游行时，会以小角度跃离海面，浮升时会将头部扬出水面，造成许多小水雾。有时会进行浮窥，在下潜时，会明显拱起尾干。

瓜头鲸主要以乌贼和深海鱼类为食，瓜头鲸和霍氏海豚间存在着强而稳定的关系，在大多数例子中，瓜头鲸经常在霍氏海豚群体的周围或尾随其后，有时也会和糙齿尖嘴海豚合群。

瓜头鲸寿命至少约 20 年，雌性年龄可能超过 30 岁。繁殖细节鲜为人知。有尚未证实的资料表示，它们似乎全年均可生育，妊娠期可能在 12 个月左右，初生幼鲸体长约 1 米，体重 12 千克。

3. 种群状况

瓜头鲸主要分布于南、北纬度 20°间的热带、亚热带深水海域，很少出现在暖温带海域。常见于菲律宾海域、夏威夷群岛、南太平洋的土阿莫土和马克萨斯岛、西北墨西哥湾以及整个赤道太平洋水域。

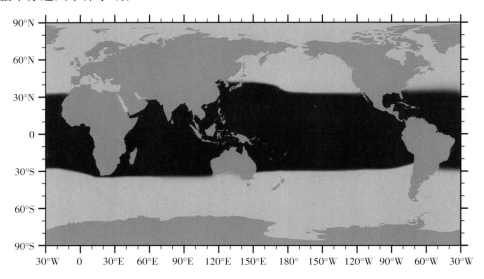

有数据显示，热带东太平洋、墨西哥湾、美国夏威夷专属经济区水域、菲律宾东苏禄海及塔尼翁海峡等海域共有瓜头鲸约 5 万头，其中，热带东太平洋的种群最大，约有45 000 头。

4. 主要威胁

目前日本、菲律宾、斯里兰卡、印度尼西亚和加勒比沿海国家，仍然在捕杀瓜头鲸，取其肉供人类食用或用作鱼饵。此外，人类的其他渔业活动也会对瓜头鲸产生影响，如热带东太平洋地区的金枪鱼围网渔业每年都能捕获一定数量的瓜头鲸。

与其他喜食头足类的鲸豚类动物一样，瓜头鲸经常潜至深海捕食的习性，使它们也容易受到海军声呐、地震勘探等人为噪声影响。2004 年，在美国夏威夷考艾岛海域的环太平洋演习中，参演军舰使用了一种中频主动声呐，导致 150～200 头瓜头鲸在海滩搁浅。海军接到通知后将声呐全部关闭，才使得这些瓜头鲸重新又回到海里。

5. 物种保护

列入《濒危绝种野生动植物国际贸易公约》（CITES）附录Ⅱ；

列入世界自然保护联盟（IUCN）《2013 年濒危物种红色名录》ver 3.1——无危

（LC）；

列入中国《国家重点保护野生动物名录》：国家二级保护动物。

1.2.11 伪虎鲸

别名：黑鲦、拟虎鲸、伪领航鲸、拟逆戟鲸

英文名：False Killer Whale

学名：*Pseudorca crassidens*

分类：鲸目 Cetacea 齿鲸亚目 Odontoceti 海豚科 Delphinidae 伪虎鲸属 *Pseudorca* 伪虎鲸种 *P. crassidens*

1. 形态特征

伪虎鲸是海豚科伪虎鲸属唯一的物种。伪虎鲸在外形上与虎鲸相似，因而得名，但体形较细长，且体色较暗。成年雌性最大体长 5.1 米，体重 1 200 千克，雄性最大体长 6.1 米，体重 2 200 千克。

伪虎鲸通体呈黑色或暗灰色，只有颈部和喉部呈灰色或污白色。头部修长，吻部前端钝圆，上颌较下颌稍突出。背鳍呈镰刀状，位于体中部稍前方，占体长 5%～8%。胸鳍短而窄，前缘在中部突出成较大弧度，并急剧向后弯曲，末端尖锐。尾鳍占体长的 1/5～1/4。

2. 生活习性

伪虎鲸泳速快，当浮升时，经常将整个头部与躯体的大部扬升出水，有时甚至连胸鳍都看得见。经常跃身击浪，通常会转体以侧身击水。兴奋时，会优雅地跃离水面，并以鲸尾击浪。伪虎鲸是群居动物，很少单独活动，通常呈 10～50 头群或数百头成群游动，甚至会形成上千头的大群，常见伪虎鲸与宽吻海豚等小型鲸豚类共游。易集体搁浅，1946 年在阿根廷马德普拉塔沿岸，曾有 835 头伪虎鲸集体搁浅。伪虎鲸主食各种鱼类和头足类，有时也捕食小型鲸类。

伪虎鲸寿命雌性达 62 岁，雄性 56 岁，性成熟年龄雌性 8～11 岁，雄性略晚。妊娠期 15～16 个月，每次产 1 胎，初生幼鲸体长 1.6～1.9 米，体重 80 千克，哺乳期可长达一年。平均生育间隔 7 年。在人工饲养下，曾有伪虎鲸与宽吻海豚杂交并产下可育后代的案例。2012 年 7 月，我国青岛海昌极地海洋世界人工饲养的伪虎鲸自然受孕并成功产下的健康幼鲸，为国内首例。

3. 种群状况

伪虎鲸分布广泛，在世界各海洋均有发现，主要出没于热带、亚热带和暖温带的深水海域，地中海、红海、波罗的海也有发现。在中国和日本沿海估计有 1.6 万头，热带东太平洋约有 3.9 万头，全球数目不详。

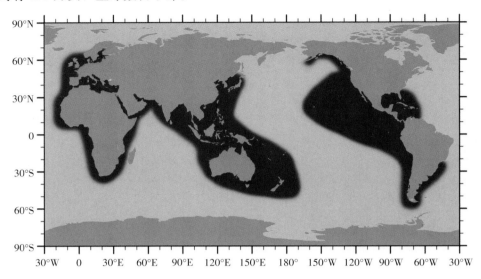

4. 主要疾患与威胁

肺部感染曲霉菌是人工圈养齿鲸类动物最常见的疾病，其他可使海洋哺乳动物患病的真菌种数超过 22 种。

目前，日本、印度尼西亚、中国台湾和西印度群岛等仍在捕猎伪虎鲸，以获取肉类、烹调用油或者作为观赏动物出售给海洋水族馆。此外，渔民出于渔业竞争也会猎杀伪虎鲸，如在日本长崎县壹岐岛，仅在 1965—1980 年，就有超过 900 头伪虎鲸被猎杀，以消除其对黄尾鲽渔业的影响。

刺网、围网和延绳钓渔业也会对伪虎鲸的生存造成影响。澳大利亚安达曼群岛、巴西南部沿海刺网渔业和热带东太平洋金枪鱼围网渔业均有伪虎鲸作为副渔获物而死亡的记录，在中部和西部的热带太平洋延绳钓渔业，也偶有伪虎鲸致死的案例。

在其他方面，伪虎鲸与喙鲸科一样，也容易受到海军声呐、地震勘探等人为噪声影响而受到伤害。

5. 物种保护

列入《濒危绝种野生动植物国际贸易公约》（CITES）附录Ⅱ；

列入世界自然保护联盟（IUCN）《2013 年濒危物种红色名录》ver 3.1——数据缺乏（DD）；

列入中国《国家重点保护野生动物名录》：国家二级保护动物。

1.2.12　中华白海豚

别名：印度太平洋驼背豚、斑海豚、华白豚、海湾豚

英文名：Chinese White Dolphin、Indo-pacific Humpbacked Dolphin

学名：*Sousa chinensis*

分类：鲸目 Cetacea 齿鲸亚目 Odontoceti 海豚科 Delphinidae 白海豚属（也称驼海豚属）Sousa 中华白海豚种 S. chinensis

1. 形态特征

中华白海豚是由瑞典人 Peter Osbeck 于 1765 年根据在广东省珠江中采集的标本命名为 Delphinus chinensis，后有学者将其纳入白海豚属中。由于以往生物分类主要依据外形特征进行命名，且描述比较简单，导致同物异名情况很多。现在有观点认为中华白海豚种（或称为印度太平洋驼背豚种）可分为两种类型：一是分布于太平洋西南沿岸的中华白海豚（Chinensis-type），另一类型是主要分布于印度洋沿岸的铅色白海豚（Plumbea-type）。本书倾向于此观点，并主要介绍前者。

中华白海豚的体形较为粗壮，成年体长 2.0～2.5 米，最长达 2.7 米，体重为 200～250 千克。背鳍略呈三角形，位于背部中央，末端圆钝，略向后倾，背鳍基部较长。胸鳍短宽，外缘呈弧形。尾干高而侧扁，上、下分别形成脊隆和龙骨突。尾鳍宽阔，后缘较平整。喙中等长，唇线平直，下颌略超出上颌。眼小呈椭圆形，位于口角后上方。

虽然称为"白海豚"，但中华白海豚刚出生时身体为暗灰色，随年龄增长体色逐渐变浅，为灰色和粉红色相杂，成体则变为纯白色，常由于充血而透出粉红色。有些成体头部、背部、体侧、背鳍、胸鳍及尾鳍背面散布许多大小不一的灰黑色斑点，尤其以头部、背鳍、尾鳍背面较密集。

中华白海豚的体色是区别于铅色白海豚的主要特征之一，此外，其背部也没有该类型的驼背状隆起，因此也有中国专家认为，产于我国海域的中华白海豚应弃用"印度太平洋驼背豚"名称。

2. 生活习性

中华白海豚多栖息在近岸海湾及河口一带，一般成小群生活，常 3～5 只在一起，或者单独活动。其性情活泼，在风和日丽的天气，常在水面跳跃嬉戏，有时甚至将全身跃出水面近 1 米高。游泳的速度很快，有时可达每小时 22.2 千米以上。中华白海豚呼吸的时间间隔很不规律，有时为 3～5 秒钟，有时为 10～20 秒，也有时长达 1～2 分钟。有跟随船只的习性，常尾随在作业的双拖网渔船之后捕食漏网之鱼，有时会游到流刺网附近取食上网的鱼，甚至会咬破定置渔具取食网内的鱼。

中华白海豚主食河口的咸淡水鱼类，以中小型鱼类为主，例如在珠江口的中华白海豚主要食用棘头梅童鱼、凤鲚、银鲳、乌鲳、白姑鱼、龙头鱼、大黄鱼等常见品种，食量很大，胃中的食物的重量可达 7 千克以上。

中华白海豚的寿命一般为 30~40 年，3~5 岁达到性成熟，常年都可交配，发情期多集中在 4~9 月的温暖季节，通常在 6~7 月进行交配，妊娠期 10~11 个月，每次产 1 胎，刚出生的幼仔长约 1 米。哺乳期为 8~20 个月。

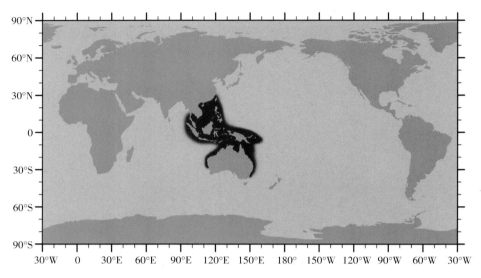

3. 种群状况

中华白海豚主要分布于太平洋西南沿岸。在我国厦门九龙江、广东珠江口海域、香港大屿山以北水域和围绕龙鼓洲及沙洲的水域中保持有相对较大的种群，在广东、香港、广西和福建的河口内湾也有分布，长江口也偶见。其中珠江口水域约有 1 200 头，其他区域数目不详。

中华白海豚是中国仅存的国家一级保护鲸目哺乳动物，有着"海上大熊猫"之称，由于中华白海豚每 3 年才生 1 胎，繁殖率低；同时，由于生存环境的持续恶化，其存活率较低，当前有濒临绝迹的危险。据珠江口中华白海豚国家级自然保护区管理局监测，截至 2011 年，珠江口存活的白海豚仅有 802 头，比大熊猫还稀少。为了保护这一濒危珍稀物种，我国社会各界加大保护力度，建立了多个自然保护区。1997 年，香港特别行政区确定中华白海豚作为香港回归祖国的吉祥物；1997 年，福建省建立了厦门中华白海豚自然保护区，1999 年晋升为国家级自然保护区；1999 年，广东省政府批准成立了珠江口中华白海豚省级自然保护区，2003 年升格为国家级自然保护区。

4. 主要威胁

目前，中华白海豚受到的威胁主要是自然环境恶化以及人类活动的直接影响，例如渔业资源的过度捕捞造成食物链的中断，废弃物的排放导致海洋环境的不断恶化，或者被高速行驶轮船的螺旋桨打伤致死，误入渔民沿海设置的围网窒息而死等。石油开采、码头和桥梁的建设等造成其栖息地的破坏与丧失，也是中华白海豚延续生存的重要威胁。此外，环境污染特别是入海口水质的恶化，已经造成中华白海豚体内污染物的聚集，据研究，珠江入海口中华白海豚体内有机氯和汞等重金属的含量已经超标数倍，远超过其他海洋哺乳动物的受污染水平，极有可能造成疾病的暴发以及寿命的锐减。

5．物种保护

列入《濒危绝种野生动植物国际贸易公约》（CITES）附录Ⅰ；

列入世界自然保护联盟（IUCN）《2013 年濒危物种红色名录》ver 3.1——近危（NT）；

列入《保护野生动物迁徙物种公约》（CMS）附录Ⅱ；

列入中国《国家重点保护野生动物名录》：国家一级保护动物；

列入《中国物种红色名录》：濒危（EN）；

受《全球禁止捕鲸公约》保护。

1. 2. 13　条纹原海豚

别名：蓝白原海豚、蓝白细纹海豚、条纹海豚、条纹小海豚、蓝白海豚、白腹海豚、游氏海豚、梅氏海豚、格氏海豚

英文名：Striped Dolphin、Euphrosyne Dolphin

学名：*Stenella coeruleoalba*

分类：鲸目 Cetacea 齿鲸亚目 Odontoceti 海豚科 Delphinidae 原海豚属 *Stenella* 条纹原海豚种 S. *coeruleoalba*

1. 形态特征

条纹原海豚大小、体形与真海豚相近，一般体长 2.4～2.6 米，体重 150～160 千克，雄性体形较雌性略大。背部呈蓝黑色或蓝灰色，体侧呈淡灰色，靠近背鳍下方的淡灰色手指状图案是该物种最明显的特征。体侧各有一条细长的深色条纹从眼睛一直延伸到尾干下方，腹面呈白色或粉红色。

条纹原海豚头部修长，前额平缓，嘴喙呈黑色，眼睛有黑眼圈。背鳍颜色较深，显著向后弯曲。胸鳍小而修长，末端尖锐，颜色比体侧较暗。尾鳍呈淡灰色，末端尖锐，中央有小缺刻。

2. 生活习性

条纹原海豚为大洋性海豚，喜群居，多数十头至数百头的集群活动，甚至会形成 2 000～3 000 头的大群，组群有 3 种形式：由未成熟个体为主体的未成熟群，由成熟的雌性个体构成的繁殖群，或由母仔豚为主体构成的育儿群。

条纹原海豚生性活跃，经常跃身击浪，有极强的空中翻腾技巧，喜跟随船只，往往在船首乘浪。经常与真海豚、黄鳍金枪鱼等共游。条纹原海豚主食各种各样的小型中上层鱼类和头足类，尤其偏好灯笼鱼、鳕和鱿鱼。通常在大陆坡或远洋深水区觅食，潜水深度 200～700 米，持续时间 5～10 分钟。

条纹原海豚寿命能达到 55～60 岁，性成熟年龄雌性 5～13 岁，雄性 7～15 岁。其交配季节随栖息海域而异，一般妊娠期 12～13 个月，每次产 1 胎，初生幼豚体长不足 1 米，体重 11 千克。哺乳期约 16 个月。生育间隔 3 年。

3. 种群状况

条纹原海豚广泛分布于全球北纬 50°至南纬 40°的温暖水域，以热带、亚热带海域居多。条纹原海豚数量很多，现存总量不详。在北太平洋西部总数约为 57 万头（1983—1991 年观察数据），在热带东太平洋海域约有 147 万头（2003 年样线调查数据），在美国夏威夷海域约有 1.3 万头（2006 年数据）。条纹原海豚还是地中海数量最多的鲸豚类，仅在地中海西部海域就约为 11.7 万头（1991 年数据）。在北大西洋，美国东部海域约有 9.4 万头，墨西哥湾约有 3 千余头。

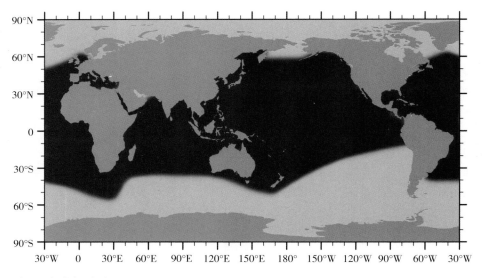

4. 主要威胁与疾患

在日本、中国台湾、斯里兰卡、圣文森特、所罗门群岛、西班牙等国家和地区，人类仍在捕猎条纹原海豚，用于人类食用或者渔业钓饵。

此外，条纹原海豚容易受人类渔业活动影响，在大西洋、太平洋、印度洋及地中海，无论拖网、围网、刺网、流网及延绳钓等何种渔业方式，都有条纹原海豚作为副渔获物而死亡的报道。而远洋流刺网渔业对条纹原海豚的影响更为严重，仅在 1970—1980 年，这种渔业方式就导致上万头条纹原海豚死亡。虽然联合国于 1993 年禁止了这种渔业方式，但摩洛哥、法国、意大利、土耳其等国家的渔民至今仍然在非法使用这种作业方式，仅在摩洛哥每年就导致 1 555～2 092 头条纹原海豚死亡。在意大利，每年导致 5 000～15 000 头海豚死亡，其中绝大部分为条纹原海豚。

由于海洋水质的退化，条纹原海豚体内积累有高水平的有机氯、滴滴涕、多氯联苯等化学污染物，这可能会导致免疫抑制和繁殖障碍。1990 年和 1992 年间，在地中海，麻疹病毒造成上千头条纹原海豚死亡。病毒的流行估计与当时恶劣的水质条件有关。

5. 物种保护

列入《濒危绝种野生动植物国际贸易公约》（CITES）附录Ⅱ；

列入世界自然保护联盟（IUCN）《2013年濒危物种红色名录》ver 3.1——无危
（LC）；

列入中国《国家重点保护野生动物名录》：国家二级保护动物；

列入《中国物种红色名录》：易危（VU）；

受《全球禁止捕鲸公约》保护。

1.2.14　宽吻海豚

别名：瓶鼻海豚、胆鼻海豚、樽鼻海豚、大海豚、尖嘴海豚、尖吻海豚

英文名：Bottlenose Dolphin、Common Bottlenose Dolphin、Bottle-nosed Dolphin、
Bottlenosed Dolphin

学名：*Tursiops truncatus*

分类：鲸目 Cetacea 齿鲸亚目 Odontoceti 海豚科 Delphinidae 宽吻海豚属 *Tursiops* 宽
吻海豚种 *T. truncatus*

1. 形态特征

宽吻海豚身体粗壮，体中部粗圆，从背鳍往后逐渐变细。全身呈现柔和的灰色，背部
有一深蓝灰色或棕灰色条带，从头部沿体中线向后延伸至背鳍后方，体侧呈淡灰或灰褐
色，腹部颜色浅，呈淡灰、粉红或不纯的白色。

前额浑圆，嘴喙粗短，下颌略长出上颌，前额与嘴喙之间有明显皱褶。喷气孔至前额
之间有深色带，眼睛到吻突之间也有1～2条深色带。胸鳍修长纤细，基部较宽，末端尖
锐，颜色较深。背鳍呈镰刀状，末端略微后屈，位于体中部。

宽吻海豚成年体长2～4米，体重150～650千克，雄性体形较雌性略大。在全球大部
分海域，宽吻海豚成年体长约2.5米，体重200～300千克。宽吻海豚的体形差异主要与
栖息海域有关，栖息在较浅温暖海域的个体往往要比栖息在深海冷水海域的个体体形小，
如苏格兰的马里湾宽吻海豚族群，成年平均体长略小于4米，而美国佛罗里达州沿海的宽
吻海豚族群成年平均体长2.5米。

2. 生活习性

宽吻海豚常在靠近陆地的浅海区域活动，较少游向远海，一般随着水温和食物分布的变化可做向岸或离岸的洄游。宽吻海豚喜欢群居，通常10多头一起生活，并长期保持这种社会结构。生活在离岸深水水域的宽吻海豚群可以联合成上百头的大群，有时会同其他种类的海豚、领航鲸、伪虎鲸等混游。雄性宽吻海豚通常独自生活或2～3只组成一个小群，只在短期内加入其他雌性宽吻海豚的大群。宽吻海豚群体成员之间的眷恋性很强，如果有个体受伤，其他成员并不逃逸，而是围拢着受伤的同伴试图救助。

宽吻海豚通常的游速为5～11千米/小时，最高可达29～35千米/小时。宽吻海豚在海面上非常活跃，经常进行鲸尾击浪、跃身击浪，跳水本领也很强，有时全身跃出水面达1～2米高，不惧怕船只，喜跟随船只，在船首或船尾乘浪。

宽吻海豚的食物主要包括带鱼、鲅、鲻等群栖性的鱼类，偶尔也吃乌贼、蟹类及其他动物。当发现一群猎物时，它们会团体合作包围猎物然后轮流进食。宽吻海豚有时会用尾鳍击打猎物或将捉到的鱼抛出水面，然后自己也跳出水面，在空中再把鱼咬住。

宽吻海豚寿命可超过40年，性成熟年龄雌性5～12岁，雄性10～12岁。在繁殖季节，雄性宽吻海豚会因为争夺交配权而打斗，如通过彼此撞击头部来展现力量等。在澳大利亚鲨鱼湾，雄性宽吻海豚被观察到会2头或更大群体合作，尾随或限制雌性宽吻海豚的行动达一周之久，直到其接受交配行为。

多在春季和夏季交配和产仔，妊娠期11～12个月，生殖间隔为2～3年，每次产1胎，偶见2胎，通常在浅水区生产。每次产仔需要15分钟到2小时，这时群体中的其他雌性宽吻海豚都会围在一旁，准备随时给予帮助，也同时防止鲨鱼等进行攻击。幼仔出生时体长0.8～1.4米，体重9～30千克。哺乳期12～18个月。在自然界和圈养状态下，宽吻海豚可以同其他种类的海豚杂交产生后代。

3. 种群状况

宽吻海豚广泛分布于世界各地的热带至冷温带海域，大西洋、印度洋、南太平洋、地

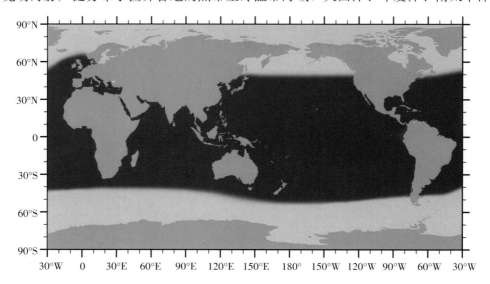

中海、黑海、红海海域都很常见，在我国见于渤海、黄海、东海、南海和台湾海峡等海域。估计全球数量至少有 60 万头。

4. 主要疾患及威胁

1987—1988 年在美国东海岸及 1993—1994 年在墨西哥湾曾先后发现宽吻海豚感染麻疹病毒，且有很高的死亡率。有关于细菌感染，相关研究人员曾在宽吻海豚体内中分离出布氏杆菌、巴氏杆菌、诺卡氏菌以及丹毒丝菌等。

人工饲养环境下，宽吻海豚主要疾患多表现为消化系统疾病、外伤、肺部及肾脏疾病等，此前曾出现过动物表演高空旋转动作出现肠扭转现象。

目前，很多国家和地区（如日本、法罗群岛、秘鲁、斯里兰卡和中国台湾等）仍在捕猎宽吻海豚，用于人类食用、观赏、鱼饵等，或出于渔业竞争而遭渔民猎杀。1995—2004年，日本的海豚驱捕渔业平均每年捕杀 594 头宽吻海豚。法罗群岛每年猎杀约 308 头宽吻海豚。宽吻海豚黑海种群遭受的捕杀更为严重，仅在 1946—1983 年，有记录表明，至少有 24 000～28 000 头宽吻海豚被猎杀，而实际死亡数字远超于此。

围网、刺网和拖网渔业也会对宽吻海豚的生存造成影响。在秘鲁、厄瓜多尔、美国、斯里兰卡、中国海域，均有宽吻海豚作为副渔获物死亡的记录。此外，渔业过度捕捞导致食物匮乏、海洋工程的建设和拆除、水质污染，以及其他形式的栖息地退化和丧失等，都直接或间接对宽吻海豚的生存构成威胁。

5. 物种保护

列入《濒危绝种野生动植物国际贸易公约》（CITES）附录Ⅱ（*Tursiops truncatus* 黑海种群野外获得活体标本的商业性年度出口限额为零）；

列入世界自然保护联盟（IUCN）《2013 年濒危物种红色名录》ver 3.1——无危（LC）；

列入《保护野生动物迁徙物种公约》（CMS）附录Ⅰ（*T. truncatus ponticus* 黑海宽吻海豚）、附录Ⅱ（北海和波罗的海及地中海与黑海各种群）；

列入中国《国家重点保护野生动物名录》：国家二级保护动物；

列入《中国物种红色名录》：近危（NT）；

受《全球禁止捕鲸公约》保护。

1. 2. 15　白鲸

别名：贝鲁卡鲸、海金丝雀

英文名：Beluga、White Whale

学名：*Delphinapterus leucas*

分类：鲸目 Cetacea 齿鲸亚目 Odontoceti 一角鲸科 Monodontidae 白鲸属 *Delphinapterus* 白鲸种 *D. leucas*

1. 形态特征

成年白鲸的整个躯体呈现独特的白色，除背脊与胸鳍、尾鳍边缘有暗色沉积之外，全身皆为雪白，这是它们与其他鲸类相比最独特的特征。

白鲸的体色会随着年龄而改变，幼年白鲸浑身呈灰色、深蓝灰或者黑灰色，随着年龄增长而逐渐转淡，当5～10岁性别特征成熟时，会变成纯白色，成年白鲸在夏季发情时皮肤会略带有淡黄色色调，但在蜕皮后会重新变成雪白色。

白鲸的头部较小，前额宽阔圆润，额头向外隆起突出。颈部非常灵活，能够点头或者左右转头。白鲸嘴喙很短，唇线宽阔。与其他鲸类动物不同的是，白鲸可以自由改变额隆的形状。通过改变额隆的形状和口型，白鲸会出现不同的脸部表情，这些表情可能是一种沟通的方式，也可能与发声有关。

白鲸的身体中央横断面大致呈圆形，往两端逐渐变细。胸鳍宽阔，呈刮刀状。背鳍位置有低矮的背脊，背脊长约50厘米，可能形成一连串的暗色隆突。尾鳍后缘可能呈暗棕色，后缘外突，中央凹刻明显。白鲸的胸鳍有两性差异，雄鲸的胸鳍会略向上弯，弯曲度会随着年龄增长越加明显。

成年雄性白鲸体长4.2～4.9米，重1.1～1.6吨，而成年雌性白鲸体形略小，体长3.9～4.3米，重0.7～1.2吨。

2. 生活习性

白鲸大部分时间都消磨在海面或贴近海面处。游动时速度通常比较缓慢、动作柔和。白鲸是相当好奇的动物，非常容易接近，常会浮窥或鲸尾击浪，但几乎从不跃身击浪，偶尔在游泳时会将头扬出水面。喷气充满雾气，低矮而不明显。

白鲸通常以鱼类、头足类、甲壳类、海虫等生物为食，食物组成随地区与季节而略有不同。它们几乎都在水深300米以上的海床附近觅食。

白鲸具高度群居性，会形成个体间联系极为紧密的群体，通常由同一性别与年龄层的白鲸所组成，多为5～10头一起生活。在夏季，常见成千上万头白鲸聚集在河口三角洲水域。此时，雌鲸及幼鲸通常聚集在一起，而雄鲸则形成"单身汉群"。

白鲸有高度的恋出生地习性，这种习性在雌鲸身上尤其明显，它们每年都会回到当初出生的地方。到了秋季，白鲸因为浮冰层扩张的关系会远离海湾与河口，冬季主要在冰层边缘或仅有少量浮冰的开阔海域形成大群体。它们无论是在容易搁浅的河口，或是中深层海域的海沟皆能自在游泳，估计可潜至800米深处。

白鲸一般寿命可达60～70年。繁殖期会随所处地区而有不同。普遍来说，受孕多发生于冬末或夏季，阿拉斯加族群为2月底至4月初；东加拿大与西格陵兰族群为5月。生殖间隔平均约为两年。妊娠期可能自不满1年至14.5个月之久。哺乳期长达2年，断奶之后幼鲸仍会待在母亲身边相当长的时间。初生幼鲸一般体长1.5～1.6米，重80～100千克。

白鲸颇爱发声，能发出多种声音，包括旋转的颤音、嘎嘎叫、似钟声、尖锐的啪啪声（可能由拍击颚部所产生）、与近似推动生锈门板的声音。早期的鲸类学者Bill Schevill曾如此描述它们:"高音的共鸣哨声与尖叫,多变的滴答声与咯咯声,让人联想到一队交响乐队,有时又有如猫叫或小鸟的啁啾声。"它们的声音有时会让人误以为远方有一群小孩在叫嚣。

3. 种群状况

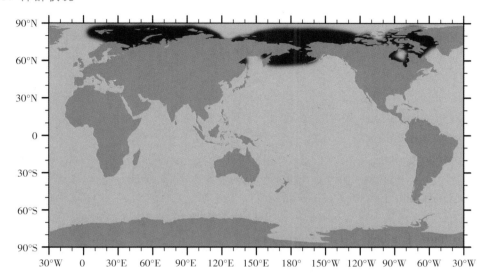

目前已经分辨出5种主要的白鲸族群:栖息在白令海、楚科奇海与鄂霍次克海的族群;加拿大北极高纬区与西格陵兰族群;加拿大哈得孙湾与詹姆斯湾族群;斯瓦尔巴海族群以及加拿大圣劳伦斯河湾族群。这些白鲸族群大致呈环北极区分布,主要集中于北纬50°~80°。

现今北极地区共有白鲸10万余头,其中,数量较多且种群数量保持稳定的地方包括波弗特海(Beaufort Sea)约40 000头、加拿大东部的高纬地区约28 000头、哈得孙湾西部约25 000头、白令海(Bering Sea)东部约6 000头。

自从17世纪以来,捕鲸成为其面临的最大威胁,由于捕鲸的高额利润,捕鲸者对白鲸进行了疯狂的捕杀,致使白鲸数量锐减。目前,大多数地区已立法并制定严格的捕猎管制措施保护白鲸。

4. 主要威胁及疾患

对野生白鲸而言,最大的天敌是虎鲸、北极熊和人类。白鲸容易陷在冰层内,成为北极熊与人类唾手可得的猎物。北极熊会快速地跑到白鲸受困于冰层的地区,以其强力的前掌给予重击后再把它们拖到冰上食用。

由于白鲸的油、皮和肉具有较高的使用价值,在库克湾(Cook Inlet)、昂加瓦湾(Ungava Bay),以及巴芬岛(Baffin Island)东南部分与西格陵兰,白鲸仍面临被猎杀的危险。部分过去为白鲸重要集散地的河口三角洲,现已成为装备精良猎人的狩猎场,已不能支持大族群的生存。

另外,白鲸的生存环境也正在遭到毁灭性的破坏,污水排放、在白鲸生产幼鲸的河流勘探开采石油等活动使得生活于圣劳伦斯河的族群体内有高污染物的积累,使其免疫系统遭到严重的破坏。很多白鲸患上了胃溃疡穿孔、肝炎、肺脓肿等疾病，甚至会罹患癌症，其中以生殖系统癌尤为严重，以致这些白鲸死后会被当作有毒废物处理。

曾有人在发病白鲸体内鉴定分离出了乳头瘤病毒，还有人在圣劳伦斯河口的白鲸肠道中分离出了腺病毒。

5. 物种保护

列入《濒危绝种野生动植物国际贸易公约》（CITES）附录Ⅱ；

列入世界自然保护联盟（IUCN）《2013 年濒危物种红色名录》ver 3.1——近危（NT）；

列入《保护野生动物迁徙物种公约》（CMS）附录Ⅱ；

列入中国《国家重点保护野生动物名录》：国家二级保护动物。

受《全球禁止捕鲸公约》保护。

1.2.16　一角鲸

别名：独角鲸、长枪鲸

英文名：Narwhal、Unicorn Whale

学名：*Monodon monoceros*

分类：鲸目 Cetacea 齿鲸亚目 Odontoceti 一角鲸科 Monodontidae 一角鲸属 *Monodon* 一角鲸种 *M. monoceros*

1. 形态特征

几乎所有雄性一角鲸上颚都长有一根笔直的螺旋状长牙，这是一角鲸区别与其他所有鲸豚类动物的最明显特点，其长牙最长可达 3.1 米，重约 10 千克。

一角鲸缺乏功能性牙齿，多数雌性可能终生无齿。大多数雄鲸的长牙都是从上颚两颗牙齿中左侧的那颗长出。有 0.2% 概率的雄鲸，两颗牙齿都突出，形成双长牙，额外长出的右侧长牙通常比左侧的短。而雌鲸有 15% 的概率会长出 1 根纤细的长牙，长度很少超过 1.2 米。长牙的螺纹都呈逆时针方向旋转（从根部往前看），内部大部分中空，轴心笔直，末端通常磨得很光滑。

一角鲸体形大小和白鲸相近，成年体长 3.95～5.50 米（不含长牙），体重 800～1 600 千克。雄性体形较雌性略大，平均体长雄性 4.1 米，雌性 3.5 米。背部和体侧花纹斑驳，腹面颜色较浅或呈白色。头小而圆，无喙，无背鳍，在背鳍位置有低矮的肉质隆起。胸鳍小，宽而圆钝，略向上弯。尾鳍前缘随年龄增长会越加内凹，后缘则越朝后突出。一角鲸的体色随年龄增长而变化，初生幼仔通体为灰色，性成熟时在肛门、生殖裂及头部出现白色斑块，成年时腹部全部变白，背部和体侧则是在灰色的底色上长有黑色或暗棕色的斑块，老年鲸则几乎通体全白。

2. 生活习性

一角鲸属群居动物，族群数量从几头至数百头不等，甚至可能成百上千头共游，在海面非常活跃，游速极快，常浮游在海面或近海面处，常见浮窥、鲸尾击浪和胸鳍拍水等行为。雄一角鲸会以长牙相互较量，这种行为可能与显示优势地位、争夺交配权有关。

一角鲸主要以鱼类、鱿鱼、虾等为食，尤其喜欢吃格陵兰庸鲽、鳕等北极鱼类。一角鲸主要在深水海域靠近海底觅食，它们可以几乎垂直的角度下潜到近 1 500 米的深度，在水下待 25 分钟，而且可以连续重复此动作。一角鲸似乎是将猎物吸入口中后整个吞下，而不是使用长牙来戳刺猎物。

一角鲸的迁徙行为似乎与海冰的形成和移动有关，当春季冰层不完整或破裂时，一角鲸会随着浮冰缩小的边界移动，并自小裂缝和融化的孔隙间快速地穿过峡湾。在夏季与秋季早期它们会离开这些区域，而当冰层再次扩张时，它们会寻找冰层持续移动的水域过冬，以保证它们能在流冰群中较易找到呼吸孔。

一角鲸寿命可达 50 年，性成熟年龄雌性 5～8 岁，雄性 10～13 岁。一般在冬末至初春交配，妊娠期 14 个月左右，第二年夏季产仔，哺乳期约 20 个月，生殖间隔为 2 年。初生幼鲸体长 1.6 米，体重 80 千克。

3. 种群状况

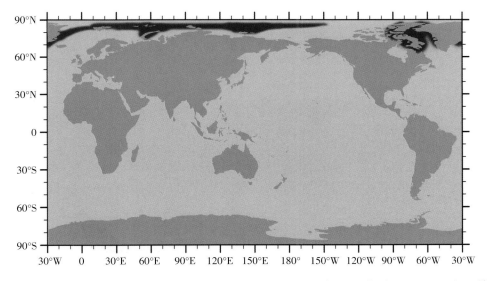

一角鲸主要分布在北极海域，但其分布并不连续。现存数量估计超过 8 万头，其中最大的族群分布在加拿大北极高纬度海域，约有 7 万头。

4. 主要威胁

历史上，一角鲸并不是商业捕鲸的主要目标，只是在 20 世纪初期的几十年，加拿大哈得孙湾公司曾短期收购一角鲸的皮和长牙。但北极原住民爱斯基摩人和因纽特人有长达几个世纪的捕猎一角鲸的传统，他们目前仍有配额每年猎杀一角鲸以获得肉、脂肪、皮及长牙。但在最近几年，一角鲸长牙的市场价值大幅攀升，以及原住民购买雪地摩托和快艇的现金需求，大大刺激了一角鲸的捕猎活动。配额制度是否得到有效执行值得怀疑。

此外，由于一角鲸狭窄的地理分布、食物缺乏多样性、高度恋出生地和觅食地等特点，导致它们对气候变化非常敏感。在最近的关于北极所有海洋哺乳动物对气候变化的敏感性评估中，一角鲸被列为3个最敏感的物种之一。当天气条件发生突然变化，如气温急剧降低时，它们很容易被困在冰盖之下，无法呼吸而死。如果侥幸找到通气孔，它们只能轮流上浮呼吸，并且必须不断上下游动来防止通气孔结冰，这意味着它们只能守在通气孔附近，即使有猎人或北极熊等天敌出现也无处可逃。而全球气候变暖已经导致北极冰山大幅减少，这又增加了一角鲸在开放水域暴露的风险，使得它们更容易被装备有高速机船和枪支的猎人捕获。

其他潜在的威胁包括北极高纬度海域石油的勘探和开发、航运路线的开通等，将导致一角鲸栖息地的退化，也会对一角鲸正常的迁徙模式造成影响。

5. 物种保护

列入《濒危绝种野生动植物国际贸易公约》（CITES）附录Ⅱ；

列入世界自然保护联盟（IUCN）《2013年濒危物种红色名录》ver 3.1——近危（NT）；

列入《保护野生动物迁徙物种公约》（CMS）附录Ⅱ；

列入中国《国家重点保护野生动物名录》：国家二级保护动物。

1.2.17 江豚

别名：江猪、露脊鼠海豚、新鼠海豚、黑鼠海豚、黑露脊鼠海豚、乌忌

英文名：Finless Porpoise、Black Finless Porpoise

学名：*Neophocaena phocaenoides*

分类：鲸目 Cetacea 齿鲸亚目 Odontoceti 鼠海豚科 Phocoenidae 江豚属 *Neophocaena* 江豚种 *N. phocaenoides*

1. 形态特征

江豚在我国素有"长江生态活化石"之称，与鼠海豚科其他海豚的最大区别是其没有背鳍，沿背脊中部向后延伸至尾干有高3～4厘米的隆起，隆起上布满环形或疣状结节。

江豚成年体长1.0～1.9米，体重30～45千克。头部钝圆，头部占体长的比例极小，额头隆起稍向前突，无吻突，口裂短而阔，眼睛很小，位于口裂后上方。全身呈铅灰色或

者淡蓝灰色，腹面颜色较浅，胸鳍较大，末端尖锐，约占体长的 1/6。尾鳍后缘长而内凹，中央缺刻明显，约占体长的 1/4。

2. 生活习性

江豚通常栖游于咸淡水交汇处或者江河湖泊等淡水中，喜欢在近岸水域活动。通常单独或成对活动，有时也会三五头一起活动。没有大洋性海豚活泼，很少跃身击浪，通常不惧怕船只，有时会跟随船只游泳，对突然的声音有逃避行为，会立刻深潜水并改变方向。潜水时间很短，呼吸间隔短则 3～5 秒，长则 60 秒。

江豚主要以青鳞、玉筋鱼、鳗、鲈、鲚、大银鱼等鱼类和虾、乌贼等为食，食物组成随着所处的环境不同而改变。江豚对水温的适应范围很广，在 4～20℃ 均能够正常地生活。

江豚寿命可达 33 岁，性成熟年龄雌性 4 岁，雄性 4.5 岁。每年 3 月开始产仔，4～5 月份为产仔盛期，妊娠期 11 个月，每次产 1 胎，偶有双胎，初生幼豚体长约 70 厘米，体重 7 千克，哺乳期约半年。母豚对幼仔的感情强烈，有明显的护仔行为，常见幼仔的头部、颈部和腹部都紧贴在母豚背部，由母豚驮带着游泳，呼吸时幼仔和母豚相继露出水面。幼仔长大一些后，母豚就常用鳍肢或尾鳍托着幼仔的下颌或身体的其他部位游动，呼吸时也相继露出水面。如果幼仔不幸被捕捉，母豚往往不忍离去，因此常常也同时被捕获。

3. 种群状况

江豚分布范围较广，常见于西太平洋、印度洋、日本海和中国沿海等热带至暖温带水域，在中国主要分布于渤海、黄海、东海、南海和长江中下游流域以及鄱阳湖和洞庭湖等地区。目前，我国境内的江豚数量为 1 000 头左右，孟加拉国沿海水域约有 1 300 头，其他海域数量不详。

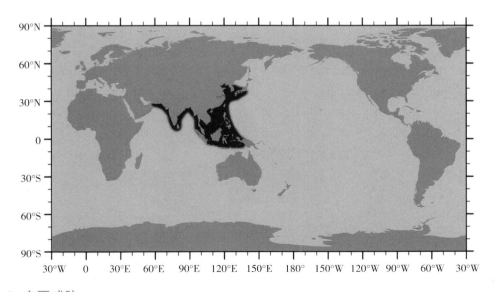

4. 主要威胁

江豚喜欢在近岸水域活动特性，导致它们容易缠绕在渔网中而误捕，有报道称仅在

1994 年，中国沿岸海域就有超过 2 000 头江豚因误捕而死亡。

此外，栖息地的丧失和退化、船舶交通噪声影响及水污染等，均对江豚种群构成极大威胁。尤其是长江中的江豚比沿海江豚受到的影响更为严重，三峡大坝等水利工程建设、中下游围湖造田、工农业污染等使其栖息环境不断恶化。2012 年 4 月，洞庭湖水域发生了 44 天内死亡 12 头江豚的事件。长江江豚的生存状态令人担忧。

5. 物种保护

列入《濒危绝种野生动植物国际贸易公约》(CITES) 附录 I；

列入世界自然保护联盟（IUCN）《2013 年濒危物种红色名录》ver 3.1——易危（VU）；

列入《保护野生动物迁徙物种公约》(CMS) 附录 II；

列入中国《国家重点保护野生动物名录》：国家二级保护动物；

列入《中国物种红色名录》：濒危（EN）；

受《全球禁止捕鲸公约》保护。

1.2.18　加湾鼠海豚

别名：小头鼠海豚、太平洋鼠海豚、港口豚、加湾鼠豚、海湾鼠海豚、加利福尼亚湾鼠海豚

英文名：Vaquita、Gulf Porpoise、Gulf of California Porpoise、Gulf of California Harbour Porpoise、Cochito

学名：*Phocoena sinus*

分类：鲸目 Cetacea 齿鲸亚目 Odontoceti 鼠海豚科 Phocoenidae 鼠海豚属 *Phocoena* 加湾鼠海豚种 *P. sinus*

1. 形态特征

加湾鼠海豚可能是体形最小的鲸豚类动物之一，成年平均体长 1.2～1.5 米，体重 30～55 千克。体形粗壮，背部呈灰色或暗灰色，腹部呈灰白色，尾干腹面较腹部颜色深。头部浑圆，几乎没有嘴喙，嘴四周呈黑色，有一条深色条纹从下颌一直延伸到胸鳍，眼睛周围有深色眼圈。背鳍显著，前缘外凸。

2. 生活习性

加湾鼠海豚一般栖息在相对较浅（深度小于 40 米）并且混浊的海水中，甚至可以在水深不超过背部的浅水区生存。生性害羞，会躲避任何船只，在水面呼吸时几乎水波不

兴，然后会很快从海面上消失。通常单独或成不超过5头的小群活动。

加湾鼠海豚主食底栖鱼类、头足类、甲壳类等，像其他鲸类一样，其可能用回声定位来确定猎物的位置。但有研究认为，加湾鼠海豚也有可能是利用猎物发出的声音来进行捕食。

加湾鼠海豚通常在3月产仔，每次产1胎。除此之外，人们对加湾鼠海豚的寿命、性成熟年龄、生殖周期和种群动态等信息所知甚少。根据对搁浅或捕获个体的研究，以及基于对类似于加湾鼠海豚的其他海豚的观察，推测其寿命应超过20岁，性成熟年龄可能在3～6岁，妊娠期10～11个月，哺乳期6～8个月，生育间隔1～2年。

3. 种群状况

加湾鼠海豚是世界上最濒危的鲸豚类动物，仅出现在墨西哥西部加利福尼亚湾的极北端。2007年的估计数量约为150头。有研究认为，继白暨豚在2006年灭绝之后，加湾鼠海豚在不久的将来很可能会步其后尘。为了保护它们，墨西哥于1993年在加利福尼亚湾及科罗拉多河三角洲设立了生物圈自然保护区，并于2005年建立了加湾鼠海豚保护区，两个保护区有部分区域重叠。在加湾鼠海豚保护区内，禁止进行刺网渔业。

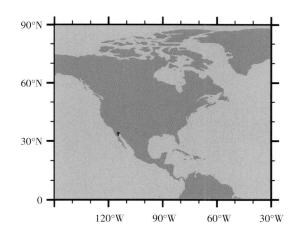

4. 主要威胁

考虑到其极低的数量，加湾鼠海豚已经承受不起任何程度的意外捕获，普遍认为，刺网渔业是对加湾鼠海豚最严重也是最直接的威胁。此外，含氯杀虫剂在农业上的大量使用、科罗拉多河因灌溉而导致入海水流减少及近亲繁殖所致的遗传疾患增加等，都对加湾鼠海豚物种生存构成潜在威胁。

5. 物种保护

列入《濒危绝种野生动植物国际贸易公约》（CITES）附录Ⅰ；

列入世界自然保护联盟（IUCN）《2013年濒危物种红色名录》ver 3.1——极危（CR）；

列入中国《国家重点保护野生动物名录》：国家二级保护动物；

受《全球禁止捕鲸公约》保护。

1.2.19 抹香鲸

别名：巨抹香鲸、卡切拉特鲸、巨头鲸

英文名：Sperm Whale、Spermacet Whale、Cachelot、Pot Whale

学名：*Physeter macrocephalus*

分类：鲸目 Cetacea 齿鲸亚目 Odontoceti 抹香鲸科 Physeteridae 抹香鲸属 *Physeter* 抹香鲸种 *P. macrocephalus*

1. 形态特征

抹香鲸是全世界现存体形最大的齿鲸，也是最大的掠食者之一。雌雄体长差异较大，成年雌性一般体长 8.2～17.0 米，雄性体长 11～20 米，有记录的最大抹香鲸体长 20.5米，重达 57 吨。

抹香鲸头部特别巨大，成年雄鲸的头部尤为突出，约占体长 1/3，雌鲸头部所占比例略小，约占 1/4。头部所占体长比例会随着年龄增长而变大。其种名"macrocephalus"源自希腊文，意为"大头"。头部有一个称为"抹香鲸脑油器"的巨大腔室，一头成年抹香鲸的头部可能含有 1 000 升以上的鲸脑油。鲸脑油（spermaceti）又称为鲸蜡，是一种白色的蜡状物质，其名称源自拉丁文 sperma 与 ceti，意思分别是"精子、精液"与"鲸"，最初被人误以为是抹香鲸的精液，因此抹香鲸的英文名被称为"Sperm Whale"。脑油器官可能协助抹香鲸下潜与上浮，也有假说称其具有类似透镜聚焦的功能，与抹香鲸发射超声波有关。此外，抹香鲸还拥有动物界最大的大脑，最重达 9 千克，是人类大脑的5.5 倍。

抹香鲸虽有两个鼻孔，但只有左侧鼻孔畅通，而右侧的鼻孔则天生阻塞，这致使抹香鲸在浮出水面呼吸时，总是身躯偏右，水雾柱以约 45°角向左前方喷出。

抹香鲸的下颌相对上颌短小且狭窄，似棒状，由侧面观看时不易分辨。下颌颌面一般生有 36～50 颗约 20 多厘米长的牙齿，上颌则不生牙齿，只有被下颌牙齿刺出的一个个圆锥形的小洞。抹香鲸牙齿最大能达到 25 厘米长，重约 900 克，是地球上现存掠食性动物中最大者。

抹香鲸背面肤色深灰至暗黑，在明亮的阳光下呈现为棕褐色。腹部银灰发白。上唇与下颚近舌头部位为白色。侧腹部通常有不规则的白斑。与其他鲸类平滑紧实的皮肤不同，抹香鲸身体中后段的皮肤表面通常有许多水平方向的褶皱，像是晒干的大枣一样皱巴巴的。

背部相对于背鳍的位置有低矮的隆起，其后有一连串较小的突棱，一直延伸至尾鳍，尾柄厚实。胸鳍短而宽阔，尖端浑圆。尾鳍呈三角形，边缘笔直。

2. 生活习性

抹香鲸是哺乳动物中潜得最深最久的物种，可以潜到近3 000米深的海底，并可在水下待上2小时。可能只有喙鲸科的两种瓶鼻鲸在潜水方面能与之比拟。在两次下潜的间隔，抹香鲸会在海面漂浮或缓慢游动，外观上很像巨大的漂流木。抹香鲸游泳速度较慢，平时游速5.5～9.3千米/小时，逃跑时速度可能达18.5～22.2千米/小时，经常有跃身击浪或鲸尾击浪行为。

抹香鲸主要在深海觅食，以多种枪乌贼和深海鱼为主要食物。雌鲸主要捕食重量在0.1～10千克的枪乌贼，但也包括体形极为庞大的猎物，如为人所熟知的大王乌贼等；雄鲸同样主要以枪乌贼为食，不过偏好猎物的体形通常更大。曾经在一头抹香鲸的胃中发现一只尚保持完整，长12米、重达200千克的大王乌贼。

长期稳定的雌鲸群构成抹香鲸社会的核心单位，此类小群一般包含15～20头成年雌鲸和它们的雌性后代与未成年雄性后代。未成年的雄鲸到性成熟年龄后便会脱离"家族群"独自行动，年轻雄鲸常组成所谓的"单身汉族群"，参与者的体形与年龄多半相近，但个体间的联系不及上述的雌鲸群般紧密，且会随着年龄增长而更加松散。年老雄鲸多半独自在大洋中悠游，仅在繁殖季节会加入雌鲸群。不同的鲸群彼此相遇时，似乎有借声音来沟通联络的情形。

抹香鲸最高年龄可达65～77岁，性成熟年龄雌性7～11岁，雄性10岁，但雄性直到约19岁、体长13米左右时才开始交配。抹香鲸的婚配制度为一夫多妻制，繁殖期由1头强大的雄鲸和10～30头性成熟雌鲸组成生殖群，繁殖地一般在南、北纬40°之间的热带与亚热带海域。有争偶现象，雄性间为争夺交配权常发生搏斗。生育间隔3～5年，较老的雌鲸生殖间隔可能更长。妊娠期至少在1年以上，可能长达18个月，每次产1胎，偶有双胎，初生幼鲸体长3.5～4.5米，体重0.5吨。哺乳期至少2年，有时可能会更长。

当雌鲸群面临虎鲸威胁时，可能会摆出所谓的"车轮"圆阵，成年鲸围成一个大圆，幼鲸被集中于圆心处保护，整体看来形似马车的车轮。除了以尾部朝向外敌的情况，头部朝外的阵形也曾有发现记录。但抹香鲸面临危险时，多半会选择逃走。当抹香鲸意识到危机时，会将头部探出水面浮窥，并缓慢地旋转身体以看清周遭的情况，一旦确认有危险时，它们会很快地加速游离该海域或潜至深处，鲸群中只要有一头逃走，其他个体也会跟着行动。

3. 种群状况

目前，全球抹香鲸约有数十万头，广泛分布于全世界不结冰的海域，从赤道一直到两极都可发现它们的踪迹，其中，以水深且富生产力的海域为最常见。

成年雄鲸与雌鲸的分布情形有明显的不同，雌鲸通常栖息于水深1 000米以上、纬度40°以内的海域，但在北太平洋可达北纬50°左右；雄鲸幼年时跟随母亲在热带海域生活，成长后会离群逐渐向较高纬度移动。体形越大、年龄越老的雄鲸，活动范围也越偏向高纬度，甚至会接近两极浮冰地带。

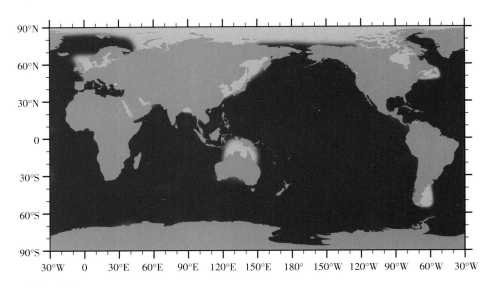

4. 主要威胁

抹香鲸的食物来源不是人类渔业的主要目标，它们栖息的较深海域受到的污染与人类破坏也比较轻微。然而，过度捕鲸的后遗症已开始显现。过去捕鲸者会有选择性地捕捉体形较大的成年雄性，使得雄鲸数量相对较少。这样，可能会导致群体怀孕率降低、族群之间的基因歧异度下降。另外，由于抹香鲸的成长速度缓慢、对后代的照料持续时间长，因此与其他受威胁的鲸类相比，抹香鲸需要更长的时间才有可能恢复原有的族群数量。

此外，船舶撞击、纠缠在渔网中、误食海洋废弃物、海军声呐等人为噪声影响都会对抹香鲸构成威胁。

5. 物种保护

列入《濒危绝种野生动植物国际贸易公约》（CITES）附录Ⅰ；

列入世界自然保护联盟（IUCN）《2013年濒危物种红色名录》ver 3.1——易危（VU）；

列入《保护野生动物迁徙物种公约》（CMS）附录Ⅰ、附录Ⅱ；

列入中国《国家重点保护野生动物名录》：国家二级保护动物；

列入《中国物种红色名录》：濒危（EN）；

受《全球禁止捕鲸公约》保护。

1.2.20　侏儒抹香鲸

别名：欧文氏小抹香鲸、倭抹香鲸、拟小抹香鲸

英文名：Dwarf Sperm Whale

学名：*Kogia sima*

分类：鲸目 Cetacea 齿鲸亚目 Odontoceti 小抹香鲸科 Kogiidae 小抹香鲸属 *Kogia* 侏儒抹香鲸种 *K. sima*

1. 形态特征

侏儒抹香鲸应该说是体形最小的鲸，成年时长度 2.1～2.7 米，重 135～275 千克，甚至比一些海豚的体形还小，极易与小抹香鲸混淆。侏儒抹香鲸躯体较为粗壮，头部近似于方形，吻部前突，喷气孔略偏左。背部一般呈蓝灰色或暗灰色，背鳍比小抹香鲸的大，位于体中部，基部宽大、末端尖锐、后缘内凹，近似于镰刀状。

眼睛后方有假鳃，以至于搁浅时，会被人误认为是鲨鱼。下颚较小，位置低，下颚牙齿弯并且非常尖锐。上颚牙齿已经退化。

2. 生活习性

侏儒抹香鲸主食乌贼或章鱼，也捕食鱼、虾或贝类等。侏儒抹香鲸总是缓慢、从容地浮升至海面，接着直接没入水中，不像其他鲸类下潜时会在海面上向前翻滚。在受到惊吓的时候，侏儒抹香鲸会释放出棕红色的肠液，然后再下潜，留下浓稠的雾团，其作用类似于乌贼喷射墨汁，以作欺敌之用。偶尔会跃身击浪，垂直跃离水面，然后以尾部先着水或腹部击水的方式入水。根据其胃内容物分析，侏儒抹香鲸至少能潜至 300 米深处。

侏儒抹香鲸的族群一般在 1～2 只，不过也曾目击到罕见的 10 只侏儒抹香鲸的"大族群"。

性成熟时体长 2.1～2.2 米，妊娠期约 9 个月，产仔盛期在夏季，每次产 1 胎。初生幼鲸体长约 1 米，体重 40～50 千克，哺乳期 5～6 个月。

3. 种群状况

侏儒抹香鲸一般集中在大陆架的边缘，似乎喜欢温带、亚热带、热带的温暖水域。族

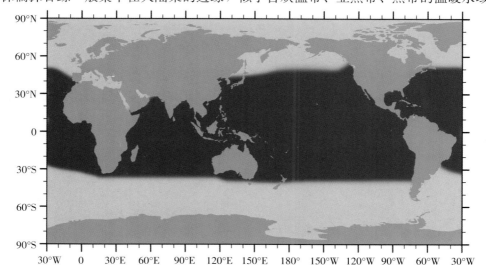

群可能连续分布在世界各地，种群数量、迁徙习惯不详。

4. 主要疾患与威胁

目前在日本、斯里兰卡、圣文森特、印度尼西亚和中国台湾等地，仍然在捕杀侏儒抹香鲸。

侏儒抹香鲸受人类渔业活动的影响并不显著，鲜有其作为副渔获物的报道。但有报道称，侏儒抹香鲸会误食塑料袋，因食物消化受阻而死亡。这可能是由于塑料袋外观与鱿鱼类似，导致侏儒抹香鲸误食。

此外，由于侏儒抹香鲸经常潜至深海捕食头足类，导致它们容易受到海军声呐、地震勘探等人为噪声影响。如 2005 年在中国台湾附近海域，连续发生一系列不同寻常的鲸类搁浅事件，其中至少包括 13 头侏儒抹香鲸。

5. 物种保护

列入《濒危绝种野生动植物国际贸易公约》（CITES）附录Ⅱ；

列入世界自然保护联盟（IUCN）《2013 年濒危物种红色名录》ver 3.1——数据缺乏（DD）；

列入中国《国家重点保护野生动物名录》：国家二级保护动物；

列入《中国物种红色名录》：濒危（EN）；

受《全球禁止捕鲸公约》保护。

1.2.21　亚马孙河豚

别名：亚河豚、亚马孙淡水豚、亚马孙江豚、粉红淡水豚、粉红小海豚、粉红海豚

英文名：Boto、Pink River Dolphin、Boutu、Amazon River Dolphin

学名：*Inia geoffrensis*

分类：鲸目 Cetacea 齿鲸亚目 Odontoceti 淡水豚总科 Platanistoidea 亚马孙河豚科 Iniidae 亚马孙河豚属 *Inia* 亚马孙河豚种 *I. geoffrensis*

1. 形态特征

亚马孙河豚是体形最大的淡水豚类。成年个体平均体长雄性 2.7 米，雌性 2.3 米，体重 85～160 千克。喙部尖而长，头部可以向各个方向灵活转动，适合在枝蔓缠绕的雨林捕猎鱼类，或者啄食河泥中的甲壳类动物。上、下颚各有 46～70 枚牙齿，前部的牙齿呈锥状，后部的牙齿较平并有细小的尖锐突起。亚马孙河豚躯体肥胖，体色有粉红色、暗褐色、灰色、蓝灰色或者乳白色，很少一部分雄性河豚能够变成亮粉色，这种颜色深受雌性青睐。胸鳍较大，呈桨状，略向后弯曲，后缘不平整，末端尖锐。无背鳍，相应位置有钝三角形的脊状隆起。

2. 生活习性

亚马孙河豚通常单个或成对生活，有时也会组成达 20 多头的群体共同捕猎。游泳速度缓慢，在清晨或黄昏时最为活跃，可见其相互追逐、轻咬或者挥舞胸鳍，偶尔会跃身击浪。每年春天，亚马孙河豚会离开所属河道的范围，游到巴西西部亚马孙河的两条支流去，因为每年有 1/2 的时间雨水会淹没这里数千平方英里的森林，非常适合它们生存。没有明显的迁徙行为。

亚马孙河豚通常捕食底栖鱼类、虾、蟹等，偶尔也捕食体形较小的龟。亚马孙河豚眼睛很小，但是它们的视力较好。由于肿胀的下颌会挡住向下的视线，它们有时会将身体翻转，改泳姿为仰泳。

雄性之间会投掷树叶、枝条、石头来攻击对手，甚至会咬对方的咽喉、尾巴、胸鳍、呼吸孔等部位。有时亚马孙河豚会用长喙衔着野草或者一块木头，转着圆圈，击打水面，这可能是一种求偶行为。亚马孙河豚估计最长寿命 30 岁，雌性在 7～10 岁时性成熟，妊娠期可能 11 个月，每年 7 月左右分娩，初生幼豚体重约 7 千克。其他繁殖细节不详。

3. 种群状况

亚马孙河豚分布于亚马孙河流域，主要有 3 个族群，即亚马孙盆地种群、亚马孙盆地马德拉河流域种群、奥里诺克盆地种群。目前，亚马孙河豚的分布、数量和过去没有明显的变化，相对于其他处于危险境地的淡水豚，其状况较安全，现存总数量在 1 万头左右。

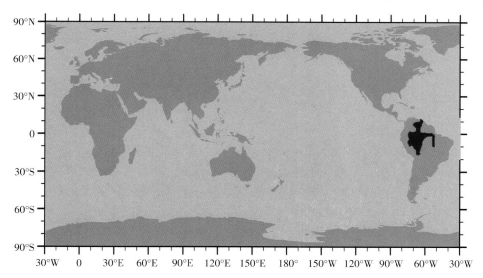

4. 主要威胁

目前亚马孙河豚面临的威胁，包括过度捕捞和猎杀行为、人类渔业生产活动、修筑水坝、农业生产和黄金开采造成的水质污染等。

5. 物种保护

列入《濒危绝种野生动植物国际贸易公约》（CITES）附录Ⅱ；

列入世界自然保护联盟（IUCN）《2013 年濒危物种红色名录》ver 3.1——数据缺乏（DD）；

列入《保护野生动物迁徙物种公约》（CMS）附录Ⅱ；

列入中国《国家重点保护野生动物名录》：国家二级保护动物。

1.2.22　白暨豚

别名：白暨、白鱀、青暨、白鳍豚、白旗豚、扬子江豚、长江豚、中国江猪、白江猪、江马

英文名：Baiji、Yangtze River Dolphin、Whitefin Dolphin、White Flag Dolphin、Chinese Lake Dolphin、Changjiang Dolphin

学名：*Lipotes vexillifer*

分类：鲸目 Cetacea 齿鲸亚目 Odontoceti 淡水豚总科 Platanistoidea 白暨豚科 Lipotidae 白暨豚属 *Lipotes* 白暨豚种 *L. vexillifer*

1. 形态特征

白暨豚身体呈纺锤形，体形粗壮，成年体长 1.5～2.5 米，体重 135～240 千克，雌性体形略大。白暨豚吻突窄长，呈喙状，长约 30 厘米，略向上弯，上颚边缘和下颚都呈白色。上、下颌长有 130 多枚圆锥形同型齿。

白暨豚背部与体侧皆呈浅灰色，腹部呈白色。皮肤光滑富有弹性，胸鳍扁平呈手掌状，背鳍呈低矮的等腰三角形，尾鳍背面呈蓝灰色，腹面近似白色，中央凹刻明显。

白鳍豚额部向前隆起呈圆形，上呼吸道有 3 对独特的气囊，有研究表明这可能是白鳍豚的发声器官。白暨豚眼睛很小，视觉严重退化。

2. 生活习性

白暨豚天性害羞、畏缩，因此很难在完全野生的状态下对其进行研究。现有的研究表明，白暨豚一般为群居，但群居特性远不及同属鲸目的海豚明显，通常成对或单独活动，单个种群数量一般在 3～4 头，最多可达 9～16 头。

白暨豚喜欢在洲滩附近水流平缓稳定的回水区生活，有时在支流和湖泊通向长江的出口处活动，在追食鱼类时，常接近岸边、浅滩。白暨豚非常容易受惊，通常不会靠近船只，当船只靠近时会立即潜水逃走并在水下改变游泳方向，当船只离去后复集结为一群。偶见与江豚共游。白暨豚善于游泳，在活跃时，会频繁变换游行方向和方式，其他时段则采用长潜的游泳方式，一般在数次短暂的呼吸之后会进行时间较长的潜水。

白暨豚主要以草鱼、青鱼、鲢、鳙等鱼类为食，对鱼的种类没有明显的选择性，消化

能力强，进食时很少咀嚼，直接囫囵吞下，有时也吃少量的水生植物和昆虫。日摄食量可占总体重的 10%～12%。

　　白暨豚寿命可达 30 多年。雄性 4 岁、雌性 6 岁性成熟，4～12 岁是繁殖的黄金期，每年春、秋两季发情。妊娠期 10～11 个月，生育间隔 1 年，通常每次产 1 胎。有研究表明，白暨豚种群的年龄结构是一个基部较窄，顶部相对宽的锥体，是一个生产较差的种群。白暨豚在野生状态下的繁殖率很低，雌性只有 30% 个体成熟，而成熟个体中只有 30% 能怀孕。

　　3. 种群现状

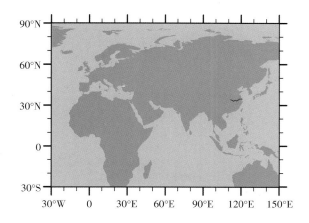

　　白暨豚是一种中国特有的淡水鲸豚类动物，被誉为"水中的大熊猫"。主要出没在长江中下游 1 700 千米的干流中，从三峡地区的宜昌葛洲坝上游 35 千米处，一直到上海附近的长江入海口都有分布，其中湖北省罗山至新滩口，以及安徽省安庆至海沙洲的两段河道最为常见。白暨豚在洞庭湖和鄱阳湖也有发现，但一般只进入湖的出口附近，只有在汛期水位上升后进入湖内，水位回落时则游回长江。

　　据史料记载，白暨豚曾广泛分布于长江流域。但是长期以来受到人类活动的影响，其种群数量和分布区域逐渐缩小，加上本身自然繁殖率很低，导致其数量急剧下降。据估计，2002 年已不足 50 头。2006 年，中国专家认为这一物种可能灭绝。2007 年 8 月 8 日，《皇家协会生物信笺》期刊内发表报告，正式公布白暨豚功能性灭绝。

　　4. 主要威胁

　　人为破坏栖息地，如长江中下游的围湖造田和修筑水坝；人为地捕捞和有害渔具的使用；工农业污染，以及河道治理等栖息地质量的衰退均对白暨豚的生存构成严重威胁。沿长江修建的 1 800 多座涵闸不仅使一些地方的白暨豚消失，而且阻断了洄游鱼类游向产卵场的通道，加上过度捕捞加剧了渔业资源的下降，使白暨豚的食物减少。作为世界上最繁忙的航道之一，船舶噪声对依靠声纳系统进行辨别定位的白暨豚的影响是毁灭性的。此外，螺旋桨击死击伤也是白暨豚数量下降的重要原因。

　　5. 物种保护

　　列入《濒危绝种野生动植物国际贸易公约》（CITES）附录Ⅰ；

　　列入世界自然保护联盟（IUCN）《2013 年濒危物种红色名录》ver 3.1——极危

（CR）；

　　列入中国《国家重点保护野生动物名录》：国家一级保护动物；

　　列入《中国物种红色名录》：极危（CR）；

　　受《全球禁止捕鲸公约》保护。

1.2.23　拉普拉塔河豚

　　别名：普拉塔河豚、拉河豚、弗西豚、巴西河豚

　　英文名：Franciscana、La Plata River Dolphin

　　学名：*Pontoporia blainvillei*

　　分类：鲸目 Cetacea 齿鲸亚目 Odontoceti 淡水豚总科 Platanistoidea 拉普拉塔河豚科 Pontoporiidae 拉普拉塔河豚属 *Pontoporia* 拉普拉塔河豚种 *P. blainvillei*

　　1. 形态特征

　　拉普拉塔河豚的嘴喙长度与体长的比例是所有鲸豚类动物中最大的，年老者嘴喙长度与体长比例可高达 15%。它们体形极小，成年体长 1.6～1.8 米，体重仅 30～53 千克，一般雌性个体较大。

　　拉普拉塔河豚头部较肥胖，唇线平直细长，眼睛小且轮廓分明，眼睛四周颜色稍深。喷气孔呈弦月状，颈后有一些皱褶。背部呈灰棕色，腹部体色较浅。背鳍顶端圆钝（有个体差异），基部宽大，如背脊般地延伸至尾干。胸鳍宽大，几乎呈三角形，前缘强烈弯曲，后缘呈锯齿状，透过皮肤，骨骼清晰可见。尾鳍极宽，宽度可达身长的 1/3，后缘稍微向内凹，末端尖锐，中央缺刻明显。

　　2. 生活习性

　　拉普拉塔河豚虽然归入淡水豚类，却生活在海中，是唯一栖居在海水中的淡水豚类。拉普拉塔河豚行动非常迟缓，基本不在海面翻腾或激起水花。呼吸时，头部先出水，只将一小部分身体露出水面。生性胆小，很容易受到惊吓，有接近小型渔船的记录，一般情况会躲避船只。

　　拉普拉塔河豚经常出没于水深不超过 30 米的混浊沿岸浅水海域，主食浅海鱼类、头足类、甲壳类等动物，常在晨昏时在海床或海床附近摄食。喜欢如波浪般起伏的沙地；在酷热、晴朗的日子里，可发现它们躺在非常浅的水域沙地上休息，之后又间歇性地浮出水面呼吸。呼吸间隔超过 0.5 分钟。拉普拉塔河豚的视力几乎为零，依靠回声定位了解环境变化的情况。通常独居生活，也有 5 只聚集成群的报告。

　　拉普拉塔河豚最大寿命 20 年，雌性可能在 5 岁开始生育。妊娠期 10～11 个月，初生

幼豚体长 70～80 厘米，重 7.3～8.5 千克。其他繁殖细节不详。

3. 种群状况

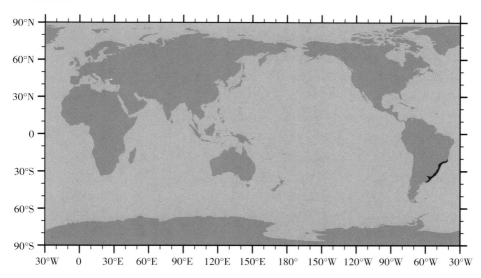

拉普拉塔河豚仅分布在南美洲东海岸的温带海域，与其他淡水豚类一样，由于过度猎杀及环境污染，现存数量较少。长期以来，随着人类活动的影响，其种群数量不断减少，分布区域也在逐渐缩小，目前主要分布在北至巴西雷任西亚附近的多石河，南至阿根廷的布兰卡湾的海域，最南可能出现在阿根廷的圣马蒂斯亚湾北部海岸。夏季，拉普拉塔河口靠近乌拉圭的一侧最常见，但冬季罕见，有类似季节性的迁徙行为。在阿根廷的瓦尔德斯半岛曾有分布，但现在已很少见到。

据 1996 年，在巴西里奥格兰德海岸水域所做的空中调查结果推算，拉普拉塔河豚的数量可能达到 4.2 万头。但这种外推结果可信度较低，因为在拉普拉塔河豚可能出现的范围内，人们对其分布特点和密度所知甚少，而且上述调查海域仅占拉普拉塔河豚可能栖息的 64 045 千米^2 海域面积的 0.7%。

4. 主要威胁

该物种生存面临的主要问题是作为刺网渔业副渔获物而意外死亡，在 20 世纪 60 年代，仅在乌拉圭的刺网渔业就导致 1 500～2 000 头拉普拉塔河豚死亡。目前，估计每年仍然有至少 2 900 头拉普拉塔河豚死于刺网渔业。其他潜在的威胁，包括渔业过度捕捞、底栖生物群落破坏和拖网渔业误捕等引发的栖息地退化。

此外，经解剖巴西里奥格兰德和阿根廷北部海域死亡的拉普拉塔河豚发现，很多个体的胃容物中含有废弃的渔具（如尼龙网片）、玻璃纸、塑料碎片等杂物。摄入这些杂物是否会对拉普拉塔河豚个体的健康和种群数量造成影响目前尚不能确定，但可以相信，吞食这些杂物对拉普拉塔河豚族群的影响是负面的。

5. 物种保护

列入世界自然保护联盟（IUCN）《2013 年濒危物种红色名录》ver 3.1——易危（VU）；

列入《保护野生动物迁徙物种公约》（CMS）附录Ⅰ、附录Ⅱ；

列入中国《国家重点保护野生动物名录》：国家二级保护动物。

1.2.24　恒河豚

别名：甘吉江豚、甘吉海豚、恒河江豚、印河江豚、盲河豚、侧游江豚

英文名：Ganges River Dolphin、Indus River Dolphin、Blind River Dolphin、Ganges Susu、Ganges Dolphin、South Asian River Dolphin

学名：*Platanista gangetica*

分类：鲸目 Cetacea 恒河豚科 Platanistidae 恒河豚属 *Platanista* 恒河豚种 *P. gangetica*

1. 形态特征

成年恒河豚体形粗壮、腹部浑圆，一般体重 70～90 千克，身长雄性 2.0～2.2 米，雌性 2.4～2.6 米。其嘴喙长而窄，长度有时可及身长的 1/5，嘴喙末端的牙齿长而尖，闭嘴时牙齿外露。雌雄体色都有较大差异，体色范围可能包括淡蓝、灰色，乃至暗棕色，腹部的颜色比背部与体侧淡。背鳍的位置有低矮的三角形隆起，在身体中央稍偏体后方，末端尖锐。胸鳍宽大呈桨状，边缘呈波浪形。尾鳍宽大，后缘内凹，中央缺刻明显。

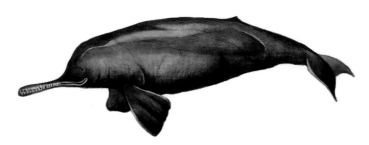

恒河豚呼吸时经常以一定的角度浮出水面，所以在某些地区会被误认为是鳄鱼。恒河豚游泳时会露出整个头部与嘴喙，有时只将额隆或头的上半部及嘴喙浮出水面。

恒河豚是唯一眼睛没有晶状体的鲸豚类动物，所以它们实际上等同于失明，但可能会感觉到光的强度与方向。

2. 生活习性

恒河豚常在岸边浅水处捕食，一般以整条吞食体长小于 6.5 厘米的淡水鱼类及虾为主，也吃少量的水生植物和昆虫。恒河豚晚间常侧泳，深夜更是侧泳的高峰期。在河底附近侧游时，身体通常倾向右侧，右侧胸鳍拖在淤泥中，尾部略高于头部，以逆时针方向转圈游动。侧游同时不断点头，以搜寻猎物。

恒河豚通常单独活动或是以松散的群体活动，它们并不会组成严密而且有明显协作的群体。有记录的恒河豚最大年龄 28 岁，性成熟年龄约 10 岁，恒河豚全年都能繁殖，但似乎 12 月到翌年 1 月和 3～5 月为生育高峰期。妊娠期 9～10 个月，每次产 1 胎，初生幼豚约重 7.5 千克，哺乳期约 1 年。

3. 种群状况

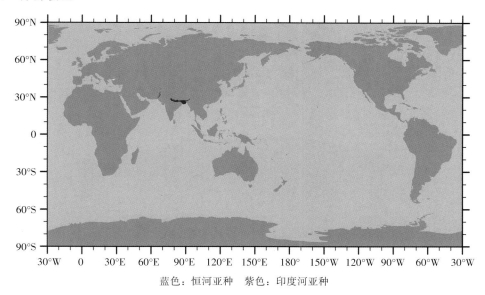

蓝色：恒河亚种　紫色：印度河亚种

　　恒河豚分印度河亚种（*P. g. minor*）与恒河亚种（*P. g. gangetica*），主要生活于印度、孟加拉国、尼泊尔与巴基斯坦，全世界范围内仅存 2 000～6 000 头。印度境内的布拉马普特拉河段是恒河豚最密集的地区，有 240～300 头恒河豚。

4. 主要威胁

　　恒河豚面临的主要威胁来源于人类生产活动，如大面积的农田灌溉使河流水位降低、工农业化学品的无序排放等，导致其生存环境不断恶化。人类渔业活动也经常导致恒河豚死伤。此外，对恒河豚的猎杀行为时有发生，它们的油与肉被用作涂敷药剂、壮阳药品或鱼饵。

　　最严重的是，出于水力发电目的而修建的大量水坝极大地限制了它们的行动与分布区域，导致许多族群被分散在相互隔绝的小块区域内，对恒河豚的生存繁衍产生严重影响。

5. 物种保护

　　列入《濒危绝种野生动植物国际贸易公约》（CITES）附录Ⅰ；

　　列入世界自然保护联盟（IUCN）《2013 年濒危物种红色名录》ver3.1——濒危（EN）；

　　列入《保护野生动物迁徙物种公约》（CMS）附录Ⅰ、附录Ⅱ；

　　列入中国《国家重点保护野生动物名录》：国家二级保护动物。

1. 2. 25　阿氏贝喙鲸

　　别名：南方四齿鲸、南方喙鲸、新西兰喙鲸、南方巨瓶鼻鲸、南方鼠鲸

　　英文名：Arnoux's Beaked Whale、Southern Four-toothed Whale

　　学名：*Berardius arnuxii*

分类：鲸目 Cetacea 齿鲸亚目 Odontoceti 喙鲸科 Ziphidae 贝喙鲸属 *Berardius* 阿氏贝喙鲸种 *B. arnuxii*

1. 形态特征

阿氏贝喙鲸体形粗壮，呈长纺锤形，成年体长 7.8～9.7 米，体重 7～10 吨。背部宽而平，背鳍小，位于背部中后方的位置，末端较为圆钝，后缘呈镰刀形。胸鳍短宽，末端呈圆形。额隆呈球状，嘴喙细长，下颚尖端生有两颗三角形牙齿，即使闭嘴时也露在外面。雌雄两性的牙齿都很突出，这在喙鲸科中是不常见的。

阿氏贝喙鲸全身几乎为蓝黑色至浅褐色，腹部有淡灰色或白色的云状斑纹，头部颜色较浅，年老者头部至背鳍体色可能呈现污白色。随着年龄增长，在其额隆、背部与身体侧面会增加许多白色长条伤痕，年老个体在其腹部会有伤痕，其伤痕使阿氏贝喙鲸整体外观呈大理石般的花纹。

2. 生活习性

阿氏贝喙鲸喜栖息在深水断崖、海底山以及其他地势陡峭的海域，易受惊吓而难以观察，通常组成数量在 10 头以下的群体进行活动。食物包含枪乌贼、章鱼与深海鱼等。阿氏贝喙鲸潜水时间多在 15～25 分钟，通常会潜至 1 000 米深处。喷气柱低矮，略朝前方倾斜，呈树枝状。

科学家对此物种研究较少，其生殖情形几乎完全不明。因其相关特性与贝氏喙鲸相近，推测妊娠期为 17 个月左右。

3. 种群状况

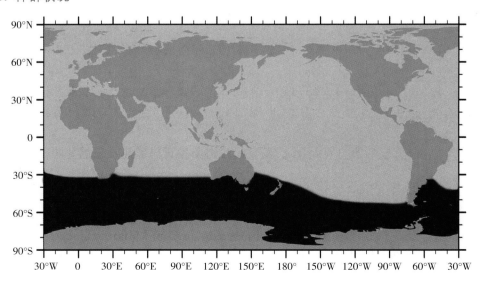

阿氏贝喙鲸仅分布在南半球，大致呈环南极地区分布，由南极洲浮冰边缘（约南纬78°）往北达约南纬34°，在南太平洋、南大西洋、印度洋南部皆可能出现，不过大多数观察记录都在南纬40°以南的地方，最常在塔斯曼海一带发现。阿氏贝喙鲸种群数量不详，在南半球，其出现频率略低于南瓶鼻鲸。

4. 主要威胁

阿氏贝喙鲸的数量没有明确的统计，目前尚无生存威胁。但由于在南极高纬度海域很多非法、不受管制的渔业活动，使阿氏贝喙鲸可获得的食物大大减少，并且增加阿氏贝喙鲸作为副渔获物而死亡的风险。

5. 物种保护

列入《濒危绝种野生动植物国际贸易公约》（CITES）附录Ⅰ；

列入世界自然保护联盟（IUCN）《2013年濒危物种红色名录》ver3.1——数据缺乏（DD）；

列入中国《国家重点保护野生动物名录》：国家二级保护动物。

1.2.26 北瓶鼻鲸

别名：瓶头鲸、陡头鲸、北大西洋瓶鼻鲸、平头鲸

英文名：Northern Bottlenosed Whale、North Atlantic Bottlenose Whale

学名：*Hyperoodon ampullatus*

分类：鲸目 Cetacea 齿鲸亚目 Odontoceti 喙鲸科 Ziphidae 瓶鼻鲸属 *Hyperoodon* 北瓶鼻鲸种 *H. ampullatus*

1. 形态特征

北瓶鼻鲸的体形长而圆胖，成年体长7～9米，最大体长雄性9.8米，雌性8.7米，体重5 800～7 500千克。有显著的嘴喙与高耸的额隆，其学名源自于拉丁文"ampulla"，意思是"瓶子"或者"烧瓶"，指其嘴喙形状。成年雄鲸的额隆处有明显的白色区块，并会延伸至眼睛后方，年老雌鲸在喷气孔后的颈部会有像衣领一样的白色环形斑纹。背鳍较大，位于背部后2/3处，呈镰刀形，尖端通常略微突出。胸鳍小而笔直，末端浑圆，尾鳍中央无凹刻。北瓶鼻鲸的头部有性别差异，成年雄鲸前额白而前凸至接近方形，雌鲸则较灰而呈球状（未成年雄鲸介于两者之间）。

成鲸的体色背部呈灰至褐色，腹部则较浅，身上常有白或浅黄色的椭圆形伤痕，随着年龄增加范围会变得更大，在腹部与身体侧面尤其明显。而幼鲸的体色较成鲸深，接近黑褐色。北瓶鼻鲸下颚尖端长有2颗牙齿，但通常只有成年雄鲸的牙齿会生长至露出牙龈，略微朝前方弯曲，雌鲸的牙齿则留在牙龈内，少部分雄鲸可能有4颗牙齿或终生无牙，雌雄两性的上、下颚可能有许多牙签状的退化牙齿。

2. 生活习性

北瓶鼻鲸通常以1~4头鲸组成的群体出现，其群体通常由成年雌鲸与幼鲸或未成年鲸所组成，有时会包括一至数头成年雄鲸。北瓶鼻鲸是好奇心很强的动物，它们会接近静止不动或以慢速前进的船只，并会在附近游动，观察到满意为止，这项特点最早由捕鲸者发现并加以利用，他们将船开到北瓶鼻鲸经常出没的海域后就停船在海面漂浮，静待它们主动靠近船只而捕获。它们的移动路线复杂，似乎不遵循一般大型鲸类"夏季往北，冬季南移"的迁徙原则。

北瓶鼻鲸常潜至800米以下的深度觅食，最深可达1500米。在水中，北瓶鼻鲸会发出不连续的哨声、吱喳声与滴答声，以及突然的爆冲声音等，频率与持续时间各不相同，可能与觅食和个体间联系有关。北瓶鼻鲸优越的潜水能力让它们能够潜至深海觅食，在胃中曾经发现海星，因此推测它们可能会在海底附近觅食，主食枪乌贼、鱿鱼等，也会食用鲱、格陵兰大比目鱼、银鲛、星貂鲨等多种鱼类。

北瓶鼻鲸寿命为30~40岁，大多数北瓶鼻鲸在春季至夏季初（4~6月）间生产，雌鲸约每2年生产一次，妊娠期约为12个月，哺乳期至少在1年以上，幼鲸会在母亲身旁待2年左右。

3. 种群现状

北瓶鼻鲸主要分布于亚北极区域的北大西洋海域，曾是人类捕鲸史上的重要目标。已知最早捕捉北瓶鼻鲸的捕鲸船是苏格兰克科底港的酋长号，1852年该船在佛洛比西尔湾捕获28头北瓶鼻鲸。由于在它们的头部发现有鲸脑油，19世纪70年代，捕鲸规模开始扩大，据报道1891年曾捕杀了3000头以上的北瓶鼻鲸。此外记录显示，英国与挪威船队在19世纪后25年共捕获北瓶鼻鲸22000头以上，这还不包括许多死亡或重伤但未被寻获的个体。进入20世纪，捕鲸活动逐步开始受到限制，1973年挪威停止捕捉北瓶鼻鲸，同年英国鲸肉市场也依法关闭。1977年，国际捕鲸委员会取消了北瓶鼻鲸的捕捉配额，并全面展开保护。目前，该种群已经一定程度恢复。

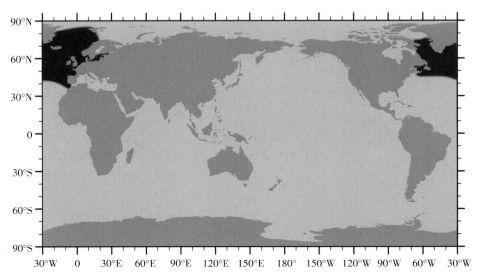

目前其种群数量没有详细的数据，粗略估算在北大西洋东部有4万头左右。在北大西洋西部主要栖息于戴维斯海峡与拉不拉多海北部，以及加拿大新科斯细亚省北方；在北大西洋东部则分布于丹麦格陵兰、北极海与巴伦支海；在加拿大东部海域与波罗的海等地偶见。

4. 主要威胁

目前，北瓶鼻鲸面临的主要威胁包括：远洋渔业的发展，特别是鱿鱼捕捞业规模的不断扩大，可能会造成其食物的短缺；船舶航行、海军声呐、地震勘探等人为噪声也会对其生存造成严重干扰。

5. 物种保护

列入《濒危绝种野生动植物国际贸易公约》（CITES）附录Ⅰ；

列入世界自然保护联盟（IUCN）《2013年濒危物种红色名录》ver 3.1——数据缺乏（DD）；

列入《保护野生动物迁徙物种公约》（CMS）附录Ⅱ；

列入中国《国家重点保护野生动物名录》：国家二级保护动物。

第 2 章　鳍足亚目

鳍足类动物（Pinnipedia）是一类高度特化的水生食肉动物，其包括海狮科（Otariidae）、海豹科（Phocidae）、海象科（Odobenidae）共 3 个科 34 个物种。

鳍足类的动物身体成纺锤形，四肢为鳍状，高度适应水中的生活。它们花费大量的时间在水中，只有在繁殖季节才返回土地或浮冰等固体基质交配产仔，每次产 1 胎，极少见双胞胎情况。每年蜕皮，蜕皮时间从几周到几个月不等，个别物种的蜕皮时间极短。大多数鳍足类动物的幼仔、未成年个体与成年个体的体色、体毛长度均不相同。

海象具有显著的长牙，这也是海象科区别于海狮科和海豹科动物的显著特征。海狮科与海豹科动物形态上的差别在于，海狮科动物具有明显的外耳，因此也被称为"Eared seal"，前鳍状肢较强壮，长度超过体长的 1/4，在陆地上可以支撑身体进行相当敏捷的移动，后鳍状肢能够向前弯曲到身下，而海豹科动物没有外耳，因此也被称为"True seal"，前鳍状肢短小，长度不及体长的 1/4，在陆地上只能蜿蜒前进，后鳍状肢不能向前弯曲。

鳍足类动物到底作为一个目与食肉目并列，还是作为食肉目下的一个亚目，科学界多年以来一直有争议。鳍足类动物与其他食肉目动物相比在形态和生活方式上确有不同，但有证据显示，哺乳纲其他各目最晚出现在始新世，而最早的鳍足类动物的化石是中新世时期，这说明鳍足类动物可能是起源于一类陆生哺乳动物进入海洋生活，这也成为鳍足类动物列在食肉目之下的一个有力证据。

鳍足亚目

- **海狮科 Otariidae**
- **海狗亚科 Arctocephalinae**
    - 北海狗 *Callorhinus ursinus*
    - 南极海狗 *Arctocephalus gazella*
    - 瓜达卢佩海狗 *Arctocephalus townsendi*
    - 璜费南德兹岛海狗 *Arctocephalus philippii*
    - 加拉巴哥海狗 *Arctocephalus galapagoensis*
    - 南非海狗 *Arctocephalus pusillus*
    - 新西兰海狗 *Arctocephalus forsteri*
    - 亚南极海狗 *Arctocephalus tropicalis*
    - 南美海狗 *Arctocephalus australis*

- **海狮亚科 Otariinae**
  - 北海狮 *Eumetopias jubatus*
  - 加州海狮 *Zalophus californianus*
  - 南美海狮 *Otaria flavescens*
  - 澳大利亚海狮 *Neophoca cinerea*
  - 新西兰海狮 *Phocarctos hookeri*

海豹科 Phocidae
- **僧海豹亚科 Monachinae**
  - 夏威夷僧海豹 *Monachus schauinslandi*
  - 地中海僧海豹 *Monachus monachus*
  - 西印度僧海豹 *Monachus tropicalis*（可能已在 **1950** 年代绝种）
  - 北象海豹 *Mirounga angustirostris*
  - 南象海豹 *Mirounga leonina*
  - 罗斯海豹 *Ommatophoca rossi*
  - 食蟹海豹（锯齿海豹）*Lobodon carcinophagus*
  - 豹海豹 *Hydrurga leptonyx*
  - 韦德尔氏海豹 *Leptonychotes weddellii*
- **海豹亚科 Phocinae**
  - 髯海豹 *Erignathus barbatus*
  - 冠海豹 *Cystophora cristata*
  - 港海豹 *Phoca vitulina*
  - 斑海豹 *Phoca largha*
  - 环斑海豹 *Phoca hispida*
  - 贝加尔海豹 *Phoca sibirica*
  - 里海豹 *Phoca caspica*
  - 竖琴海豹 *Phoca groenlandica*（或 *Pagophilus groenlandicus*）
  - 环海豹 *Phoca fasciata*
  - 灰海豹 *Halichoerus grypus*
- **海象科 Odobenidae**
  - 海象 *Odobenus rosmarus*

2.1 海狮科

2.1.1 北海狗

别名：北方海狗

英文名：Northern Fur Seal

学名：*Callorhinus ursinus*

分类：食肉目 Carnivora 鳍足亚目 Pinnipedia 海狮科 Otariidae 海狗亚科 Arctocephali-nae 北海狗属 *Callorhinus* 北海狗种 *C. ursinus*

1. 形态特征

北海狗是体形最大的海狗。其两性体形差异悬殊，成年雄性体长要比雌性长30%～40%，体重是成年雌性体重的4.5倍以上。成年雄性最大体长2.1米，体重270千克；雌性成年雌性最大体长1.5米，体重超过50千克。

成年雄性颈部粗壮，头顶至颈部均有鬃毛，个体间体色从浅红色至黑色不等。成年雌性一般背部呈银灰色，腹部为红棕色，喉部及胸部为苍白色。

2. 生活习性

北海狗大部分时间都生活在海洋中，在两次繁殖季节之间几乎不到陆地上休息。通常单独或成对活动，少见3只以上的群体。

北海狗主要以中上层鱼类和头足类为食，其食物组成因栖息海域、季节而异。其主要在大陆架或大陆坡边缘海域觅食，平均觅食深度为68米，持续时间为2.2分钟，有记录的最大潜水深度207米，持续时间7.6分钟。

北海狗最长寿命25岁。性成熟年龄3～5岁。但雄性通常在8～9岁时才能够成功建立生殖群。其婚配制度为高度一夫多妻制，在其主要的繁殖地普里比洛夫群岛，繁殖季节一般从6月中旬开始，持续到8月，7月初为生育高峰。成年雄性通常比雌性提前1个月回到繁殖地建立繁殖领地，雄性之间为争夺领地常会爆发激烈的肢体冲突。

怀孕的雌性一般在返回繁殖地1天后分娩，初生幼仔体长60～65厘米，体重为5.4～6.0千克。哺乳期4个月。在分娩约5天后，雌性北海狗再次发情交配。妊娠期约1年，其中包括3.5～4.0个月的延迟着床期。

3. 种群状况

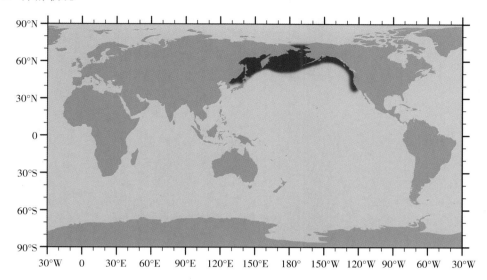

北海狗在 2004—2005 年时约有 110 万头，主要分布于北太平洋的普里比洛夫群岛、科曼多尔群岛（也称指挥官群岛）、阿留申群岛附近海域，也可见于我国的山东、江苏、台湾及广东等地沿海。其中普里比洛夫群岛约有 68.8 万头，科曼多尔群岛有 22.5 万～23.0 万头。

虽然博戈斯洛夫岛（隶属阿留申群岛）的北海狗种群数量呈上升趋势，但在其最大的聚居地——普里比洛夫群岛，其种群数量下降严重。在 1998—2004 年，普里比洛夫群岛下辖的圣保罗岛和圣乔治岛每年分别以 6.2% 和 4.5% 的速率下降。

4. 主要威胁与疾患

从 18 世纪末发现该物种开始，人类对北海狗的商业捕猎一直持续到 1984 年。期间由于众多国际条约和协定的保护，北海狗的数量经历了多次衰退和复苏，到 20 世纪 50 年代，北海狗约剩下 250 万头，但仍远不及商业捕猎前的水平。如今美国阿拉斯加原住民出于生存目的仍在捕猎北海狗，在 1999—2003 年，每年平均捕获量为 869 头，到 2007 年下降为 478 头。

目前，北太平洋是世界上最大的狭鳕商业化渔业所在地。商业化渔业除直接导致北海狗食物减少外，也会误捕北海狗导致其死亡。北太平洋长期以来经历的海洋生态系统变化，可能使北海狗在虎鲸的食物组成中占据越来越大的比例。商业化渔业以及虎鲸捕食的共同影响，可能是导致北海狗数量持续下降的主要原因。

像所有海狗一样，北海狗也容易受到石油泄漏的影响。圣米格尔岛（隶属于美国加利福尼亚州海峡群岛）以及法拉隆群岛上的北海狗种群，由于邻近港口、航道和沿岸石油开采设施，受到石油泄漏的威胁较大。

疫病方面有资料显示，海狮科动物易感染杆状病毒科水疱病毒属的猪疱疹病毒和圣米吉尔海狮病毒，以及多杀性巴氏杆菌。

5.物种保护

列入世界自然保护联盟（IUCN）《2013 年濒危物种红色名录》ver 3.1——易危（VU）；

列入中国《国家重点保护野生动物名录》：国家二级保护动物；

列入《中国物种红色名录》：易危（VU）。

2.1.2　南极海狗

别名：南极毛皮海狮、海狼

英文名：Antarctic Fur Seal、Kerguelen Fur Seal

学名：*Arctocephalus gazella*

分类：食肉目 Carnivora 鳍足亚目 Pinnipedia 海狮科 Otariidae 海狗亚科 Arctocephali-nae 毛皮海狮属 *Arctocephalus* 南极海狗种 *A. gazella*

1.形态特征

相对于其他毛皮海狮属的物种，南极海狗吻部短而宽，颈部细长，身躯长而不笨重，胸鳍较长。成年雄性体长 1.8～2.0 米，体重 110～230 千克，成年雌性体长 1.2～1.4 米，体重 22～50 千克。

成年雄性体色较深，呈深棕色，头顶、颈部和胸部有鬃毛。成年雌性和未成年个体体色呈灰色或棕色，腹面颜色较浅。初生幼仔则为暗褐色，近乎黑色。

2.生活习性

南极海狗通常单独活动，其食物组成随季节和栖息海域而变化。在南乔治亚岛、布韦岛的族群主要捕食磷虾。而在赫德岛、麦夸里岛和爱德华王子岛海域，由于磷虾稀少，南极海狗主要以头足类和鱼类为食。南极海狗偶尔也会捕食企鹅。通常在夜间觅食，一般潜水深度60米，最深可潜至200米，持续10分钟。

南极海狗最大寿命雌性25岁，雄性15岁，性成熟年龄3~4岁，但雄性直到8岁时，才能成功建立繁殖群，其婚配制度为高度一夫多妻制，处于优势地位的雄性在一个繁殖季节可以和多达20头的雌性交配。成年雄性在10月末抵达繁殖地，开始建立并捍卫繁殖领地。其宣示领地的方式包括展示身体、吼叫、向意图靠近的其他雄性冲刺、发生肢体冲突等，很多雄性会因为打斗导致的伤口感染而死亡。

雌性一般于繁殖季开始2~3周后到达，并于1~2天内产仔，初生幼仔体长63~67厘米，体重6~7千克。母海狗在哺育幼仔6~7天后开始出海觅食，并在此后不久再次交配。母海狗从外出觅食到返回繁殖地哺育幼仔的时间主要取决于猎物的丰富程度，一般为4~5天。哺乳期约4个月。

有记录显示，南极海狗会和亚南极海狗、新西兰海狗杂交并产下后代。

3. 种群状况

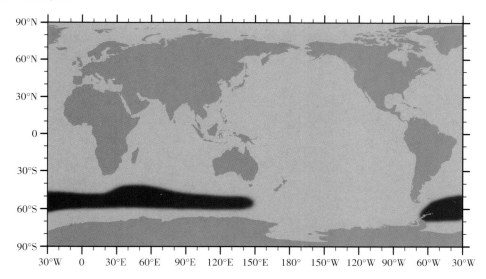

南极海狗主要分布在南极幅合区以南、南纬65°以北的岛屿上，其中约95%的南极海狗生活在南乔治亚岛上，1999—2000年的统计数据显示，该岛上南极海狗数量在450万~620万头。布韦岛是南极海狗的第二大栖息地，在2001—2002年约有南极海狗6.6万头。其他栖息地的南极海狗数量在几百到几千头。南极海狗在所有的栖息地的数量都较稳定或有所增长。

4. 主要威胁与疾患

由于商业猎捕，该物种在19世纪末期近乎灭绝。该物种之所以能够幸存，可能要归功于当时南乔治亚岛、布韦岛和凯尔盖朗群岛有极少量南极海狗躲过劫难而存活。由于历史上的数量瓶颈，该物种的遗传多样性可能处于较低水平，在疾病暴发和环境变化面前将会非常脆弱。

此外，其栖息水域日益开发的渔业也是南极海狗面临的又一威胁。有记录显示该物种经常被海洋废弃物缠绕，包括废弃鱼线、渔网、包装袋等。据估算，南极海狗每年被人为丢弃物所缠绕的数量高达该物种总量的1％。被缠绕的主要是未成年和近成年个体。在有记录的案例中，发生上述情况的海狗有30％将导致受伤，大多数可能都会死亡。

另据观测，有超过1/3的豹海豹会选择在南设得兰群岛产下幼仔。这意味着栖息在该群岛的南极海狗被捕食的风险将会更高。

由其他鳍足类动物和陆生动物将麻疹病毒等病原传染给南极海狗的风险尚属未知。但由于南极海狗快速扩张的种群数量，趋于大群体高密度生活的习性和全球变暖导致的与疾病传播相关的环境条件改变等因素，使得南极海狗被认为是未来容易发生爆发疾病的几种高风险鳍足类动物之一。此外，有资料显示，海狮科动物易感染杆状病毒科水疱病毒属的猪疱疹病毒和圣米吉尔海狮病毒，以及多杀性巴氏杆菌。

5. 物种保护

列入《濒危绝种野生动植物国际贸易公约》（CITES）附录Ⅱ；

列入世界自然保护联盟（IUCN）《2013年濒危物种红色名录》ver 3.1——无危（LC）；

列入中国《国家重点保护野生动物名录》：国家二级保护动物。

2.1.3　瓜达卢佩海狗

别名：瓜达卢佩海狮、北美毛皮海狮、瓜岛海狗

英文名：Guadalupe Fur Seal、Lower Californian Fur Seal

学名：*Arctocephalus townsendi*

分类：食肉目 Carnivora 鳍足亚目 Pinnipedia 海狮科 Otariidae 海狗亚科 Arctocephalinae 毛皮海狮属 *Arctocephalus* 瓜达卢佩海狗种 *A. townsendi*

1. 形态特征

瓜达卢佩海狗吻部细长，具乳白色胡须，成年雄性鼻头较大呈球形。两性背部体色均呈灰棕色、灰黑色或黑色，成年雄性颈部粗壮，生有银色至灰黄色的长鬃毛，成年雌性颈部和胸部呈苍白色。

其两性体形差异很大，成年雄性体长是雌性的 1.5～2.0 倍，体重是雌性的 3～4 倍。成年雄性最大体长 2 米，体重 170 千克以上；成年雌性平均体长 1.2 米，最长可达 1.4 米，体重 45～55 千克。

2. 生活习性

瓜达卢佩海狗主要以鱿鱼为食，鱿鱼能够占到其食物组成的 95％左右，其他食物包括鱼类、甲壳类、贝类等。

瓜达卢佩海狗的婚配制度为高度一夫多妻制，在繁殖季节，一头成年雄性平均会和 6 头雌性交配。大多数瓜达卢佩海狗都选择瓜达卢佩岛崎岖的东海岸作为繁殖地。在每年 6 月中旬至 8 月初繁殖期，雄性会建立并捍卫繁殖领地，宣示领地的方式通常包括吼叫、展示身体等，通常不会发生肢体冲突。雌性通常会选择进入能够提供遮阳处的雄性领地，而且所有雌性都会占据靠近海水或潮汐池的区域。

怀孕的雌性在返回繁殖地后几天内就会产下幼仔，初生幼仔体长 50～60 厘米，重约 6 千克。在分娩 5～10 天后，雌性瓜达卢佩海狗再次发情交配，并于交配后立即或者几天后出海觅食。哺乳期 9～11 月。

3. 种群状况

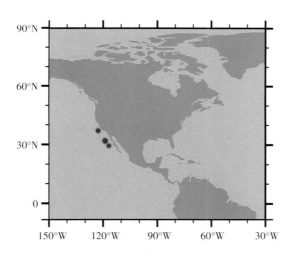

瓜达卢佩海狗仅分布于墨西哥瓜达卢佩岛及附近海域，在美国加利福尼亚州西南部岛屿上也有发现。在 20 世纪 50 年代，瓜达卢佩海狗仅剩下 200～500 头，目前其数量已恢复到 1.5 万～1.7 万头，这一数字仍在以每年 13.7％的速率增长。

4. 主要威胁

虽然目前瓜达卢佩海狗种群数量在稳步增长，但其现存总量仍然很少，并且几乎所有的幼仔都只在瓜达卢佩岛上出生，这对一个物种来说仍然是非常危险的。同时，由于瓜达卢佩海狗种群是从之前仅剩的几百头恢复过来的，这意味着现存的种群可能缺乏遗传多样性。

此外，该物种的觅食地在瓜达卢佩岛、圣贝尼托群岛和美国加利福尼亚州附近海域。这一地区的人类生活污水排放、密集的油轮运输和海上石油开采活动，容易对瓜达卢佩海狗的生存造成影响。与所有其他毛皮海狮属的动物一样，原油泄漏可能会使它们的皮毛丧失保温性能。该物种可能会纠缠在刺网、定置渔网中而死亡。

另外，瓜达卢佩海狗与加州海狮的觅食和繁殖地有部分重叠，后者在过去已有多次病毒性疾病的爆发，这可能会为这两个物种间疾病的传播创造条件。海狮科动物易感染杆状病毒科水疱病毒属的猪疱疹病毒和圣米吉尔海狮病毒，以及多杀性巴氏杆菌。

5. 物种保护

列入《濒危绝种野生动植物国际贸易公约》（CITES）附录Ⅰ；

列入世界自然保护联盟（IUCN）《2013年濒危物种红色名录》ver 3.1——近危（NT）；

列入中国《国家重点保护野生动物名录》：国家二级保护动物。

2.1.4　璜费南德兹岛海狗

别名：智利毛皮海狮

英文名：Juan Fernandez Fur Seal

学名：*Arctocephalus philippii*

分类：食肉目 Carnivora 鳍足亚目 Pinnipedia 海狮科 Otariidae 海狗亚科 Arctocephalinae 毛皮海狮属 *Arctocephalus* 璜费南德兹岛海狗种 *A. philippii*

1. 形态特征

璜费南德兹岛海狗是鳍足亚目中体形第二小的物种。两性体形差异大，成年雄性体长是雌性的1.4倍，体重最大可达雌性的3倍。成年雄性体长1.5～2.1米，体重140～159千克；雌性体长1.4～1.5米，体重50千克。

成年雄性口鼻部较长，前段略微向下弯曲，鼻子较大呈球状。脖颈厚实而强壮，被有长而粗糙的深色鬃毛，鬃毛末端带有银色光泽，使得鬃毛看上去有磨砂感。雄性的脖颈和前肢常因打斗而伤痕累累。雄性的腹背部呈黑棕色，从头部向下到耳部以及从颈背部到肩部有时呈银灰色，而喉颈部则颜色较深。成年雌性的背部呈灰棕色或黑棕色，腹部呈灰白色，胸部和喉部呈乳灰色。两性均有乳白色胡须。

2. 生活习性

璜费南德兹岛海狗喜欢聚集在满布岩石或具有洞穴、石窟、悬崖的火山岩海岸线上。食物多样性较低，主要为垂直迁徙的鱼类和鱿鱼等。摄食时平均潜水深度 12.3 米，平均时长 51 秒，最深可潜至 90～100 米深度，时长 6 分钟。

其婚配制度为一夫多妻制，在繁殖季节 1 头成年雄性平均会和 4 头雌性交配。繁殖季节从 11 月中旬持续到翌年 1 月末，雄性通常较雌性提前返回繁殖地，建立繁殖领地，其领地包括约 36 米^2 的陆上面积和更大面积的水中面积，雄性之间为了争夺常常会发生激烈的肢体冲突。

怀孕的雌性在到达繁殖地的几天内分娩，每次产 1 胎，初生幼仔体长约 65 厘米，重 6.2～6.9 千克。哺乳期 8～12 个月。雌海狗在分娩后不久再次交配。妊娠期约 1 年。雌性在分娩约 11 天后出海觅食。平均而言，璜费南德兹岛海狗是所有海狮科动物中觅食距离最远的，平均最远距离 653 千米，持续时间平均 12.3 天，最长 25 天。

3. 种群状况

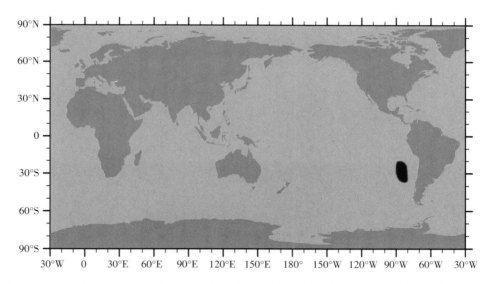

由于不加节制的捕猎，该物种在 1966 年被重新发现时仅存 200 余头。从那时起，璜费南德兹岛海狗种群逐渐恢复，在 1990—1991 年的繁殖季节，总数约为 12 000 头。有迹象表明该数字一直在增长。目前，璜费南德兹岛海狗主要分布于南太平洋东部的胡安·费尔南德斯群岛，在秘鲁南部至智利南部沿岸也可见到。

4. 主要威胁与疾患

虽然智利政府制定了措施来保护璜费南德兹岛海狗，但非法猎捕现象依然存在。此外，由于种群数量有限及遗传多样性的缺失，可能使该物种更容易受到灾难性事件、环境恶化、疾病暴发和与渔业冲突等影响。另外，雌性在分娩后出海觅食的时间较长，这可能会导致幼崽存活率下降。

在疫病方面有资料显示，海狮科动物易感染杆状病毒科水疱病毒属的猪疱疹病毒和圣米吉尔海狮病毒，以及多杀性巴氏杆菌。

5. 物种保护

列入《濒危绝种野生动植物国际贸易公约》（CITES）附录Ⅱ；

列入世界自然保护联盟（IUCN）《2013 年濒危物种红色名录》ver 3.1——近危（NT）；

列入中国《国家重点保护野生动物名录》：国家二级保护动物。

2.1.5　加拉巴哥海狗

别名：赤道毛皮海狮

英文名：Galapagos Fur Seal、Galapagos Islands Fur Seal

学名：*Arctocephalus galapagoensis*

分类：食肉目 Carnivora 鳍足亚目 Pinnipedia 海狮科 Otariidae 海狗亚科 Arctocephalinae 毛皮海狮属 *Arctocephalus* 加拉巴哥海狗种 *A. galapagoensis*

1. 形态特征

加拉巴哥海狗是海狮属中体形最小，并且是两性差异最小的物种。成年雄性体长和体重分别可达到雌性的 1.1～1.3 倍和 2.0～2.3 倍。一般成年雄性体长 1.5～1.6 米，体重 60～68 千克，体形矮壮结实，成年雌性体长 1.1～1.3 米，体重约 27.3 千克，最重可达 33 千克。

加拉巴哥海狗体形小而紧凑，体被粗毛和密厚绒毛，仅唇尖、耳尖和鳍肢的掌部表面裸露，背部体色呈暗灰褐色，腹面颜色略淡。额部平缓，吻甚短。

2. 生活习性

加拉巴哥海狗在加拉巴哥群岛（也称加拉帕戈斯群岛）的所有岛屿上都有分布，偏好有巨大的岩石的海岸，以便遮阳和在岩石间的缝隙中休息。与其他大部分海豹或海狮不同的是，加拉巴哥海狗大部分的时间都在岸上度过。

加拉巴哥海狗主要以各种小型鱿鱼为食，也捕食灯笼鱼等鱼类。通常在晚上觅食，平均潜水深度 26 米，持续时间不超过 2 分钟，最大潜水深度 115 米，持续时间 5 分钟。

　　加拉巴哥海狗通常在 5 岁性成熟，雌性自性成熟起每年产仔一只，但大多是每隔一年才能成功养育一只幼仔。其婚配制度为一夫多妻制，雄性在性成熟之后并不能马上参与繁殖，而是在生理条件更加成熟和体形足够大时，才会成功建立并保持繁殖领地，其控制的领地面积大约为 200 米^2，比其他种海狮的繁殖领地的平均面积都要大，特别是考虑到加拉巴哥海狗较小的体形，这样的面积就显得格外引人注目。

　　加拉巴哥海狗的繁殖季节从 8 月中旬一直持续到 11 月中旬，生育高峰集中在 9 月的最后一周到 10 月的第一周。初生幼仔体重 3～4 千克，体毛呈微黑的棕色，有的个体口鼻部边缘呈灰白色。哺乳期 18～36 个月，大多数幼仔在第三年时断奶。如果雌性加拉巴哥海狗在幼仔断奶前再次分娩，新生儿通常很少能够幸存，其中大部分死于饥饿，其余则是被年长的幼仔所杀。

　　3. 种群状况

　　加拉巴哥海狗主要分布于加拉巴哥群岛上。与其他毛皮海狮属的动物一样，加拉巴哥海狗在 19 世纪由于人类捕猎曾经历过严重的种群数量下降，在 20 世纪初几乎绝种，此后逐渐恢复。

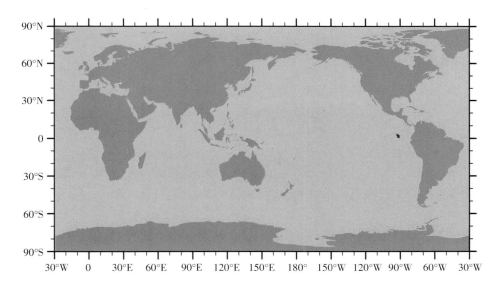

　　在 1978 年开展的一项普查显示，当时的种群数量大致在 3 万～4 万头。但是由于其较高的死亡率，特别是在 1982—1983 年，厄尔尼诺现象造成大量新生儿和 1 岁龄幼仔死亡，导致其种群数量显著减少。目前数量估算在 1.0 万～1.5 万头。厄瓜多尔国政府于 1959 年将加拉巴哥群岛列为国家公园，使加拉巴哥海狗得到了良好保护。但由于该物种的相对较小的分布范围，使得加拉巴哥海狗更容易受到各种风险的威胁。

4. 主要威胁与疾患

加拉巴哥群岛接近赤道，并受秘鲁寒流影响，其独特的地理位置使得岛上的生物更容易受到厄尔尼诺现象影响。该气候现象形成时，能够导致海洋升温和高达 80% 的海洋生产力的下降，使加拉巴哥海狗种群数量显著减少。因此，尽管现在全球气候变化对该物种及其栖息地的影响不是很明确，但是与海洋生产力水平或栖息地气温相关的任何变化都将对该物种产生不良影响。

另外，加拉巴哥海狗也容易受到石油泄漏的威胁，在加拉巴哥群岛海域有大量的中小型运输船只，如果发生海上事故，相当数量的石油、燃料和润滑油的泄漏会使它们的体毛丧失体温调节功能而导致死亡。

在疫病方面，有资料显示，海狮科动物易感染杆状病毒科水疱病毒属的猪疱疹病毒和圣米吉尔海狮病毒，以及多杀性巴氏杆菌。在伊莎贝尔岛上的野狗曾捕食各年龄段的加拉巴哥海狗，虽然目前野狗被清除，但从狗类传染给鳍足类的传染性疾病仍是目前加拉巴哥海狗种群面临的最大威胁。

5. 物种保护

列入《濒危绝种野生动植物国际贸易公约》（CITES）附录Ⅱ；

列入世界自然保护联盟（IUCN）《2013 年濒危物种红色名录》ver 3.1——濒危（EN）；

列入中国《国家重点保护野生动物名录》：国家二级保护动物。

2.1.6 南非海狗

别名：非洲毛皮海狮、南非海狮、南非毛皮海狮、澳大利亚毛皮海狮、非澳毛皮海狮

英文名：Cape Fur Seal、Brown Fur Seal、South African Fur Seal、Afro-Australian Fur Seal

学名：*Arctocephalus pusillus*

分类：食肉目 Carnivora 鳍足亚目 Pinnipedia 海狮科 Otariidae 海狗亚科 Arctocephalinae 毛皮海狮属 *Arctocephalus* 南非海狗种 *A. pusillus*

1. 形态特征

南非海狗是毛皮海狮属中体形最大的一种，其下有两个亚种，分别为非洲南部亚种（*A. p. pusillus*）和澳大利亚亚种（*A. p. doriferus*）。其中非洲南部亚种成年雄性体长 2.0～2.3 米，平均体重 247 千克，成年雌性体长 1.2～1.6 米，平均体重 57 千克。澳大利亚亚种成年雄性平均体长 2.16 米，体重 279 千克，成年雌性体长 1.36～1.71 米，平均体重 78 千克。

南非海狗成年雄性体色呈深灰色或褐色，颈部有深色的鬃毛，腹部颜色较浅。成年雌性体色呈淡褐色至灰色，背部和腹部颜色较深，喉部颜色较浅。成年雄性的头部较雌性大而宽，并具有较低的额头。

2. 生活习性

南非海狗在岸上常聚集成上千头的群落，偏好满布岩石、珊瑚礁或者卵石的海滩，但一些大的群体有时也聚居在沙滩上。在海上则通常单独行动，偶尔会聚集成不超过 15 头

的小群落。虽然其大部分的时间都在海上，但不会离开岸边太远。主食鱼类、头足类、甲壳类动物，偶尔会捕食鸟类。觅食潜水深度能达到 200 米，时长 7 分钟。

南非海狗最大寿命雌性 21 岁，雄性 19 岁，性成熟年龄雌性 3～6 岁，雄性 9～12 岁。其婚配制度为高度一夫多妻制，在每年 10 月至翌年 1 月初的繁殖期，雄性会建立繁殖领地，雌性会在多个雄性的领地间移动，根据雄性占据的领地优劣来自由选择配偶。雌性通常到达繁殖地后 2 天内产仔，初生幼仔体长 60～80 厘米，体重 5～12 千克。雌性分娩后 6 天即再次交配，妊娠期约 12 个月，其中包括 3 个月的延迟着床期。哺乳期通常为 10～12 个月，但个别幼仔自 7 个月起便开始独立觅食。

3. 种群状况

在 17～19 世纪，南非海狗曾遭受严重的猎杀。目前，其两个亚种的数量都有所恢复，但仍然没有恢复到商业猎捕前的水平。

非洲南部亚种主要分布于非洲西南部和南部沿岸及沿海岛屿上，目前约有 200 万头。澳大利亚亚种主要分布在澳大利亚南部海岸，从塔斯马尼亚、维多利亚至新南威尔士州均有分布，目前数量超过 9.2 万头。

4. 主要威胁与疾患

目前，纳米比亚仍然在猎杀南非海狗。仅 2006 年的捕获量就达到 85 000 头，其中主要是幼仔，以及少部分的雄性。在之后的几年中，由于食物匮乏导致纳米比亚沿岸南非海狗幼仔的死亡率非常之高，甚至有成千上万头成年海狗死亡，但纳米比亚仍然保持了极高的捕获水平。

除此之外，南非海狗与渔业活动之间存在直接冲突，由于它们会破坏渔具以偷食渔获物，一些渔民会在作业时射杀南非海狗。作为副渔获物致死也常有报道。需要引起

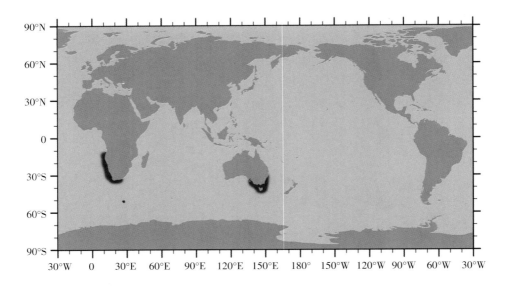

注意的是，非洲南部亚种经常被包装袋、废弃渔线渔网等海洋废弃物所缠绕。据估计，被上述废弃物纠缠的比例在 0.12%～0.66%。像所有海狗一样，南非海狗易受到石油泄漏的影响。

疫病方面有资料显示，海狮科动物易感染杆状病毒科水疱病毒属的猪疱疹病毒和圣米吉尔海狮病毒，以及多杀性巴氏杆菌。

5. 物种保护

列入《濒危绝种野生动植物国际贸易公约》（CITES）附录Ⅱ；

列入世界自然保护联盟（IUCN）《2013 年濒危物种红色名录》ver 3.1——无危（LC）；

列入中国《国家重点保护野生动物名录》：国家二级保护动物。

2.1.7 新西兰海狗

别名：新澳毛皮海狮、新澳海狗

英文名：New Zealand Fur Seal、Black Fur Seal、Australasian Fur Seal、Antipodean Fur Seal、South Australian Fur Seal

学名：*Arctocephalus forsteri*

分类：食肉目 Carnivora 鳍足亚目 Pinnipedia 海狮科 Otariidae 海狗亚科 Arctocephalinae 毛皮海狮属 *Arctocephalus* 新西兰海狗种 *A. forsteri*

1. 形态特征

成年新西兰海狗背部体色呈深灰色或深棕色，在刚出水时几乎为黑色；腹面为苍白色，雌性颈部和胸部的苍白色尤其显著。口鼻部较尖，鼻子略呈球形，具苍白的胡须。成年雄性头部、颈部和胸部有粗糙的鬃毛。

其两性体形差异明显，成年雄性体长和体重分别能达到雌性的 1.3 倍和 3 倍以上。成年雄性最大体长 2.5 米，体重 90～150 千克，雌性最大体长 1.5 米，体重 30～50 千克。

2. 生活习性

新西兰海狗喜欢栖息在接近陆地植被的岩石海岸，其食物范围广泛，主要以头足类和鱼类为食，有时甚至捕食企鹅和海鸥等鸟类，通常在大陆架和大陆斜坡海域觅食。新西兰海狗是毛皮海狮属中潜得最深的物种，雌性最深可潜至 312 米深处，持续时间约 9 分钟；雄性则可潜至接近 400 米深处，持续时间超过 14 分钟。

新西兰海狗寿命 14～17 年，性成熟年龄雌性 4～6 岁，雄性 5～6 岁，但雄性直到 8～10 岁时才能成功建立繁殖领地。其婚配制度为一夫多妻制，在繁殖季节，每个雄性平均会和 5～8 个雌性交配。在 10 月末，雄性新西兰海狗先于雌性返回繁殖地建立繁殖领地，雌性则于 11 月中旬至翌年 1 月陆续返回。怀孕的雌性在抵达繁殖地 2～3 天后分娩，每次产 1 胎。初生幼仔体重 40～55 厘米，体重 3.3～3.9 千克，除口鼻部和腹部为苍白色外，全身都是黑色。哺乳期 10 个月。在分娩 7～8 天后，雌海狗再次交配，并于 1～2 天后开始下海觅食。其妊娠期一般为 12 个月，其中包括 3 个月的延迟着床期。

有记录显示，新西兰海狗会和南极海狗、亚南极海狗杂交并产下后代。

3. 种群状况

新西兰海狗主要分布在新西兰和澳大利亚，现存约 20 万头，种群数量处于上升趋势。

该物种在新西兰和澳大利亚的数量大体相近。在新西兰，主要集中在南岛西部和南部海岸以及南岛以南的亚南极岛屿上，北岛上则不常见。在澳大利亚，新西兰海狗主要分布在其西部和南部沿岸及沿海岛屿上，在塔斯马尼亚和维多利亚沿海也有少量分布。

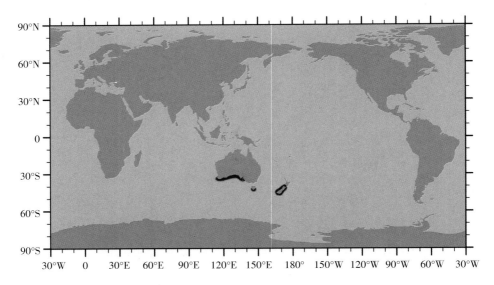

4. 主要威胁与疾患

自从发现该物种开始，人类就开始捕猎新西兰海狗。有证据显示，自从几百年前波利尼西亚人（也称毛利人）在新西兰登陆并定居之后，新西兰海狗数量开始下降，北岛沿海的栖息地逐渐消失。在 19 世纪，欧洲人的大肆捕猎，导致新西兰海狗几乎绝种。后经过保护，该物种已经基本恢复到其之前的水平。

拖网等渔业方式可能导致新西兰海狗意外死亡。旅游业的发展和对栖息地的其他干扰，可能会对该物种的繁殖行为造成干扰，并驱使新西兰海狗离开现有的栖息地。此外，新西兰海狗也容易受到石油泄漏的影响，致使其体毛失去体温调节功能而死亡。

与其他鳍足类动物的栖息地重叠，并且有可能和家养或野生的陆生动物近距离接触，导致新西兰海狗容易被传染麻疹病毒等疾病。此外，有资料显示海狮科动物易感染杆状病毒科水疱病毒属的猪疱疹病毒和圣米吉尔海狮病毒，以及多杀性巴氏杆菌。

5. 物种保护

列入《濒危绝种野生动植物国际贸易公约》（CITES）附录Ⅱ；

列入世界自然保护联盟（IUCN）《2013 年濒危物种红色名录》ver 3.1——无危（LC）；

列入中国《国家重点保护野生动物名录》：国家二级保护动物。

2.1.8 亚南极海狗

别名：幅北毛皮海狮

英文名：Subantarctic Fur Seal、Amsterdam Island Fur Seal

学名：*Arctocephalus tropicalis*

分类：食肉目 Carnivora 鳍足亚目 Pinnipedia 海狮科 Otariidae 海狗亚科 Arctocephalinae 毛皮海狮属 *Arctocephalus* 亚南极海狗种 *A. tropicalis*

1. 形态特征

亚南极海狗的口鼻部短而平，鼻子较尖。其体色非常独特，两性的面部和胸部均呈姜黄色，腹部暗褐色。成年雄性背部呈暗灰色或黑色，前额有一簇突出的毛发，雌性背部呈浅灰色。亚南极海狗两性体形差异显著，成年雄性体长 1.5～1.8 米，体重 70～165 千克，成年雌性体长 1.2～1.5 米，体重 25～67 千克，平均 50 千克。

2. 生活习性

亚南极海狗主食鱼类和少量头足类，偶尔捕食磷虾，甚至会捕食跳岩企鹅。一般在晚上觅食，潜水平均深度 16～19 米，很少会潜至 100 米深度，持续时间不超过 4 分钟。

亚南极海狗寿命 20～25 年，性成熟年龄雌性 5 岁。其婚配制度为高度一夫多妻制，在繁殖季节，每个雄性平均会和 6～8 个雌性交配。在 10 月末，雄性亚南极海狗先于雌性返回繁殖地，它们倾向于选择凹凸不平的岩石海滩或者通风良好的位置建立繁殖领地，雄性间一般以吼叫、身体展示等方式捍卫领地，一旦发生争斗，则可能会造成致命的创伤。雌性于 10 月末至翌年 1 月初陆续返回，怀孕的雌性在抵达繁殖地 6 天内分娩，每次产 1 胎，初生幼仔体重 4.0～4.4 千克。哺乳期 11 个月。在分娩 2～6 天后，雌海狗再次交配，并于随后出海觅食。

有记录显示，亚南极海狗会和新西兰海狗、南极海狗杂交并产下后代。

3. 种群状况

亚南极海狗广泛分布在南半球，主要在南大西洋和印度洋的温带岛屿及亚南极岛屿繁殖。其中约有 95% 的亚南极海狗集中在戈夫岛、阿姆斯特丹岛和爱德华王子岛繁殖。1987 年的评估数据显示，亚南极海狗的总数超过 31 万头。并且有迹象表明，自 1987 年以来亚南极海狗的数量一直在持续增长。

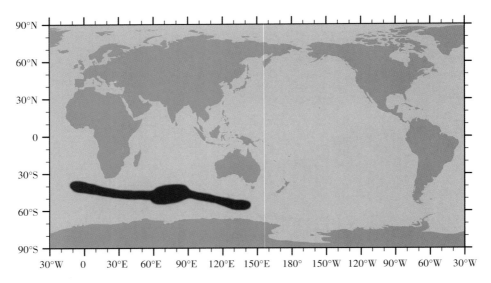

4. 主要威胁与疾患

与其他毛皮海狮属的动物一样，亚南极海狗在 18 和 19 世纪由于人类大肆捕猎，在 20 世纪初几乎绝迹，此后开始逐渐恢复，并重新占据了大部分的历史栖息地。但由于历史上的数量瓶颈，亚南极海狗的遗传多样性可能处于较低水平，使得该物种更容易受到疾病暴发和气候变化的威胁。此外，人类渔业活动和海洋废弃物也会对亚南极海狗造成一定影响。

在疫病方面，有资料显示，海狮科动物易感染杆状病毒科水疱病毒属的猪疱疹病毒和圣米吉尔海狮病毒，以及多杀性巴氏杆菌。

5. 物种保护

列入《濒危绝种野生动植物国际贸易公约》（CITES）附录Ⅱ；

列入世界自然保护联盟（IUCN）《2013 年濒危物种红色名录》ver 3.1——无危（LC）；

列入中国《国家重点保护野生动物名录》：国家二级保护动物。

2.1.9　南美海狗

别名：南美毛皮海狮

英文名：South American Fur Seal、Southern Fur Seal

学名：*Arctocephalus australis*

分类：食肉目 Carnivora 鳍足亚目 Pinnipedia 海狮科 Otariidae 海狗亚科 Arctocephalinae 毛皮海狮属 *Arctocephalus* 南美海狗种 *A. australis*

1. 形态特征

南美海狗有明显的额头，口鼻部较长，胡须呈乳白色。成年雄性全身皆为深灰色，偶尔有一些灰色或棕色的斑纹，颈部和肩部较宽大，具鬃毛。雌性和未成年雄性个体胸部和口鼻部呈浅灰棕色，某些个体腹部呈锈褐色。

两性体形差异明显。雄性体长和体重分别可达到雌性的 1.3 倍和 3.3 倍。成年雄性体长可达 1.9 米以上，重达 120～160 千克。雌性体长约 1.4 米，体重 40～50 千克。

2. 生活习性

南美海狗喜欢栖息在满布岩石的海岸和岛屿，尤其是有峭壁或巨石的地方，以便遮阳和在岩石间的缝隙中休息。在海面上游行和休息时常形成大集群。

南美海狗主要以底层和中上层鱼类为食，也捕食头足类、瓣鳃类和腹足类软体动物。一般在晚上觅食，觅食深度 30 米，持续 3 分钟，有记录的最大潜水深度 170 米，持续时间 7 分钟。

南美海狗寿命最长 30 岁，性成熟年龄雌性 4 岁，雄性 7 岁，但雄性至少到 8 岁以后，才可能成功建立繁殖领地。其婚配制度为一夫多妻制，在每年 10 月中旬至翌年 1 月中旬的繁殖季节，雄性会优先选择既能遮阳又靠近海边或潮汐池的地方作为繁殖领地。雄性间为争夺有利地形经常会发生激烈的争斗，并有可能造成严重的创伤。

雌性妊娠期约 12 个月，其中包括 3～4 个月的延迟着床期。在到达繁殖地后会很快分娩，初生幼仔体长 60～65 厘米，体重 3.5～5.5 千克。在分娩后 7～10 天，雌海狗再次交配，并于随后出海觅食。哺乳期 8～24 个月，成年雌性可能同时哺育 1 岁龄的幼仔和新生幼仔。

3. 种群状况

南美海狗现存 25 万～30 万头，主要分布于南美洲秘鲁向南至阿根廷的太平洋沿岸，阿根廷北至乌拉圭的大西洋沿岸及沿海岛屿上。其分布呈不连续状态，大部分集中在大西洋沿岸，其中乌拉圭是南美海狗主要聚居地，数量有 20 万～25 万头。在阿根廷附近的马尔维纳斯群岛有 1.5 万～2.0 万头，巴塔哥尼亚沿岸约有 2 万头。在智利沿岸约有 3 万头，秘鲁沿岸约有 1.1 万头。

4. 主要威胁与疾患

人类对南美海狗的商业捕猎从 18 世纪欧洲人发现该物种开始，一直持续到现在。虽

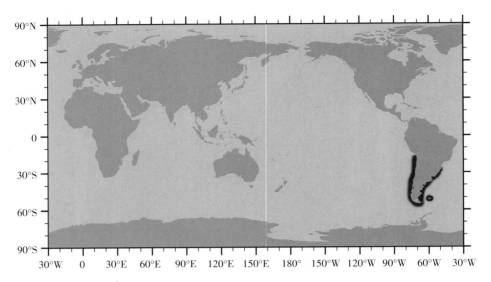

然在 20 世纪，对南美海狗的整体捕猎水平下降，很多地区已经停止捕猎南美海狗，但在乌拉圭，对成年雄性南美海狗的规模化捕猎仍然在继续。在秘鲁，人们猎取少量的南美海狗作为食物。在智利，除人类食用外，海狗肉主要用来南方帝王蟹和拟帝王蟹的钓饵，后随着该渔业的萎缩，南美海狗面临的捕猎压力也随之降低。

此外，无论是大规模商业化渔业，还是小规模的沿岸渔业的发展对南美海狗都造成负面影响，这些活动除造成南美海狗食物减少外，还会直接造成海狗被意外捕获而致死。

厄尔尼诺现象对秘鲁沿岸的南美海狗种群影响极大。厄尔尼诺现象不仅会引发海水升温，海洋生产力下降，而且其引发的风暴潮等恶劣天气，曾导致当年出生的所有幼仔死亡。在某个厄尔尼诺年份，秘鲁南美海狗的数量从 10.2 万骤降至 3 万。

与其他毛皮海狮属动物一样，石油泄漏会导致体毛调节体温功能下降，进而影响南美海狗生存。

疫病方面，有资料显示，海狮科动物易感染杆状病毒科水疱病毒属的猪疱疹病毒和圣米吉尔海狮病毒，以及多杀性巴氏杆菌。

5. 物种保护

列入《濒危绝种野生动植物国际贸易公约》（CITES）附录Ⅱ；

列入世界自然保护联盟（IUCN）《2013 年濒危物种红色名录》ver 3.1——无危（LC）；

列入《保护野生动物迁徙物种公约》（CMS）附录Ⅱ；

列入中国《国家重点保护野生动物名录》：国家二级保护动物。

2.1.10 北海狮

别名：北太平洋海狮、斯氏海狮、海驴

英文名：Steller Sea Lion，Northern Sealion，Northern Sea Lion，Steller's Sealion，

Steller's Sea Lion

学名：*Eumetopias jubatus*

分类：食肉目 Carnivora 鳍足亚目 Pinnipedia 海狮科 Otariidae 海狮亚科 Otariinae 北海狮属 *Eumetopias* 北海狮种 *E. jubatus*

1. 形态特征

北海狮是体形最大的一种海狮，也是鳍足亚目中体形第四大的个体，仅次于南象海豹、北象海豹和海象。

北海狮两性体形差异很大，成年雄性体长是雌性的 1.2 倍，体重是成年雌性体重的 3 倍以上。雄性最大体长 3.3 米，体重达 1 000 千克以上；雌性最大体长 2.5 米，体重 273 千克。成年北海狮体色一般呈浅棕色，雌性体色较浅。雄性额头较宽较高，颈部粗壮，生有长而粗糙的鬃毛。

2. 生活习性

北海狮喜欢集群栖息在遍布岩石的海滩，有时可形成上千头的大群体，在海上则常组成有 1～12 头的小群体。北海狮有恋出生地习性，成年个体一般只在其出生地附近海域活动，并返回出生地交配繁殖。

北海狮主要以鱼类和头足类、双壳类、腹足类等无脊椎动物为食。主要在大陆架或大陆坡以外海域觅食，平均觅食深度为 200 米，持续时间 2 分钟。在普里比洛夫群岛，有报道称北海狮会捕食北海狗、港海豹、环斑海豹等。

北海狮最大年龄雌性 30 岁，雄性 20 岁，性成熟年龄雌性 3～6 岁，雄性 3～7 岁，但雄性直到 9 岁左右才能建立一雄多雌生殖群。其婚配制度为高度一夫多妻制，最强壮的雄性在繁殖季节能够和多达 30 头雌性交配。其繁殖季节一般从 5 月持续到 7 月。成年雄性会提前返回繁殖地，建立并积极捍卫繁殖领地，雌性则与 5 月中旬至 6 月末返回。

怀孕雌性每次产 1 胎，初生幼仔平均体长 1 米，体重 18～22 千克。在分娩 2 周后，雌性北海狮再次发情交配。妊娠期约 1 年，其中包括约 3 个月的延迟着床期。在幼仔出生后，母海狮会一直看护幼仔 7～10 天，随后在夜晚下海觅食，觅食时间一般持续 18～25

小时。哺乳期会一直持续到下一个繁殖季节。

3. 种群状况

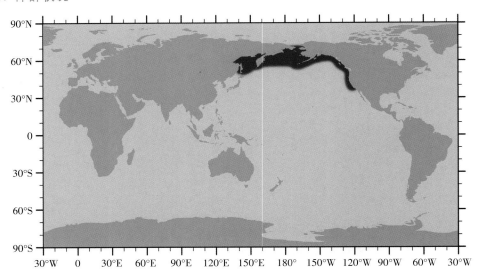

北海狮分布于北太平洋的寒温带海域。其分布范围从美国加利福尼亚州中部沿北美西海岸向北，向西经过阿拉斯加湾和阿留申群岛、堪察加半岛，向南一直延伸到日本北部和日本海一带。在鄂霍次克海、白令海和北白令海峡也有发现。

北海狮分西部北海狮（*E. j. jubatus*）和洛克林北海狮（*E. j. monteriensis*）两个亚种。西部北海狮生活在西经144°区域，数量约78 000头。在1977—2007年，该亚种数量减少了大约69%，在阿拉斯加湾、阿留申群岛的西部以及俄罗斯海域，减幅甚至达到了81%。自2000年以来，该亚种以每年1.5%～2.0%速率缓慢上涨。

洛克林北海狮主要生活在西经144°沿北美海岸线向南至美国加利福尼亚州中部海域，该亚种数量从1979年以来以每年高于3%的速率增长，2011年时数量约65 000头。

4. 主要疾患与威胁

环境污染、栖息地破坏、与商业渔业的冲突等是北海狮面临的主要威胁。其他导致北海狮数量下降的因素包括非法猎捕、海洋石油天然气的勘探和采集、海洋废弃物缠绕等。另外有研究表明，自20世纪70年代中期开始，由于气候变化，导致北海狮的猎物多样性减少，狭鳕等低能量的鱼类在其食物组成中占有极高的比例。这可能会导致北海狮健康状况下降，从而降低怀孕率和增加对疾病的易感性。

疫病方面有资料显示，海狮科动物易感染杆状病毒科水疱病毒属的猪疱疹病毒和圣米吉尔海狮病毒，以及多杀性巴氏杆菌。

5. 物种保护

列入世界自然保护联盟（IUCN）《2013年濒危物种红色名录》ver 3.1——近危（NT）；

列入中国《国家重点保护野生动物名录》：国家二级保护动物；

列入《中国物种红色名录》：濒危（EN）。

2.1.11 加州海狮

别名：海驴

英文名：Californian Sea Lion

学名：*Zalophus californianus*

分类：食肉目 Carnivora 鳍足亚目 Pinnipedia 海狮科 Otariidae 加州海狮属 *Zalophus* 加州海狮种 *Z. californianus*

1. 形态特征

加州海狮在大小、体形以及体色方面都有显著的两性差异。成年雄性的体长和体重分别能够达到雌性的 1.2 倍和 3～4 倍。成年雄性最大体长 2.4 米，体重 390 千克，成年雌性最大体长 2 米，体重 110 千克。

加州海狮身体细长，口鼻部长而窄，雄性的颈部、胸部和肩部都比较强壮，头部呈半球形，前额较高，颈部具鬃毛。雄性体色通常为深褐色，雌性及未成年个体为黄褐色或棕色，在蜕皮后可能在短期内呈浅灰色或银色。

2. 生活习性

加州海狮主要栖息在大陆架和大陆坡海域，也常进入海湾、港口、河口水域。在瓜达卢佩岛等远离大陆的岛屿也有分布。食物范围广泛，包括鳕、鲭、鲱等鱼类和鱿鱼、章鱼等头足类。通常觅食潜水深度不超过 80 米，时长不超过 3 分钟，最深可潜至 274 米，时长接近 10 分钟。有些加州海狮甚至会沿河流而上，猎食溯河洄游产卵的鱼类。

加州海狮寿命最长雄性 19 岁，雌性 25 岁，性成熟年龄均为 4～5 岁。每年 5～7 月为繁殖季节，高度一夫多妻制。雄性会在陆地上和岸边浅滩建立繁殖领地。雌性群体会在多个雄性的领地间移动以选择配偶，通常不会选择有攻击性或精力过分旺盛的雄性。妊娠期约 11 个月，包括约 2 个月的延迟着床期，初生幼仔体长约 80 厘米，体重 6～9 千克，哺乳期通常为 12 个月，但个别幼仔在 2～3 岁时才断奶。

　　3. 种群状况

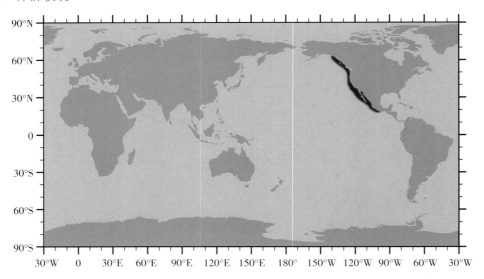

　　加州海狮分布在美国阿拉斯加州东南部到墨西哥中部的北美西海岸，现存约 35.5 万头。其中，在美国加利福尼亚州沿海约有 23.8 万头，在墨西哥加利福尼亚半岛西岸有 7.5 万～8.7 万头，加利福尼亚湾有近 3 万头。美国于 1972 年颁布了《海洋哺乳动物保护法案》，墨西哥也有类似法律对加州海狮予以保护，在加州海狮的沿海和近海岛屿栖息地，旅游业也受到有效管控。

　　4. 主要威胁与疾患

　　在 19 和 20 世纪早期，加州海狮曾遭受严重的捕猎。目前其种群数量稳定，分布广泛，并且受到法律保护，面临的主要威胁来自于与渔业的冲突、偷猎、与废弃渔网等海洋废弃物纠缠致死等。此外，大量城市和农业污水的排放，使得加州海狮体内积累有大量滴滴涕和多氯联苯等污染物，较高水平的污染物可能会对其免疫系统和整体健康造成影响。

　　1970 年，一种细螺旋体病（leptospirosis）在加州海狮种群中传染蔓延。该病是有记录以来第一种在海洋哺乳动物中广泛传播的疾病。

　　此外，有资料显示，海狮科动物易感染杆状病毒科水疱病毒属的猪疱疹病毒和圣米吉尔海狮病毒，以及多杀性巴氏杆菌。另外，该海狮还容易罹患肉孢子虫病和鳍足动物肺线虫病。

　　加州海狮经常因互相打斗而产生外伤，人工养殖条件下，食物或饮水的不洁，会导致加州海狮患胃肠炎。加州海狮也会患有眼疾，白内障、角膜白翳等会使其视力下降或失明。

　　5. 物种保护

　　列入世界自然保护联盟（IUCN）《2013 年濒危物种红色名录》ver 3.1——无危（LC）；

列入中国《国家重点保护野生动物名录》：国家二级保护动物。

2.1.12 南美海狮

别名：南海狮

英文名：South American Sea Lion、Southern Sea Lion

学名：*Otaria flavescens*

分类：食肉目 Carnivora 鳍足亚目 Pinnipedia 海狮科 Otariidae 海狮亚科 Otariinae 南美海狮属 Otaria 南美海狮种 *O. flavescens*

1. 形态特征

南美海狮体形敦实厚重，体色呈橙色或深褐色，口鼻部宽阔上翻。成年雄性头部大而重，肩部宽阔，头颈部有发达的鬃毛，是所有海狮亚科中最像狮子的一种。

南美海狮两性体形差异明显，成年雄性体长可达 2.6 米，体重 300～350 千克，成年雌性体长可达 2 米，体重 144 千克。

2. 生活习性

南美海狮主要在大陆架和大陆坡海域活动，很少进入更深的水域。在海上通常单独活动，偶尔会组成小群体。南美海狮食物范围广阔，主要以底栖和中上层鱼类，以及头足类动物、甲壳类等无脊椎动物为食，甚至会协作捕食鸟类及小型鲸类。成年雄性南美海狮经常会捕食南美海狗和多种企鹅。在马尔维纳斯群岛，有报道称南美海狮捕食未成年的南象海豹。哺乳期的雌性平均觅食深度 61 米，持续 3 分钟，最深可潜至 175 米，持续 7.7 分钟。雄性的具体潜水深度不详，但其 90% 的潜水深度都在 50～100 米。

南美海狮寿命约 20 年，性成熟年龄雌性 3～4 岁，雄性 5 岁。繁殖季节随繁殖地和纬度不同而变化，南部地区较早。在 12 月中旬，大部分繁殖地就开始有南美海狮返回，雌性海狮在 1 月末开始大量返回。其婚配制度为高度一夫多妻制。雄性在繁殖季节除会争夺有利地形建立并捍卫繁殖领地外，还会积极地识别、守卫和控制发情的雌性，通过推搡、拖拉等方式把它们控制在自己的繁殖领地内。

怀孕的雌性在抵达繁殖地 2～3 天后分娩，每次产 1 胎，初生幼仔体长 75～85 厘米，体重 11～15 千克，背部呈黑色，腹部灰白色，并常带有灰橙色色调。分娩 6 天后，雌海狮开始发情并再次交配，交配后 2～3 天开始下海觅食。每次觅食时间取决于食物丰富程度，通常在 1～4 天。两次觅食之间通常间隔 2 天。其妊娠期一般为 12 个月，哺乳期 8～10 个月。

3. 种群状况

南美海狮现存数量约超过 25 万头，主要分布于南美洲秘鲁北部至阿根廷的太平洋，由阿根廷向北至巴西南部的大西洋沿岸及沿海岛屿上，几乎呈连续分布状态。其中在秘鲁约有 6 万；智利有 9 万～10 万；阿根廷沿岸约有 10 万，马尔维纳斯群岛约有 0.6 万；在乌拉圭约有 1.2 万。

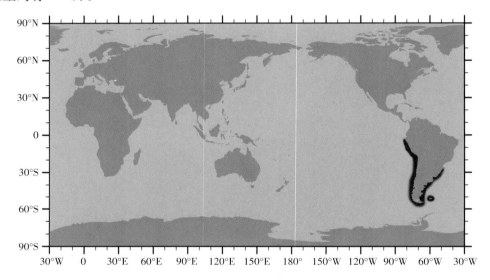

目前，南美海狮在阿根廷巴塔哥尼亚北部沿岸每年约以 5.7% 的速率增长，而巴塔哥尼亚南部族群的数量仅为 20 世纪 40 年代数量的 14.5%。但在乌拉圭和智利的数量分别以每年 4% 和 16% 的速率下降。秘鲁的族群容易受到厄尔尼诺现象影响，在 1997—1998 年，受该现象影响，秘鲁的南美海狮从 14.4 万头骤降至 2.8 万头，至 2004 年恢复至 6 万头。但近年来强度更大、频率更高的厄尔尼诺现象，将使脆弱的秘鲁族群的处境更加雪上加霜。

4. 主要威胁与疾患

南美当地居民捕猎南美海狮已有上千年的历史，欧洲人自 16 世纪也开始捕猎南美海狮，以获取食物、油脂和皮毛。在过去的几百年中，由于沿海地区迅速被开发利用，造成南美海狮的栖息地大量丧失，加上无节制的商业捕猎，导致南美海狮数量大幅下降。

长期以来，南美海狮和以鳕、凤尾鱼、鱿鱼等为目标的大规模商业化渔业之间一直存在冲突，其作为副渔获物的死亡率一直处于较高水平。如在南大西洋西南沿海高强度的拖网渔业，导致马尔维纳斯群岛南美海狮的种群数量严重下降，从 20 世纪 60～80 年代，该群岛的南美海狮数量从 3 万头降至 1.5 万头，到 90 年代仅剩 3 000 余头。

疫病方面，有资料显示，海狮科动物易感染杆状病毒科水疱病毒属的猪疱疹病毒和圣米吉尔海狮病毒，以及多杀性巴氏杆菌。在人工饲养环境下，南美海狮经常因为互相打斗而发生外伤；有时也会患急性胃肠炎，导致腹泻和不思饮食；由于人工饲养的海水质量无法保证，南美海狮还容易患有眼疾，主要包括白内障和角膜白翳等；有专业人士在人工饲养和野生的南美海狮身上发现其因感染痘病毒而引起不同程度的皮肤损伤。

5. 物种保护

列入世界自然保护联盟（IUCN）《2013 年濒危物种红色名录》ver 3.1——无危（LC）；

列入《保护野生动物迁徙物种公约》（CMS）附录Ⅱ；

列入中国《国家重点保护野生动物名录》：国家二级保护动物。

2.1.13　澳大利亚海狮

别名：澳洲海狮

英文名：Australian Sea Lion、Australian Sealion

学名：*Neophoca cinerea*

分类：食肉目 Carnivora 鳍足亚目 pinnipedia 海狮科 Otariidae 海狮亚科 Otariinae 澳大利亚海狮属 *Neophoca* 澳大利亚海狮种 *N. cinerea*

1. 形态特征

澳大利亚海狮两性体形差异明显。雄性体长可达到雌性的 1.25 倍，体重是雌性的 2.5～3.5 倍。成年雄性体长可达 2.5 米以上，重达 200～300 千克。雌性体长 1.3～1.8 米，体重 61～105 千克。

2. 生活习性

澳大利亚海狮主要以浅水区的底栖动物为食，也会捕食鱼类、头足类、甲壳类等动物，偶尔会捕食海鸟、企鹅和小海龟。一般在白天觅食，平均潜水深度 41～83 米，持续时间 2～4 分钟。澳大利亚海狮有高度的恋出生地习性，一生中大部分时间都在出生地附近海域度过。

澳大利亚海狮最长寿命雌性 26 岁、雄性 21.5 岁，性成熟年龄雌性 4.5～6.0 岁、雄性 6 岁。雌性通常在 11 岁时开始生育。其繁殖周期在所有鳍足类动物中是最长的，妊娠期长达 17～18 个月，其中包括 4～6 个月的延迟着床期。此外，在同一个繁殖区域，雌性的生育时间也不完全同步，可能会持续 5～7 个月。即使是邻近的繁殖地，也可能有着完全不同繁殖时间表。

其婚配制度为一夫多妻制，成年雄性在繁殖季节建立繁殖领地，与领地内的多个雌性交配，在饥饿难耐时才下海觅食，在返回繁殖地之后，再重新建立繁殖领地。怀孕的雌性每次产 1 胎，初生幼仔体长 0.6～0.7 米，体重 6.4～7.9 千克。哺乳期 15～18 个月，个别雌性会照顾它的幼仔长达 3 年时间。

3. 种群状况

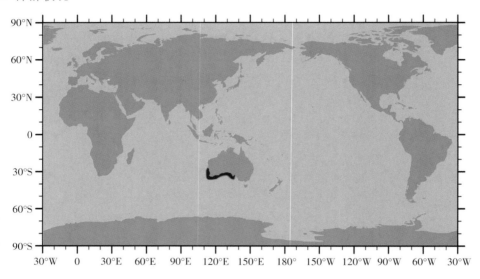

据推算，目前澳大利亚海狮的种群数量约有 13 790 头，主要分布在澳大利亚西南海岸，尤其是坎加鲁岛东部到西澳大利亚的豪特曼群礁的西部，偶尔可到达东澳大利亚，向北最远可至新南威尔士的中部。澳大利亚海狮的繁殖集中在几大主要区域，其中在 5 个繁殖地点的幼仔出生量大约占全部幼仔出生量的 60%。

澳大利亚原住民猎捕澳大利亚海狮已经有上千年历史。17 世纪和 18 世纪，欧洲殖民者的大量猎捕使该种群数量急剧下降，并导致在巴斯海峡和塔斯马尼亚岛上绝迹。1972 年，澳大利亚签署《国家公园和野生动物法案》，开始禁止捕猎澳大利亚海狮。在海狮聚居区的旅游活动也受到管控，以减少在繁殖季节对他们的干扰。尽管人类采取的一些保护措施，但是其种群数量仍没有完全恢复和达到此前的水平。

4. 主要威胁与疾患

虽然澳大利亚海狮受法律保护，但是其种群发展同渔业的冲突依旧存在。澳大利亚海狮被缠绕在废弃或遗失的钓鱼用具和海洋废弃物的比例很高，大约占种群数量的 0.2%～1.3%，尤其是在海洋底层设置的商业捕鲨刺网对澳大利亚海狮的威胁最大。有报告指出，尽管商业捕鲨刺网捕获海狮作为渔获副产品的比例很低，但这种渔业方式仍然是导致澳大利亚海狮濒临灭绝的最重要风险因素之一。

海狮旅游产业的兴起，对海狮的繁衍也构成了威胁，频繁的干扰可能会迫使澳大利亚海狮放弃原有的聚居地。

在疫病方面，有资料显示海狮科动物易感染杆状病毒科水疱病毒属的猪疱疹病毒和圣米吉尔海狮病毒，以及多杀性巴氏杆菌。

5. 物种保护

列入世界自然保护联盟（IUCN）《2013 年濒危物种红色名录》ver 3.1——濒危（EN）；

列入中国《国家重点保护野生动物名录》：国家二级保护动物。

2.1.14　新西兰海狮

别名：胡氏海狮

英文名：New Zealand Sea Lion、New Zealand Sealion，Hooker's Sea Lion、Hooker's Sealion

学名：*Phocarctos hookeri*

分类：食肉目 Carnivora 鳍足亚目 Pinnipedia 海狮科 Otariidae 海狮亚科 Otariinae 新西兰海狮属 *Phocarctos* 新西兰海狮种 *P. hookeri*

1. 形态特征

新西兰海狮成年雄性体色为暗褐色，颈部和肩部有黑色的鬃毛，体长和体重可达雌性的 1.2～1.5 倍和 3～4 倍，一般体长 2.3～2.7 米，体重 320～450 千克。成年雌性体色为灰色或浅黄色，腹部为灰白色。一般体长 1.8～2.0 米，体重 90～165 千克。

2. 生活习性

新西兰海狮主要以底层和中上层鱼类、头足类、甲壳类和其他无脊椎动物为食，成年雄性新西兰海狮还会捕食新西兰海狗、企鹅等，甚至会同类相食。新西兰海狮是海狮科所有动物中潜得最深和最久的，平均潜水深度 129 米，持续 3.9 分钟，最深可潜至 600 米，持续 14.5 分钟。

新西兰海狮最大寿命雌性为 26 岁，雄性为 23 岁，性成熟年龄雌性 3～4 岁，雄性 5 岁。其婚配制度为高度一夫多妻制，在繁殖季节，雄性可能会与多达 25 头雌性交配。每年 11 月下旬，成年雄性新西兰海狮先于雌性返回繁殖地建立繁殖领地。雌性则于 12 月初返回繁殖地，返回 2 天后分娩，每次产 1 胎，初生幼仔体长 0.7～1.0 米，体重 8～10 千克。哺乳期最长 10 个月，少部分母海狮会容许别的幼仔和自己的幼仔一起哺乳，这在鳍足类动物中是非常罕见的。

雌性通常在分娩后 7～10 天再次交配，妊娠期 12 个月，其中包括 3 个月的延迟着床期。

3. 种群状况

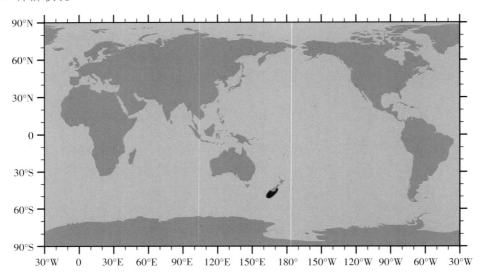

新西兰海狮是世界上最稀有也最濒危的海狮之一，现存数量仅约 1.18 万头。其分布范围极其狭窄，仅分布在南纬 48°～53°的新西兰亚南极群岛上，主要在奥克兰群岛上繁殖，一少部分在坎贝尔岛繁殖，斯图尔特岛和南岛东南沿海也偶有繁殖。有调查显示，在过去的 10 年中，其幼仔的出生量下降了 30%。

4. 主要威胁与疾患

新西兰海狮曾经数量巨多，广泛分布在包括新西兰北岛和南岛在内的众多岛屿上。继波利尼西亚人（也称毛利人）在新西兰登陆，开始猎杀新西兰海狮之后，欧洲人于 19 世纪早期开始大肆捕猎新西兰海狮，导致奥克兰群岛种群数量严重下降。对新西兰海狮捕猎行为，直到 20 世纪中期才停止。

新西兰海狮分布范围狭窄、种群数量少、繁殖地集中的特点使得该物种更容易受到疾病暴发、环境变化和人类活动的威胁。

除作为副渔获物致死外，商业化渔业也可能会对新西兰海狮的食物来源造成影响。此外，旅游业的发展可能会对该物种的繁殖行为造成影响。

在 1998 年、2002 年、2003 年先后 3 次暴发严重的新西兰海狮传染性疾病，分别导致奥克兰群岛上超过 50%、33% 和 21% 的初生幼仔以及未知数量的其他年龄段海狮死亡。

2002 年和 2003 年的疾病暴发，经鉴定是由肺炎杆菌（*Klebsiella pneumoniae*）引起的。但是，1998 年暴发疾病的疑似病原体和暴发原因仍是未知数。此外，海狮科动物还易感染杆状病毒科水疱病毒属的猪疱疹病毒和圣米吉尔海狮病毒，以及多杀性巴氏杆菌。

5. 物种保护

列入世界自然保护联盟（IUCN）《2013 年濒危物种红色名录》ver 3.1——易危（VU）；

列入中国《国家重点保护野生动物名录》：国家二级保护动物。

2.2 海豹科

2.2.1 夏威夷僧海豹

英文名：Hawaiian Monk Seal

学名：*Monachus schauinslandi*

分类：食肉目 Carnivora 鳍足亚目 Pinnipedia 海豹科 Phocidae 僧海豹亚科 Monachinae 僧海豹属 *Monachus* 夏威夷僧海豹种 *M. schauinslandi*

1. 形态特征

夏威夷僧海豹是僧海豹属 3 种僧海豹之一，成年僧海豹头部很圆，长有细密的短毛，看起来很像僧人的头，因此得名。夏威夷僧海豹额部高而圆突，没有外耳，吻部短宽，周围有稀疏笔直而柔软的触须，体色为黑棕色或栗色，背侧毛发较深，腹面稍淡，没有斑纹。幼仔出生时长有黑色软毛，哺乳期结束时脱落。成年夏威夷僧海豹体长 2.1～2.4 米，重 170～240 千克，雌性体形较雄性稍大。

2. 生活习性

夏威夷僧海豹喜欢独居，即便它们聚集在陆地上通常也不合群，只有母子间和刚断奶的小海豹间会有身体接触。它们通常夜间在 75～90 米深的珊瑚礁斜坡捕食，能潜水数十分钟，最深下潜约 500 米，以鳗、比目鱼、裸胸鳝、章鱼、龙虾等为食。通常情况下，其活动区域靠近出生岛屿，仅有少部分的僧海豹会移居他岛，但也不会做大范围洄游。

夏威夷僧海豹最大年龄 25～30 岁，性成熟年龄 5～10 岁。繁殖场在夏威夷群岛的背风列岛上，交配期开始于 3 月，4～5 月为高峰期，8 月结束，每年交配一次，妊娠期约 11 个月，其中包含 3 个月的延迟着床期。每次产 1 胎，幼仔出生时体长约 1 米，重 16～18 千克，哺乳期 5～6 周，断奶体重达 50～100 千克。断奶时，雌兽会突然放弃幼崽返回大海，等待 3～4 周后再次进入交配期。

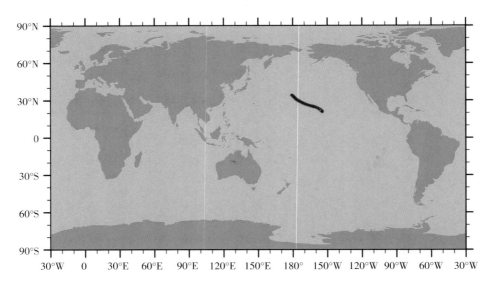

3. 种群状况

夏威夷僧海豹仅分布于太平洋中东部的夏威夷群岛，主要有 6 个种群聚集点，包括夏威夷岛西北部的库雷环礁岛、中途岛、珍珠港爱马仕礁、丽莎斯科岛、莱桑岛以及法属护卫舰浅滩。

2008 年的统计显示，夏威夷僧海豹已不足 1 200 只，且在以每年 4% 的速度下降。

4. 主要疾患与威胁

由于该物种濒危且无人工养殖繁育经验，关于僧海豹的疾患研究较少，但对海豹科动物的研究表明，它们是流感病毒、犬瘟热病毒等多种病毒的易感动物，此外，也较易罹患肺线虫病等寄生虫病。

过去，人类曾捕猎夏威夷僧海豹获取肉、毛皮和油脂，目前已禁止猎杀，但人类在这些岛屿和环礁上的活动，特别是二战期间军事设施的兴建曾导致夏威夷僧海豹被迫离开首选栖息地迁往他处。目前，夏威夷僧海豹栖息地受到了严格的保护，除个别哨所、保护站外，其余人工设施已远离其主要栖息地。其受到的主要威胁有：渔业资源的减少导致其食物的短缺；部分个体尤其是幼仔受到鲨鱼攻击而死亡；人类活动对海域造成的污染，包括机械碎片、残余渔网等也会对其造成伤害。

5. 物种保护

列入《濒危绝种野生动植物国际贸易公约》（CITES）附录Ⅰ；

列入世界自然保护联盟（IUCN）《2013 年濒危物种红色名录》ver 3.1——极危（CR）；

列入中国《国家重点保护野生动物名录》：国家二级保护动物。

2.2.2　地中海僧海豹

英文名：Mediterranean Monk Seal

学名：*Monachus monachus*

分类：食肉目 Carnivora 鳍足亚目 Pinnipedia 海豹科 Phocidae 僧海豹亚科 Monachinae 僧海豹属 *Monachus* 地中海僧海豹种 *M. monachus*

1. 形态特征

地中海僧海豹是僧海豹属 3 种僧海豹之一，是世上第二稀有的鳍足类，也是最濒危的哺乳动物之一。在 3 种僧海豹当中，地中海僧海豹体形最大，平均体长约 2.3 米，重 250～300 千克，最大可达 400 千克。

雄性海豹的背部为深黑色，腹部颜色变淡呈白斑状。雌海豹背部呈褐色至深灰色，个体间体色变化较大，有的大部深色白斑较小，有的腹面白斑较大，白斑的形状可以用来分辨不同的僧海豹。幼仔出生时有黑色绒毛，4～6 周后脱落。它们的鼻端短而扁平，鳍足相对较短，爪细小，有两对可伸缩的乳头。

2. 生活习性

地中海僧海豹喜欢热带温暖的海水，身体外表平滑，几乎成流线形，非常适合在水中快速游泳和潜水，到了陆地上动作就显得十分笨拙，只能缓慢的匍匐爬行。通常夜间活动，主食鱼类及软体动物，尤其是章鱼、乌贼及鳗等，也会猎食底栖动物，一般潜入水深 50～75 米的地方觅食，持续时间 15 分钟，最深可达 500 米，曾有报道它们会掀起海底的石头寻找猎物。

地中海僧海豹寿命 20～25 岁，性成熟年龄约 4 岁，人类目前对其繁殖细节所知甚少。科学家研究认为其婚配制度是一夫多妻制，交配高峰期在 10～11 月，妊娠期约 1 年，每次产 1 胎。哺乳期大约 4 个月，断奶后幼仔会在雌兽身边最长 3 年左右。地中海僧海豹的栖息地在近年不断变化，20 世纪前它们会在海滩上聚集及生育，但到了近年，它们只利用海中洞穴繁殖，而这些洞穴往往是位于人类不能到达的地方。科学家证实这是受到人口增长、观光及工业发展造成栖息地破坏所造成，值得关注的是，这些洞穴由于经常遭遇风暴潮而造成幼海豹死亡。幼海豹出生后两个月的存活率不超过 50%，大部分在出生后两周内死亡。于 9 月至翌年 1 月出生的幼海豹存活率只有 29%。

3. 种群状况

据估计，地中海僧海豹种群数量仅为 350～450 头，主要分布于爱奥尼亚海、爱琴海和土耳其南部地中海地区，在西撒哈拉及毛里塔尼亚海岸有少量分散的群体。历史上地中海僧海豹曾遍布地中海、黑海和非洲西北海岸，由于商业猎捕及栖息环境的改变，导致其种群数量大幅下降，目前，地中海僧海豹虽受到了严格的保护，但仍处于极危状态。

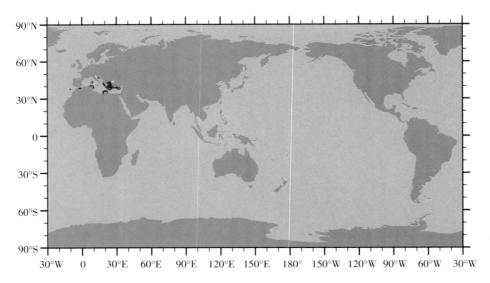

4. 主要威胁与疾患

历史上，人类曾大规模捕杀地中海僧海豹获取皮毛和肉，也曾因其经常破坏渔网影响商业捕鱼而遭到人类的捕杀，目前，尽管受到了严格的保护，但是由于栖息地的破坏、食物的匮乏、航运的发展、养殖业以及非法捕鱼活动等都对其造成不利影响，导致其种群规模不断减少。同时由于种群较为分散，无形中增加了保护的难度。此外，DNA 研究表明，种群数量少、近亲繁殖导致地中海僧海豹的遗传变异非常低，对环境变化的适应能力较弱，这也是造成其极危状况的重要原因之一。

由于物种濒危且无人工养殖繁育经验，关于僧海豹的疾患研究较少。1997 年曾在死亡的地中海僧海豹中分离出麻疹病毒，据认为与 1991 年造成大量地中海条纹海豚死亡的海豚麻疹病毒类似。此外，海豹科动物也是犬瘟热病毒的易感动物，在地中海僧海豹幼崽活体中曾分离出此种病毒，因此，在爱琴海沿岸国家的流浪狗中大约有 9% 携带病毒，据认为会对地中海僧海豹产生威胁。

5. 物种保护

列入《濒危绝种野生动植物国际贸易公约》（CITES）附录Ⅰ；

列入世界自然保护联盟（IUCN）《2013 年濒危物种红色名录》ver 3.1——极危（CR）；

列入《保护野生动物迁徙物种公约》（CMS）附录Ⅰ、附录Ⅱ；

列入中国《国家重点保护野生动物名录》：国家二级保护动物。

2.2.3　加勒比僧海豹（已灭绝）

别名：西印度僧海豹

英文名：Caribbean Monk Seal、West Indian Seal，West Indian Monk Seal

学名：*Monachus tropicalis*

分类：食肉目 Carnivora 鳍足亚目 Pinnipedia 海豹科 Phocidae 僧海豹亚科 Monachinae 僧海豹属 *Monachus* 加勒比僧海豹种 *M. tropicalis*

1. 形态特征

加勒比僧海豹的形态特征与夏威夷僧海豹和地中海僧海豹相似，体形与夏威夷僧海豹相仿，体长约 2.1 米，体重约 200 千克，背部体色为褐色，腹部颜色变浅至黄白色，由于该物种已经灭绝，缺乏详实资料。

2. 生活习性

加勒比僧海豹大部分时间生活在海洋中，以岩石或沙质海岸和岛屿作为繁殖区，食物包括鳗、虾、章鱼和其他的珊瑚礁鱼类。像其他海豹一样，加勒比僧海豹在陆地行动迟缓，其对人类缺乏警惕的天性也促成了它的灭亡。由于已经灭绝，对于加勒比僧海豹的其他生活习性、繁殖行为及寿命等目前所知甚少。

3. 种群状况

加勒比僧海豹曾经广泛分布在加勒比海。最早发现加勒比僧海豹的记录是在 1494 年哥伦布第二次航海期间，哥伦布将加勒比僧海豹描述为"海狼"，并猎杀 8 只加勒比僧海豹作为食物。16 世纪后，由于食物短缺，人类先后进入加勒比僧海豹常年栖息的岛屿捕杀海豹来充饥，僧海豹宁静的生活被人类彻底打破。后来伴随人们发现小海豹厚密的乳毛可以制成上好皮毛制品，海豹油是一种非常好的油料，僧海豹成为人们贪婪的猎杀对象，加上科技进步而提升的捕杀能力，僧海豹遭受到的劫难越来越重，数量一天天减少。1952 年，有人报告在牙买加和墨西哥尤卡坦半岛之间看到一只加勒比僧海豹，经证实这是人类最后一次看到这种濒危物种的身影。

1967 年，加勒比僧海豹首次被列为濒危物种。2008 年，美国国家海洋和大气管理局渔业部证实了此前一些生物学家的论断——加勒比僧海豹已经灭绝。

4. 主要疾患与威胁

由于持续处于濒危状态以致灭绝多年，人类对加勒比僧海豹的研究较少。对海豹科动物的研究表明，它们是流感病毒、犬瘟热病毒等病毒的易感动物，此外，也较易罹患肺线虫病等寄生虫病。

5. 物种保护

列入《濒危绝种野生动植物国际贸易公约》（CITES）附录Ⅰ；

列入世界自然保护联盟（IUCN）《2013 年濒危物种红色名录》ver 3.1——绝灭（EX）；

列入中国《国家重点保护野生动物名录》：国家二级保护动物。

2.2.4　北象海豹

别名：北象形海豹

英文名：Northern Elephant Seal

学名：*Mirounga angustirostris*

分类：食肉目 Carnivora 鳍足亚目 Pinnipedia 海豹科 Phocidae 僧海豹亚科 Monachinae 象海豹属 *Mirounga* 北象海豹种 *M. angustirostris*

1. 形态特征

北象海豹的身体呈纺锤形，体形肥厚宽大，是世界上体形最大的海豹种类之一。两性体形差异很大，平均成年雄性体长是雌性的 1.5 倍，体重是雌性的 3～4 倍。成年雄性平均体长 3.85 米，体重 1 844 千克，最大体长 4.2 米，体重 2 500 千克；成年雌性平均体长 2.65 米，体重 488 千克，最大体长 2.82 米，710 千克。皮肤表面无毛，脱皮前呈黑色，脱皮后一般呈银色至深灰色渐变成黄褐色，成年雄性胸部有粉红色、白色及浅褐色的斑点。雄性的鼻子呈鸡冠状，随着身体生长不断增大，长可达 40 厘米，发怒或兴奋时可膨胀而似象鼻，其与同属的南象海豹因此得名，而雌性的口鼻较短，无此特征。

2. 生活习性

北象海豹食性很广，食物包括鱿鱼、章鱼、盲鳗、鼠鲨及其他小型鲨鱼等各种头足类和鱼类等。其一般日间活动，80%～90%的时间都是在水面下觅食，常潜至 300～800 米深的水域进行觅食，持续时间 20～30 分钟，最深可达 1 580 米，持续时间 77 分钟，是鳍足目动物中潜水深度纪录的保持者。

北象海豹在夏天会进行一次蜕皮，时间达 1 个月之久，此时它们会在海滩上保持体温，直至新的毛皮长成。12 月到翌年 1 月，北象海豹会回到陆上的栖息地交配，主要位于美国加利福尼亚州沿岸岛屿上的海滩，以及较偏远的大陆地方，这些地方可以提供保护，免受风暴及高浪的影响。这时种群通常是几十只，多可达数百只。

北象海豹最大年龄雄性 14 岁，雌性 21 岁。性成熟年龄雄性 7～9 岁，雌性 2 岁。北象海豹的婚配制度为高度一夫多妻制，雄性此时会有打斗的现象以争取交配权利，一只成功的雄性一生中可以与超过 500 头雌性交配，但大部分雄性却从未交配。雌性受孕后妊娠期约为 11 个月，每次产 1 胎，初生幼崽体长 1.25 米，重 30～40 千克，哺乳期约 4 周。

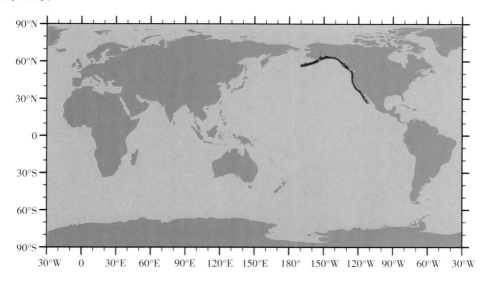

3. 种群状况

全世界北象海豹数量可能超过 10 万头，主要分布在北太平洋东部，北至美国阿拉斯加州，南至美国加利福尼亚州、墨西哥等地。17 世纪初，为获其脂肪，北象海豹被大量猎杀至灭绝的边缘，但幸运的是，北象海豹一生超过 80% 的时间都在远离大陆的海上，且个体间返回栖息地的时间差异较大，因而避免了整个物种的灭绝。自 20世纪初以来，美国、墨西哥等国开始立法保护北象海豹，目前，其种群已得到恢复与增长。

4. 主要疾患与威胁

近年来北象海豹的数量不断增长趋势，种群的聚集使暴发传染性疾病的风险增加，特别是麻疹病毒、犬瘟热病毒被认为是鳍足类动物的重要致死疾患风险之一。目前其受到的主要威胁包括渔业资源的减少，以及人工养殖、渔业捕捞、环境污染等人类活动的影响等。此外，由于此物种是从濒临灭绝的少量种群中得到恢复，据认为近亲繁殖导致遗传变异性较小，从而影响其对遗传性疾病和环境变化的抵抗能力。

5. 物种保护

列入世界自然保护联盟（IUCN）《2013 年濒危物种红色名录》ver 3.1——无危（LC）；

列入中国《国家重点保护野生动物名录》：国家二级保护动物。

2.2.5　南象海豹

别名：南象形海豹

英文名：Southern Elephant Seal、South Atlantic Elephant-seal、Southern Elephant-seal

学名：*Mirounga leonina*

分类：食肉目 Carnivora 鳍足亚目 Pinnipedia 海豹科 Phocidae 僧海豹亚科 Monachinae 象海豹属 *Mirounga* 南象海豹种 *M. leonina*

1. 形态特征

南象海豹是象海豹属的两种象海豹之一，主要分布在亚南极周围，因此被称为"南象海豹"。南象海豹不仅是世界上体形最大的鳍足目动物，也是迄今为止最大的食肉目动物，与北象海豹相比，南象海豹个头更大，雄性的长鼻更宽。

南象海豹成年雄性平均体长 4.8 米，体重 1 500～3 000 千克，最大体长 5.8 米，体重 3 700 千克；成年雌性平均体重 350～600 千克，最大体重 800 千克。其体形呈纺锤形，外相粗胖臃肿，但身体柔软，可向背后弯曲成 U 形。幼仔出生时为黑色，有浅层的皮毛，虽然不适用于游泳，但在南极的寒冷天气中可以起到防风保暖的作用，并在哺乳期结束后逐渐蜕去。随着年龄增长，每年进行一次蜕毛，体色会逐渐变浅，成体为银灰色或棕色。

2. 生活习性

除繁殖和换毛季节外，南象海豹的大部分时间都在远离大陆的海上，活动范围可达数百万平方千米。在海中通常在水下 300～500 米的地方觅食，有的甚至可下潜至 2 000 米的海底觅食，主要食物有鱿鱼、鱼类、甲壳动物和海鞘等。

南象海豹 90% 的雄性寿命不超过 10 岁，90% 的雌性寿命不超过 14 岁。性成熟年龄雄性 4 岁，雌性 3～5 岁。南象海豹繁殖季节为 8 月下旬到 11 月下旬，此时雄性海豹到达栖息地，相互之间会发生激烈的争斗，直到一方胜出获得交配权，在接下来的两个月时间内，胜出的雄性可与 100 头以上雌性海豹进行交配，是哺乳动物中一夫多妻制最为极端的例子。雌性在返回繁殖地后 5 天内分娩，每次生育一胎，哺乳期约为 3 周，之后会抛弃幼仔返回大海再次交配。幼仔初生体重 40 千克，断奶时达到 120～130 千克，在繁殖地独立生活 8～10 周才会下海生活。11 月到翌年 4 月，南象海豹会再次返回海滩进行蜕毛，持续时间 3～5 周。

3. 种群状况

目前，全球共有南象海豹约 65 万头，主要聚集在亚南极地区，可能偶尔会在南极洲上岸休息，甚至交配。按照生活区域，可将它们分成大西洋、印度洋和太平洋 3 个地理亚

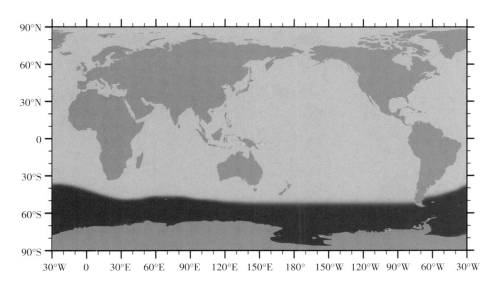

群，其中，最大的亚群在南大西洋，总计约40万头，分布于南乔治亚岛、阿根廷的马尔维纳斯群岛和瓦尔德斯半岛等地；第二大亚群在印度洋南部，总计约20万头，分布于凯尔盖朗群岛、克罗泽群岛、马里昂和爱德华王子岛以及赫德岛等地；第三大亚群约7.5万头，活动范围遍及太平洋亚南极海域的塔斯马尼亚和新西兰南部岛屿，主要是麦夸里岛等地。18世纪和19世纪由于攫取海豹油的利益驱使，大批南象海豹被猎杀，目前，猎杀海豹活动已叫停，其种群得到了恢复。

4. 主要疾患与威胁

目前对南象海豹疾患方面的研究甚少，但作为海豹家族的一员，通过对海豹科动物的研究表明，它们是流感病毒、犬瘟热病毒等病毒的易感动物，特别是繁殖地接近大陆地区时，可能受到野生陆地哺乳动物的传染。此外，也较易罹患肺线虫病等寄生虫病。由于南象海豹栖息海域远离人类密集区，目前可以预见的威胁主要来自渔业资源的过度捕捞对其攫取食物的影响。

5. 物种保护

列入《濒危绝种野生动植物国际贸易公约》（CITES）附录Ⅱ；

列入世界自然保护联盟（IUCN）《2013年濒危物种红色名录》ver 3.1——无危（LC）；

列入中国《国家重点保护野生动物名录》：国家二级保护动物。

2.2.6　罗斯海豹

别名：大眼海豹、罗氏海豹

英文名：Ross Seal、Big-eyed Seal、Singing Seal

学名：*Ommatophoca rossii*

分类：食肉目 Carnivora 鳍足亚目 Pinnipedia 海豹科 Phocidae 僧海豹亚科 Monachinae 大眼海豹属 *Ommatophoca* 罗斯海豹种 *O. rossii*

1. 形态特征

罗斯海豹是大眼海豹属的唯一物种，由于生活在南极周围人类难以到达的浮冰区，人类对罗斯海豹的研究甚少，直到 18 世纪人类才首次发现。罗斯海豹是南极地区 4 种海豹中体形最小的海豹，成年雄性罗斯海豹体长 1.68～2.09 米，体重 129～216 千克，雌性较雄性体形稍大，体长一般 1.96～2.50 米，体重 159～204 千克。成年背部为暗灰色至黑色，腹部为银色，从下颌到胸鳍有浅红色或棕色条纹。罗斯海豹头部较其他海豹品种显得较小，鼻子较短和宽，颈部短粗，头部能缩进去。

罗斯海豹最突出的特征是具有较大的眼睛，而深陷的眼窝使其特征更为突出，因此罗斯海豹又称为大眼海豹，其属名（*Ommatophoca*）来自希腊语，"Ommato" 意为 "眼"，"phoca" 意为 "海豹"。又因英国南极探险家詹姆斯·克拉克·罗斯于 1841 年首次描述，故又称其为罗氏海豹。

2. 生活习性

罗斯海豹通常独栖，主要以头足类为食，也捕食鱼类和磷虾，下潜深度通常为 100～200 米。在海洋中，罗斯海豹可能成为虎鲸或者豹海豹的猎物。

罗斯海豹最大年龄至少 20 岁，性成熟年龄雄性 2～7 岁，雌性 3～4 岁。雌性海豹一般在 11～12 月生产，每次产 1 胎，初生幼仔体长约 1 米，体重 16 千克，哺乳期约 4 周，断奶后会很快学会游泳下海。雌性罗斯海豹通常在幼仔断奶后不久再次交配，交配在水中进行，延迟着床期 2～3 个月，以便雌性补充营养以及蜕毛。罗斯海豹会发出很多种声音用于个体间交流、警告等，当有人靠近时，会张开大嘴发出一连串颤声，同时会露出牙齿，鼓起胸部，以示警告。在水中，会发出类似鸟叫声，可能与宣示领地有关。在陆上经常呈现一个姿势，头抬起，嘴朝上。正是由于这些行为，罗斯海豹经常被称为"唱歌的海豹"。

3. 种群状况

罗斯海豹现存数量有 10 万～30 万头，主要分布于南极周围人类难以到达的浮冰区。罗斯海豹属《南极海豹保护公约》和《关于环境保护的南极条约议定书》等国际协约保护动物，因没有进行商业开发的活动，目前还没有相关的特定保护措施。

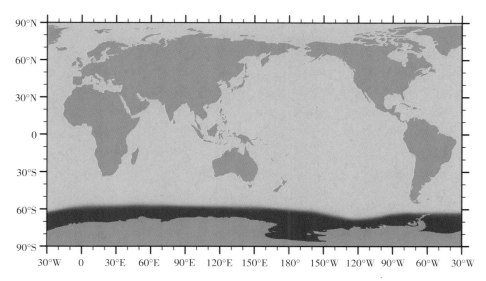

4. 主要疾患与威胁

据研究证明,南极海域 4 种海豹中,豹海豹和食蟹海豹呈现犬瘟热病毒抗体阳性,该病毒被认为与 1955 年食蟹海豹的大规模死亡事件有关,但尚无在罗斯海豹物种中进行相关的研究。目前,这一物种受到的最大威胁是全球气温变化的影响,随着气温的上升,可能造成浮冰的减少,对其栖息、繁殖造成威胁,但是气候变化造成的确切威胁目前尚不清楚。

5. 物种保护

列入世界自然保护联盟(IUCN)《2013 年濒危物种红色名录》ver 3.1——无危(LC);

列入中国《国家重点保护野生动物名录》:国家二级保护动物。

2.2.7 食蟹海豹

别名:锯齿海豹

英文名:Crabeater Seal

学名:*Lobodon carcinophagus*

分类:食肉目 Carnivora 鳍足亚目 Pinnipedia 海豹科 Phocidae 僧海豹亚科 Monachinae 食蟹海豹属 *Lobodon* 食蟹海豹种 *L. carcinophagus*

1. 形态特征

成年雄性食蟹海豹体长 2.0～2.4 米,重 200～300 千克,雌性较雄性略大。其头部短

平，口足部前凸呈类似猪拱状。刚出生的海豹身背软毛，为白色或灰棕色，胸部呈黄色，各鳍都是深色。成年海豹体色随一年的不同时间而变化，1～2月蜕毛后为深褐色，而后颜色逐渐变浅，到来年夏季前几乎成白色或亚麻色，体背和侧面常有大褐色斑。

食蟹海豹的主要特征是具有锯齿样的牙齿，上、下颌各有5枚颊齿，各齿的主尖头前有1个、后有3个齿冠尖头，其牙齿适于过滤食物，其属名（*Lobodon*）来自希腊语，意为"锯齿状牙齿"，因此也称"锯齿海豹"。

2. 生活习性

食蟹海豹种名（*carcinophagus*）意为"食蟹的"，这是因为人们以前曾错误地认为其主要捕食蟹类。食蟹海豹主要以南极磷虾为食，其独特的锯齿状牙齿适于捕食磷虾，磷虾占其食物组成的95%以上，也捕食头足类和鱼类。主要在夜间觅食，下潜深度通常为20～30米，最深可潜至430米，持续时间11分钟。通常独栖，大部分时间会独自捕食、活动，但也曾发现超过1 000头的种群聚集，尤其是在1～2月蜕毛期间。食蟹海豹在冰上行动迅速，其移动的步态与蛇相似，通过骨盆推动其前肢交替前进，是陆上移动最快的海豹之一。

食蟹海豹性成熟年龄3～6岁，雌性妊娠期约9个月，9～11月产仔，并在幼仔断奶后1～2周再次交配。食蟹海豹没有特定的繁殖地，怀孕雌性一般单独在浮冰上产仔，雄性会守候在一旁等待雌性再次发情交配。初生幼仔体长1.1米，体重20～40千克，哺乳期约4周，断奶后体重能达到100千克。由于受到豹海豹的猎食，幼年海豹死亡率高达80%。最大年龄及其他繁殖细节不详。

几乎所有的海豹都会在身上看到由于受到豹海豹攻击留下的长长的平行的伤疤。成年海豹在交配期也会进行争斗，在下颌、咽喉等部位留下一系列伤痕，雌性在交配期间背部也常会受到伤害。

3. 种群状况

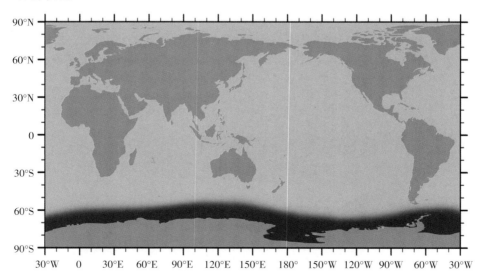

食蟹海豹主要分布于南极大陆周围浮冰区，有的也可在新西兰、澳大利亚、南非和南

美南端发现。据估计，食蟹海豹约有 1 500 万头，是迄今为止数量最多的鳍足类动物，也是世界上最丰富的大型海洋哺乳动物。

4. 主要疾患与威胁

犬瘟热病毒确定为海豹在南极的重要威胁，并可能造成大量死亡。1955 年，发生了大批食蟹海豹的集中死亡事件，数千只食蟹海豹在几个月内相继死亡，并经确认不是由于食物短缺造成。直到 20 世纪 80 年代的一项研究显示，食蟹海豹呈犬瘟热病毒抗体阳性，这可能是造成上述大规模死亡的原因，且疾病暴发的可能性会随着当前旅游业的崛起，以及气候变化的影响而增大。

过去食蟹海豹曾作为商业捕杀的对象，但因捕杀成本高、利用价值有限而逐步停止。但是，随着南极磷虾捕捞的大规模开发导致其食物缺乏，有可能对这一物种造成威胁。此外，气候变暖造成浮冰的逐年减少可能影响其生育环境，对食蟹海豹的生存造成威胁，但目前尚没有开展深入的研究。

5. 物种保护

列入世界自然保护联盟（IUCN）《2013 年濒危物种红色名录》ver 3.1——无危（LC）；

列入中国《国家重点保护野生动物名录》：国家二级保护动物。

2.2.8　豹海豹

别名：豹形海豹、豹斑海豹

英文名：Leopard Seal

学名：*Hydrurga leptonyx*

分类：食肉目 Carnivora 鳍足亚目 Pinnipedia 海豹科 Phocidae 僧海豹亚科 Monachinae 豹海豹属 *Hydrurga* 豹海豹种 *H. leptonyx*

1. 形态特征

豹海豹是豹海豹属的唯一的物种，是南极地区体形仅次于南象海豹的第二大海豹品种，成年雄性体长 2.8～3.3 米，体重 300 千克，成年雌性体形较雄性略大，体长 2.9～3.6 米，最长可达 3.8 米，体重 260～500 千克。其背部呈深灰色，腹部呈浅灰色，颈部白色有黑色斑点，形似豹纹而得名。身体修长而柔软，前肢发达，运动迅速。头大而细长，形似爬行类，颈部长，可向后弯曲。口裂较大，颚骨可以张开 160° 用以咬住大型猎物，而且拥有长而锋利的犬齿，用于捕食企鹅、其他海豹等大型动物，此外，豹海豹还有类似于食蟹海豹的臼齿，具有 3 个显著的结节，可互扣过滤，也可捕食磷虾。

2. 生活习性

豹海豹在南极处于食物链的顶端，虎鲸是它唯一的天敌。虽然体形硕大且在陆地上行动缓慢，但在水中豹海豹拥有海豹家族惯有的敏捷与迅速。豹海豹食物种类多样，主要随季节和当地猎物的贫富情况而变化。磷虾是其主要食物，占到 1/2 左右，较大的成年个体则捕食企鹅以及其他如食蟹海豹等较小种类的海豹，此外，鱼类、头足类甚至鲸类尸体都是它的食物，也曾有豹海豹攻击人类的记录。

豹海豹寿命估计超过 26 年，性成熟年龄约雌性 4 岁，雄性 4.5 岁。豹海豹通常独居生活，仅在交配季节组成小群。每年夏季是豹海豹的生育高峰期，雌性豹海豹妊娠期 9 个月，会挖一个冰洞并在其中分娩，每次产 1 胎，并在幼仔断奶时或其后不久再次交配。初生幼仔体长 1.0～1.6 米，体重 30～35 千克，哺乳期约 1 个月。母豹海豹会一直保护幼仔直到其能够独立生活。

经多年观测，豹海豹的生活区域相对固定，终年生活在南极浮冰区周围，一般不进行大范围的迁徙，年幼海豹可能会达到亚南极的浮冰区附近。

3. 种群状况

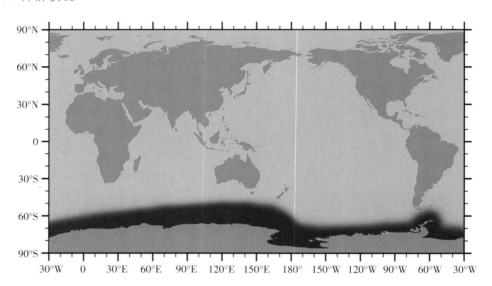

豹海豹遍布南极大陆边缘所有海域，有时也可在南美洲及大洋洲的最南端发现它们的踪迹。豹海豹种群数量较大，20 万～40 万头，目前受到《关于环境保护的南极条约议定书》《南极海豹保护公约》等国际条约的保护。

4. 主要疾患与威胁

海豹疾病，特别是犬瘟热病毒，已被确定为海豹在南极的威胁，并可能造成大量死亡。据研究证明，南极海域 4 种海豹中，豹海豹和食蟹海豹呈现犬瘟热病毒抗体阳性，该病毒被认为与 1955 年食蟹海豹的大规模死亡事件有关。但由于豹海豹一般为独居生活，因此疾病的传播可能处于较低水平。

目前，尚无证据证明人类活动对豹海豹的生存造成直接威胁。但据估计，随着南极磷虾捕捞的大规模开发导致南极食物链的短缺，有可能对这一物种造成威胁。此外，随着全球气温的上升，气候的变化也可能对南极生物造成不利影响。另外值得注意的是，南极和亚南极的季节性旅游业在过去 30 年稳步上升，并持续处于历史较高水平。船舶噪声、人类的过分靠近可能对豹海豹的分布和觅食造成干扰，并增加了豹海豹与船只相撞而受伤的风险。

5. 物种保护

列入世界自然保护联盟（IUCN）《2013 年濒危物种红色名录》ver 3.1——无危（LC）；

列入中国《国家重点保护野生动物名录》：国家二级保护动物。

2.2.9 韦德尔氏海豹

别名：威德尔氏海豹、威德尔海豹、威氏海豹

英文名：Weddell Seal

学名：*Leptonychotes weddellii*

分类：食肉目 Carnivora 鳍足亚目 Pinnipedia 海豹科 Phocidae 僧海豹亚科 Monachinae 韦德尔氏海豹属 *Leptonychotes* 韦德尔氏海豹种 *L. weddellii*

1. 形态特征

韦德尔氏海豹是生活在地球最南端的哺乳动物，其体长约 3 米，体重 400～500 千克，雌性体形略大于雄性，最大体长雄性 2.9 米，雌性 3.3 米。其身体呈纺锤形，头部较小，前鳍较短，口鼻短钝，鼻子和触须部位类似猫，嘴巴上翘，因此看上去呈现微笑模样。其背部呈灰黑色，腹部呈浅灰色，并分布有白色和黑色的斑块，在夏季，可能渐变为棕色，且随着年龄的增长，体色逐渐变暗淡。幼仔有柔软皮毛，为灰色或浅棕色，3～4 周逐渐变深。

2. 生活习性

韦德尔氏海豹的食物包括鱼类、头足类、虾类等，有时捕食企鹅和其他小型海豹。捕食时可潜到 600 米的深度，最长水下持续时间达 82 分钟。

韦德尔氏海豹通常独居，群体结构松散，但雌性在繁殖季节会聚集成群，数量可多达 100 只。韦德尔氏海豹寿命约 25 年。性成熟年龄雌性 3～6 岁，雄性 7～8 岁。繁殖期一般在 9～11 月，雄性在雌性进出海水的冰洞周围建立繁殖领地，在水中交配。韦德尔氏海豹是少数每胎能够生育 2 只幼仔的海豹之一，妊娠期约 11 个月，其中包括 2 个月的延迟着床期。初生幼仔体长 1.5 米，体重 25～30 千克，哺乳期 6～7 周，断奶时体重能达到约 100 千克。

韦德尔氏海豹是生活在地球最南端的海豹，且一年四季不进行迁徙，在寒冷的冬季，它们只能躲在冰层以下以躲避严寒与风暴，因此，韦德尔氏海豹维持呼吸的一种重要技能便是能够用牙齿凿透厚厚的冰层形成呼吸孔，且隔一定时间，必须重新啃食已经再次结冰的冰层，以保持冰洞始终成为它进出海洋、呼吸和进行活动的门户。也

正是由于这种原因，常导致牙齿过早磨损、退化而影响其寿命，本来可以活20年的海豹一般只能活8～10年，有的甚至只能活4～5年。韦德尔氏海豹用鲜血和生命换来的冰洞，也是海洋学家进行海洋生态环境研究的极好场所，海洋学家可利用这些冰洞采集海水样品，从而进行海洋化学和海洋生物学的研究，还可以把各种海洋学仪器放进冰洞，进行海洋物理学等学科的研究，因此，人们把韦德尔氏海豹称为打孔巨匠和海洋学家的有力助手。

韦德尔氏海豹交配季节会发出各种各样的声音，已经观测到至少34种不同的声音，可能与其择偶、警戒等行为相关，声音传播很远，甚至可以穿透冰层。

3. 种群状况

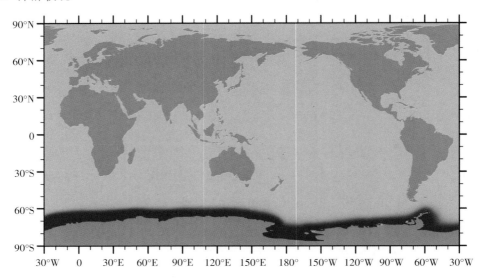

韦德尔氏海豹主要分布于南极周围，现存数量约80万头，除了受到《南极海豹保护公约》等国际条约的保护外，没有特殊保护措施。迄今为止，没有发现商业捕杀韦德尔氏海豹的记录。

4. 主要疾患与威胁

海豹疾病，特别是犬瘟热病毒，已被确定为海豹在南极的重要威胁，并可能造成大量死亡。据一项研究证明，南极海域海豹中，豹海豹和食蟹海豹呈现犬瘟热病毒抗体阳性，但韦德尔氏海豹体内尚没有发现抗体存在，不过疾病传染暴发的可能性会随着旅游业的崛起，以及气候变化的影响而增大。目前尚没有研究和证据表明气候变化及人类的捕捞活动对其生存造成直接威胁，但南极旅游业的不断升温，已被确定为影响韦德尔氏海豹生存特别是幼仔成长的潜在风险。

5. 物种保护

列入世界自然保护联盟（IUCN）《2013年濒危物种红色名录》ver 3.1——无危（LC）；

列入中国《国家重点保护野生动物名录》：国家二级保护动物。

2.2.10 髯海豹

别名：髭海豹、须海豹、胡子海豹

英文名：Bearded Seal

学名：*Erignathus barbatus*

分类：食肉目 Carnivora 鳍足亚目 Pinnipedia 海豹科 Phocidae 海豹亚科 Phocinae 髯海豹属 *Erignathus* 髯海豹种 *E. barbatus*

1. 形态特征

髯海豹是北极体形最大的海豹，成年体长 2.6～2.8 米，体重约 400 千克，雌雄个体体形相近。全身均为棕灰色或灰褐色，以背部中线附近的颜色最深，向腹面逐渐变淡，体表没有斑纹。头部的颜色略深，而且常有鲜明的小斑纹，脸部和颈部有时呈现红棕色。额部高而呈圆突状，吻部较宽，其突出的特征是吻部密生着 200 多根笔直粗硬的长须，最长的可达 14 厘米以上，并因此得名。

2. 生活习性

髯海豹主要以海洋中的底栖生物为食，包括虾、蟹、蛤蜊、乌贼、章鱼、海参以及鲆、鲽等底栖鱼类，觅食下潜深度平均为 100 米，最深可潜至 300 米。在北极，髯海豹会被北极熊以及虎鲸等动物捕食，其幼仔甚至会被海象捕食。一般独自生活，冬季活动于冰冷的海域，夏季则聚集在鱼类聚集的河口附近，经常移动栖息场所，在同一地点一般仅居留数天或数星期。

髯海豹寿命 25～30 年，性成熟年龄雌性 3～6 岁，雄性 6～7 岁。每年 5～7 月交配繁殖，行一夫多妻制，期间雄性不断的引吭高歌以博取异性青睐，妊娠期约 11 个月，其中包括两个月的延迟着床期，翌年 3～5 月在沙滩或浮冰上产仔，每次产 1 胎，初生幼仔体长约 1.3 米，体重约 34 千克，哺乳期 2～3 周，小海豹出生后不久即能游泳，到断奶时体重能达到 85 千克。

3. 种群状况

髯海豹主要栖息于北极圈附近包括白令海、阿拉斯加、阿留申群岛、格陵兰、纽芬兰、库页岛等地的寒带海域，冬季迁徙到北方单独生活，夏季洄游到低纬度海域，但不会跨越赤道到南半球。

髯海豹的总体数量比较稳定，但是，由于遭受虎鲸和北极熊捕食，以及其皮毛比其他海豹结实耐用而成为美国阿拉斯加州当地居民和爱斯基摩人猎杀的上选，导致这一种群每年损失 3 000～5 000 头。

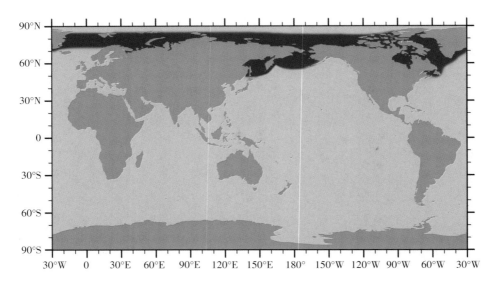

4. 主要疾患与威胁

对海豹科动物的研究表明，北极海豹是麻疹病毒、海豹瘟热病毒的易感动物。1997年的一项测试显示，在加拿大北极海域，竖琴海豹、冠海豹、环斑海豹呈现海豹瘟热病毒抗体阳性，竖琴海豹阳性比例甚至达到83%。尽管未在髯海豹体内发现抗体阳性，但由于生活在同一海域，且髯海豹经常进行远距离的洄游，髯海豹遭受传染性疾病的风险也随着增加。

全球气温的变暖对北极海豹造成的影响日益明显，最主要的影响是其栖息地的不断减少，且随着人类在北极活动的不断延伸，对此物种的潜在威胁不断加剧。

5. 物种保护

列入世界自然保护联盟（IUCN）《2013 年濒危物种红色名录》ver 3.1——无危（LC）；

列入中国《国家重点保护野生动物名录》：国家二级保护动物。

2.2.11　冠海豹

别名：囊鼻海豹

英文名：Hooded Seal

学名：*Cystophora cristata*

分类：食肉目 Carnivora 鳍足亚目 Pinnipedia 海豹科 Phocidae 海豹亚科 Phocinae 冠海豹属 *Cystophora* 冠海豹种 *C. cristata*

1. 形态特征

冠海豹两性体形差异明显，雄性平均体长 2.5 米，体重 300 千克，最大体重超过 400 千克，雌性较雄性略小，平均体长约 2.2 米，体重 160 千克，最大体重可达 300 千克。其体色为银灰色，具有深褐或黑色斑纹，突出特征是成年雄性冠海豹长着膨胀的头骨冠和鼻球，雄性冠海豹可以使这种气囊膨胀达到 17 厘米甚至更大的直径，宛如戴了一顶黑色的帽子，所以得名"冠海豹"。其鼻球经常通过左鼻孔中吹出，并呈现亮红色。年幼冠海豹的背部皮毛为灰蓝色，这是其主要特征，腹部则为奶白色，出生时体重约 20 千克。

2. 生活习性

冠海豹主食乌贼、鲑、章鱼、鲱、鳕等，其潜水深度通常为 100～600 米，潜水时长 5～25 分钟，最深可达 1 000 米，潜水时间达 1 小时左右，而年幼冠海豹主要捕食虾类等无脊椎动物。在北极浮冰区，冠海豹是北极熊的主要猎物之一。

冠海豹通常独居，仅在换毛和繁殖季节聚集成小群。相对于其他海豹，冠海豹的领地意识和攻击性更强。当雄性冠海豹感觉到威胁时，会从鼻孔中吹出鼻球，以恐吓对手。

冠海豹寿命 25～30 年，性成熟年龄雌性 3～6 岁，雄性 5～7 岁。繁殖季节一般在 3 月末，雌性在浮冰上生产，幼仔出生时已较为成熟，体长约 1 米，体重 24 千克。哺乳期仅 4 天，是所有哺乳动物中哺乳期最短的。冠海豹母乳中含有高达 60% 的脂肪，幼仔断奶时体重能达到 48 千克。在雌海豹哺乳期间，雄性冠海豹会守候在雌海豹及幼海豹周围，等待雌海豹再次发情。在短暂的哺乳期结束后，雌海豹抛弃幼仔返回大海，并再次交配，妊娠期 12 个月，其中包括 4 个月的延迟着床期。在交配后，雌海豹出海觅食，雄海豹则可能会另寻配偶。幼仔则依靠体内脂肪单独在浮冰上生活数天乃至几个星期，直至能够下水觅食。4 月繁殖期结束后，冠海豹会长距离迁徙觅食，并于 6～8 月回到栖息地蜕皮，蜕皮后，它们会在夏末及秋天出外觅食，并于冬末回到繁殖地。

3. 种群状况

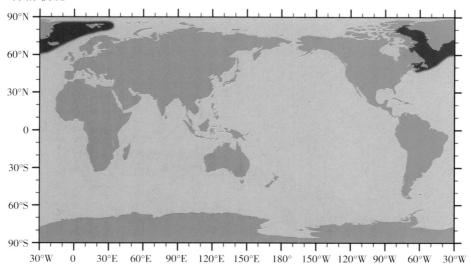

冠海豹主要分布于北极和亚北极区的北大西洋，主要有 4 个繁殖区，即圣劳伦斯湾、纽芬兰北部地区、戴维斯海峡和冰岛以西丹麦格陵兰岛以东地区。冠海豹随着浮冰迁徙，有时可迁徙至美国佛罗里达、葡萄牙甚至美国加利福尼亚。估计在大西洋西北部约有 59 万头，大西洋东北部数量较少，约 7 万头。

4. 主要疾患与威胁

丹麦格陵兰岛和加拿大已有数百年猎捕冠海豹的历史，但 19 世纪以来其商业猎捕急剧扩大。20 世纪 30 年代以前，其油脂和毛皮是人们获取的主要产品，二战后，年幼冠海豹背部蓝色毛皮受到市场欢迎，给冠海豹带来了更大的灾难。20 世纪中期以后开始受多项协议、条约和配额保护，目前大西洋西北区域种群已经得到稳定，但东北区域其种群数量仍在不明原因下降。

对海豹科动物的研究表明，北极海豹是麻疹病毒、海豹瘟热病毒的易感动物，一项针对北极海豹的检测结果显示，大约 18% 的冠海豹呈现海豹瘟热病毒抗体阳性，但尚未见病毒流行造成大规模死亡的报道。此外，海洋环境的不断恶化，渔业资源下降导致的食物短缺，以及气候变暖导致其生存依赖的浮冰不断减少，都可能会对冠海豹物种造成致命的威胁。

5. 物种保护

列入世界自然保护联盟（IUCN）《2013 年濒危物种红色名录》ver 3.1——易危（VU）；

列入中国《国家重点保护野生动物名录》：国家二级保护动物。

2.2.12 港海豹

英文名：Harbour Seal、Common Seal、Harbor Seal

学名：*Phoca vitulina*

分类：食肉目 Carnivora 鳍足亚目 Pinnipedia 海豹科 Phocidae 海豹亚科 Phocinae 港海豹属 *Phoca* 港海豹种 *P. vitulina*

1. 形态特征

成年雄性港海豹体长 1.8～2.0 米，重 70～150 千克，雌海豹体形较小，体长最大 1.7 米，体重 60～110 千克，但不同亚种及个体间差异明显。港海豹身体呈黑褐色至黄褐色或灰色，腹部颜色较浅，每一只都有独特的斑点或斑纹，雄性体色较雌性略深。身体及鳍都很短，头部相对大而圆。鼻孔呈 V 形，没有耳廓，眼睛后方有一条较大的耳道。

2. 生活习性

港海豹主要栖息在大陆架和大陆坡海域，也常进入海湾、河流、河口和潮间带水域。能够避风的港口经常发现它们活动，因此得名港海豹。喜群居，在繁殖和蜕毛季节，多聚集成群，有时群体数量可达1 000只以上。港海豹对自己的栖息地有很强的依赖感，即使到几十千米外海域捕食，也会回到栖息地休息。

港海豹的食物范围非常广泛，包括海水表层、中层到底层的各种鱼类、头足类和甲壳类动物。食物组成随族群、海域、季节性猎物的丰度而变化，但在特定时间和海域，通常以某一种猎物为主。觅食时可下潜至水深50米处，潜水10分钟以上，最深可潜至500米深处。

港海豹寿命雌性为30～35岁，雄性为20～25岁。性成熟年龄雌性3～5岁，雄性4～5岁。雌雄之间婚配制度无规律可循，雄性在水中用叫声吸引雌性前来交配。不同亚种和种群交配和繁殖时间不同，在低纬度的群落会于2月生产，在亚北极的则推迟至7月。雌海豹妊娠期为10.0～11.5个月，包括2个月以上的延迟着床期。每次产1胎，幼仔出生时已经发育良好，体长65～100厘米，体重8～12千克，很短时间内就能够游泳及潜水。分娩后1个月，雌海豹再次发情交配。

3. 种群状况

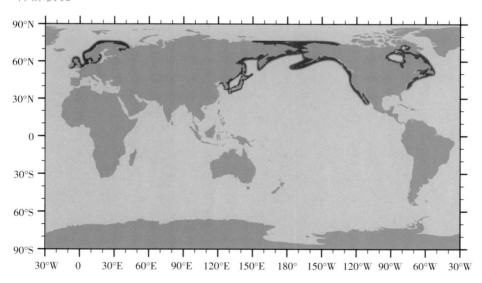

港海豹是分布范围最广的海豹之一，广泛分布在北半球从温带到北极的所有海域，现存35万～50万头。

港海豹分多个亚种，即：生活在北美洲东部的西大西洋港海豹（*P. v. concolor*）、加拿大东部淡水区的锡尔湖港海豹（*P. v. mellonae*）、北美洲西部东太港海豹（*P. v. richardsi*）、亚洲东部的千岛港海豹（*P. v. stejnegeri*）和欧洲及西亚的指名亚种（*P. v. vitulina*），其中，指名亚种是全球最为普遍的亚种。

4. 主要威胁与疾患

港海豹整体并非濒危。在格陵兰、北海道及波罗的海的大部分亚种却正面临威胁，当地的数量因疾病的暴发及人类活动影响而大幅减少。在英国、挪威及冰岛，狩猎和为保护渔业而猎杀港海豹仍是合法的。在丹麦格陵兰岛和美国阿拉斯加，也允许人类出于生存目的而捕猎港海豹。但有迹象表明，人类捕猎造成格陵兰岛和冰岛的港海豹数量持续下降。除人类猎杀外，港海豹的生存还受到其他多种因素的影响，如人类渔业活动造成食物的短缺、意外伤害，海洋工业发展造成水体污染等。

在疾病方面，由于生活栖息地区较靠近大陆及人类活动区，所以港海豹容易受到人类以及陆生动物携带病原的传播侵入。海豹瘟热病毒是港海豹的重要传染性疾病。在 1988 年，该病毒在欧洲造成超过 20 000 只港海豹死亡，2002 年的再一次暴发导致了 30 000 只以上的死亡。此外，港海豹也是禽流感病毒的易感动物，据报道，1979 年该病毒曾在美国东北海域造成约 500 只港海豹的死亡。

  5. 物种保护

列入世界自然保护联盟（IUCN）《2013 年濒危物种红色名录》ver 3.1——无危（LC）；

  列入《保护野生动物迁徙物种公约》（CMS）附录Ⅱ（仅波罗的海与瓦登海各种群）；

  列入中国《国家重点保护野生动物名录》：国家二级保护动物。

2.2.13　斑海豹

  别名：大齿斑海豹、大齿海豹、大齿港海豹、西太平洋斑海豹

  英文名：Spotted Seal、Larga Seal

  学名：*Phoca largha*

  分类：食肉目 Carnivora 鳍足亚目 Pinnipedia 海豹科 Phocidae 海豹亚科 Phocinae 海豹属 *Phoca* 斑海豹种 *P. largha*

  1. 形态特征

斑海豹的身体肥壮而浑圆，呈纺锤形，成年体长一般 1.5～1.7 米，体重 70～130 千克，两性体形差异不大。全身生有细密的短毛，背部灰黑色，密布不规则的棕灰色或棕黑色的斑点，并因此得名。腹面乳白色，斑点相对较少。头圆而平滑，眼睛较大，口部短而宽，触须长而硬。斑海豹没有外耳廓，也没有明显的颈部，四肢短，前肢狭小，后肢较大呈扇形。

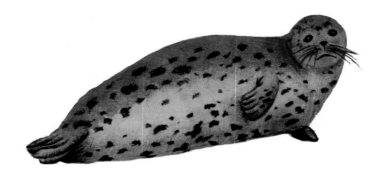

  2. 生活习性

斑海豹的食性较广，因季节、海域及所栖息的环境而异，主要捕食鱼类、头足类和

甲壳动物。在我国黄海、渤海，春、夏季捕食鲱、玉筋鱼、小黄鱼等鱼类，秋、冬季节则多以梭鱼为食；在日本海、阿拉斯加的近海等地还捕食鳕、鲑等鱼类，其他食物包括各种甲壳类、头足类等动物。一般可以潜至 100～300 米的深水处，持续 20 分钟以上。

在春末和夏初，海冰融化时，斑海豹大多到陆地上栖息，届时堪察加半岛海岸线上斑海豹数量可能会达到 10 000 头左右。在 10～11 月海冰重新形成时，斑海豹则再次使用浮冰作为其觅食和休息的主要栖息地。斑海豹进行远距离洄游，在我国渤海，每年 11 月以后自韩国白翎岛通过辽宁老铁山水道或山东庙岛群岛经行渤海海峡，进入辽东湾繁殖区，在辽宁旅顺、瓦房店、营口、葫芦岛等沿海冰区产仔，翌年 3 月初，浮冰开始融化，幼仔开始分散南下觅食，5 月下旬再经渤海海峡洄游至白翎岛度夏。

斑海豹最高寿命可超过 35 岁，性成熟年龄雌性 3～4 岁，雄性 4～5 岁。每年行一夫一妻制，繁殖季节为 1～4 月，在繁殖期间，雄性斑海豹会陪伴在雌海豹及幼海豹周围进行保护，一般在产仔后 20 余天再次交配。雌海豹妊娠期 1 年，每次产 1 胎，哺乳期约 4 周。初生斑海豹体毛为白色，2 周后开始脱毛，第四周换为具有深色斑纹、短而硬的皮毛。不同种群繁殖季节不同，在我国，12 月中旬到翌年 3 月下旬是辽东湾的冰期，特别是在北纬 40°以北，海水冰封，此时繁殖期的斑海豹爬上浮冰在冰上产仔。

3. 种群状况

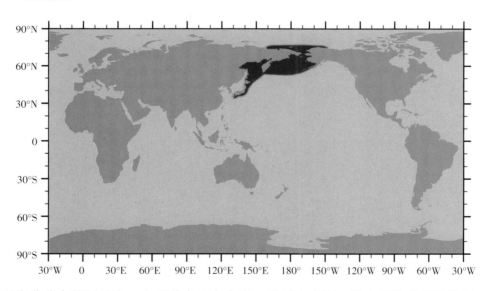

斑海豹分布范围较广，主要分布于白令海、鄂霍次克海、日本海及我国的渤海、黄海等海域，共有 8 个主要的繁殖区，分别为辽东湾、符拉迪沃斯托克、鞑靼海峡、萨哈林岛东海岸延伸至北海道岛北部、舍利霍夫湾、卡拉金湾至奥柳托尔斯基角、阿纳德尔湾和布里斯托尔湾至普里比洛夫群岛，其中，辽东湾结冰区是最靠南的一个繁殖区。目前，斑海豹约有几十万只，因受到保护，种群数量相对稳定。斑海豹也是已知能在我国水域进行繁殖的唯一鳍足类动物。

斑海豹在历史上有被大规模捕杀的记录，在我国 20 世纪 80 年代前，渤海沿岸渔民有捕杀斑海豹的传统。但目前，已经列入保护范畴，种群数量相对稳定。我国已经设立了保护区，1992 年 9 月，大连市在渤海沿岸建立了中国唯一的以保护西太平洋斑海豹为主的自然保护区，1997 年经中国国务院批准成为国家级自然保护区。之后，山东庙岛群岛海洋自然保护区、辽宁双台河口国家级自然保护区陆续成立，对斑海豹保护起到了积极作用。

4. 主要疾患与威胁

对海豹科动物的研究表明，它们是流感病毒、犬瘟热病毒等多种病毒的易感动物，此外，也较易罹患肺线虫病等寄生虫病。目前，斑海豹面临的主要威胁是其栖息地的人为破坏、渔业捕捞造成食物的短缺，以及捕捞活动造成的误伤等。日本和堪察加半岛的渔民出于渔业保护，仍然经常小规模地射杀斑海豹。

另外，全球气候变化会导致鄂霍次克海和白令海中南部海域在晚冬和春季海冰减少，由于绝大多数斑海豹利用浮冰区最靠近南部边缘的海冰进行产仔，海冰的不稳定性和位置的相对不固定，可能会导致斑海豹幼仔的存活率较低。

5. 物种保护

列入世界自然保护联盟（IUCN）《2013 年濒危物种红色名录》ver 3.1——数据缺乏（DD）；

列入中国《国家重点保护野生动物名录》：国家二级保护动物；

列入《中国物种红色名录》：濒危（EN）。

2.2.14　贝加尔海豹

别名：贝加尔湖海豹、西伯利亚海豹、淡水海豹

英文名：Baikal Seal

学名：*Pusa sibirica*

分类：食肉目 Carnivora 鳍足亚目 Pinnipedia 海豹科 Phocidae 海豹亚科 Phocinae 海豹属 *Pusa* 贝加尔海豹种 *P. sibirica*

1. 形态特征

贝加尔海豹是一种仅生活在淡水中的海豹。其体长仅 1.1～1.4 米，体重 50～130 千克，雄性体形较雌性略大。体色较均匀，背部呈深银灰，腹部略带淡黄灰色。

2. 生活习性

贝加尔湖位于俄罗斯西伯利亚地区，是世界上最深、容量最大的淡水湖。湖面每年有5个月的封冻期，冰层达90厘米厚，冬季平均气温零下38℃，其冰层和气候为贝加尔海豹提供了赖以生存的环境。贝加尔海豹在这里处于食物链的顶端，湖中丰富的鱼类、甲壳类资源为海豹提供了充足的食物。它们一般情况下为独居生活，夜间捕食，每只海豹都有单独的呼吸孔，仅在夏季换毛以及繁殖期间，会集成较大的群落。潜水持续时间一般为2～4分钟，最长超过40分钟。

贝加尔海豹是寿命最长的鳍足类动物之一，平均寿命43～45岁，最大记录56岁。性成熟年龄雌性3～7岁，雄性7～10岁，大部分雌性在5～6岁时成功生育。每年2月末到4月初即湖水开始解冻时期产仔，3月中旬为高峰期，每次产1胎，初生海豹体长约70厘米，体重3.0～3.5千克，体毛细长呈白色，2～3周蜕皮后呈现出成年海豹体色，哺乳期2.0～2.5个月。雌性海豹在分娩约一个月后再次交配。虽然在繁殖季节整个贝加尔湖范围内都有幼仔出生，但湖的北部1/3是其主要繁殖区域，约占总数的51%；在湖中部1/3占31%，南部1/3占17%。

3. 种群状况

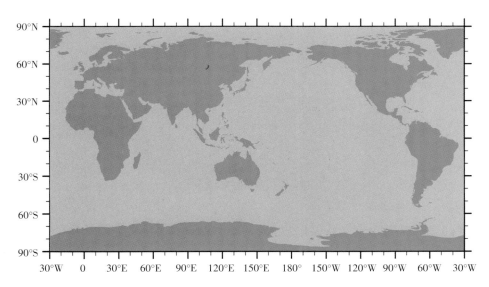

科学界普遍认为，贝加尔海豹在40万年前从北冰洋来到贝加尔湖，可能与环斑海豹亲缘关系密切。据推测，当时，叶尼赛河和安加拉河流域长期被冰雪覆盖，河床变深，生活在北冰洋地区的海豹活动范围向南部不断扩大，它们经过几千千米的长途旅行而来到贝加尔湖，而当冰期结束，河水流量大减，河床变浅，海豹逐步适应了这里的环境后得以生存下来。目前，贝加尔湖海豹数量约为5万头。

4. 主要威胁与疾患

由于人类的猎杀，贝加尔海豹数量在20世纪急剧减少，后由于贝加尔海豹被列为受保护动物，它们的生存安全开始得到保障，但仍有配额供人类捕猎。2002—2006年，官方统计数据显示每年猎杀贝加尔海豹约2 000头，但此数据并不能反映实际的捕获量，未被记录的捕获量每年应在 1 500～4 000 头。除此之外，20 世纪以来贝加尔湖周边工业污染也正成为海豹的生存威胁之一，贝加尔湖多次出现的大量海豹不明原因死亡事件，怀疑与工业污水的偷排有关。贝加尔海豹幼仔体内滴滴涕和多氯联苯的浓度比北极及欧洲的其他海豹要高出很多，成年个体体内的多氯联苯浓度也处于较高水平，高浓度的污染物可能会抑制海豹的免疫系统，从而发生类似于 1988 年欧洲麻疹病毒大流行而引起海豹大规模死亡的事件。

此外，在 1987—1988 年大约 6 500 头贝加尔海豹因瘟热病毒死亡，但目前对此病毒的研究尚少。

5. 物种保护

列入世界自然保护联盟（IUCN）《2013 年濒危物种红色名录》ver 3.1——无危（LC）；列入中国《国家重点保护野生动物名录》：国家二级保护动物。

2. 2. 15　里海海豹

别名：里海环斑海豹、喀海豹

英文名：Caspian Seal

学名：*Pusa caspica*

分类：食肉目 Carnivora 鳍足亚目 Pinnipedia 海豹科 Phocidae 海豹亚科 Phocinae 环斑海豹属 *Pusa* 里海海豹种 *P. caspica*

1. 形态特征

里海海豹是世界上体形最小的海豹之一，最大个体体长 1.5 米，体重 86 千克，雄性体形较雌性略大。背部体色呈灰黄或暗灰色，腹部及体侧为浅灰色，背部具有不规则的黑斑，黑斑有时被淡色环所围绕。初生里海海豹胎毛为白色，2～3 周后开始换毛，毛的颜色逐渐变深。

2. 生活习性

里海海豹主食鲤科、鰕虎鱼科鱼类及甲壳类水生动物，可以潜至 50 米深处，持续时间约 1 分钟。

里海海豹一般寿命 35 岁，性成熟年龄 6 岁，大部分雌性在 8～17 岁产仔。从春末到秋初，里海海豹散布在整个里海；秋末时，不参与繁殖的个体留在里海的中南部过冬，其他海豹则向里海东北部洄游，在冰上形成繁殖群。怀孕个体在每年 1 月中旬到 2 月下旬产仔，产仔时不筑窝。初生幼仔重 5 千克，哺乳期 4～5 周。在 2 月末至 3 月初，也即母海豹分娩 1 个月后，雄性海豹返回繁殖地再次发情交配。

3. 种群现状

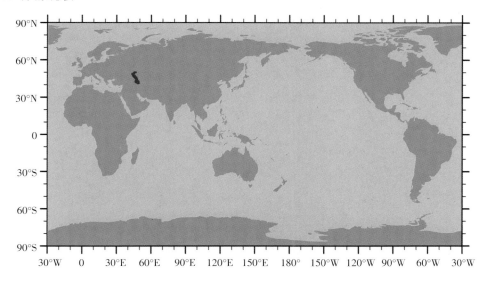

里海海豹仅分布于里海。20世纪初，里海海豹有约100万头，由于合法猎杀仍在继续以及其他动物捕食，目前只剩10万头左右，降幅超过90%。

4. 主要威胁与疾患

历史上，里海海豹曾遭受严重的猎杀。在19世纪，人类每年猎杀119 000～174 000头里海海豹。在20世纪30年代，平均每年猎杀164 000头，在二战后，年捕杀量下降至60 800头。在1951—1975年，每年的猎杀量在41 400～108 300。自2004年至今，人类每年仍捕猎3 000～4 000头里海海豹用于商业和科研用途。2007年，里海水生生物资源委员会设定了每年18 000头的猎杀配额，但此配额超出了每年里海海豹的出生量。

狼和海雕的猎食以及人类渔业活动也会造成里海海豹及幼海豹的大量死亡。此外，由于里海是封闭的咸水湖，近年来由于周边工业和农业发展造成环境的污染与破坏也成为其威胁之一。

疫病方面，在1997年、2000—2001年，犬瘟热病毒曾多次泛滥，每次均造成数千头里海海豹死亡。

5. 物种保护

列入世界自然保护联盟（IUCN）《2013年濒危物种红色名录》ver 3.1——濒危（EN）；

列入中国《国家重点保护野生动物名录》：国家二级保护动物。

2.2.16　竖琴海豹

别名：格陵兰海豹、琴海豹、鞍纹海豹

英文名：Harp Seal、Greenland Seal、Saddleback Seal

学名：*Pagophilus groenlandicus*

分类：食肉目 Carnivora 鳍足亚目 Pinnipedia 海豹科 Phocidae 海豹亚科 Phocinae 竖琴海豹属 *Pagophilus* 竖琴海豹种 *P. groenlandicus*

1. 形态特征

竖琴海豹平均体长 170～190 厘米，平均重量 120～135 千克，成年雄性体形较雌性略大。成年雄性体色为浅灰色或浅黄色，头部为褐色或黑色，背部有竖琴或者马蹄铁形状的黑色斑纹，因此得名"竖琴海豹"。雌性竖琴海豹的斑纹不明显。幼海豹刚出生时体色呈灰黄色，3 天后变成白色，并在保持约 12 天后变成黑色或银灰色，约 1 岁时变成成年体色。

2. 生活习性

竖琴海豹大部分时间都生活在海上，是一种高度洄游的物种，在繁殖后，加拿大族群大部分洄游至拉布拉多海岸，少量进入哈得孙湾，其他个体则到达戴维斯海峡两岸。扬马延岛族群和白海族群向北迁徙，并在巴伦支海混合。扬马延岛族群最远能到达北纬 85°海域。

竖琴海豹是高度群居的动物，洄游和觅食都成群活动，其食物范围相当广泛，据统计，其食物已包括 67 种鱼类和 70 种无脊椎动物。潜水深度相对较浅，通常不超过 100 米。竖琴海豹的听觉和视觉非常敏锐，能够通过胡须感应低频振动来探测猎物和天敌。

竖琴海豹寿命约为 30 年，性成熟年龄两性均为 4～8 岁，但雄性一般更年长一些才参与繁殖。雌性妊娠期约 11.5 个月，其中包括 3～4 个月的延迟着床期，每年 2 月下旬至 4 月在浮冰上产仔，每次产 1 胎，幼仔出生时体长约 1 米，体重 12 千克。哺乳期 12 天，在哺乳期间，幼仔体重每天增加约 2.2 千克。断奶后，幼仔仍会待在冰上长达 6 周，到入水觅食前损失高达 50% 的体重。

3. 种群状况

竖琴海豹是北半球数量最多的海豹，广泛分布于整个北大西洋和北冰洋，其范围包括美国、加拿大、俄罗斯、冰岛、挪威、格陵兰、斯瓦尔巴、扬马延岛，有时也漂流到芬兰、法国、德国、西班牙、英国和法罗群岛。现存数量约 800 万头，其中在大西洋西北部海域约有 590 万头，扬马延岛海域有 34.8 万头，白海约有 180 万头。

4. 主要威胁

由于分布广泛、数量众多，竖琴海豹一直是商业猎杀的重要目标。时至今日，加拿大、挪威、俄罗斯、丹麦格陵兰岛仍在合法捕猎竖琴海豹。仅在加拿大每年就有约 30 万头竖琴海豹被合法捕杀。除商业捕猎外，在拉布拉多、纽芬兰及魁北克北部地区，人类出于生存目的也在捕猎竖琴海豹。

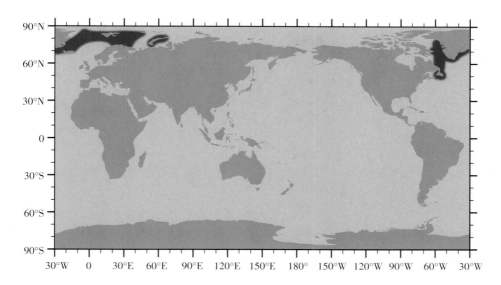

此外，全球变暖导致浮冰的减少，渔业规模扩大造成食物短缺和意外伤害以及海洋石油工业等活动，都会对竖琴海豹的生存构成威胁。

5. 物种保护

列入世界自然保护联盟（IUCN）《2013 年濒危物种红色名录》ver 3.1——无危（LC）；

列入中国《国家重点保护野生动物名录》：国家二级保护动物。

2.2.17 环斑海豹

别名：环海豹、北欧海豹、嗜冰海豹、圈海豹

英文名：Ringed Seal、Fjord Seal、Jar Seal

学名：*Pusa hispida*

分类：食肉目 Carnivora 鳍足亚目 Pinnipedia 海豹科 Phocidae 海豹亚科 Phocinae 海豹属 *Pusa* 环斑海豹种 *P. hispida*

1. 形态特征

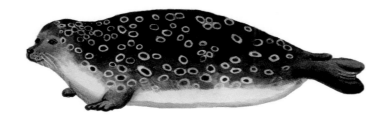

环斑海豹是体形最小的海豹之一，平均体长 115～136 厘米，体重 40～65 千克，雄性体形略大于雌性。背部呈黑色，腹部银灰色，背部及体侧有银灰色的环状斑纹，因此而得名。其头小而圆，颈部短粗，口鼻宽厚，吻部较尖，面部似猫科动物。其体毛粗硬，没有

绒毛，胸鳍较短，爪发达，适宜于在冰面上凿开呼吸冰洞。

2. 生活习性

环斑海豹繁殖、换毛和休息几乎全都在冰上进行，因此也称为"嗜冰海豹"。它们能够利用发达的爪子在海冰上开凿和维持呼吸孔，使得它们能够在其他海豹无法生存的海域生息繁衍。环斑海豹几乎所有在冰面上的活动，都是在呼吸孔旁完成的，一旦北极熊等捕食者靠近，它们就会迅速从洞口潜入水中，以逃过追捕。在冬季，环斑海豹会在冰层之上的积雪中筑巢，每只海豹通常会建立数个巢穴，以便在受到攻击时逃生。这种巢穴对于初生幼仔的生存尤为重要。

环斑海豹主要以鳕科鱼类、头足类、磷虾等为食，食物组成随季节和地区不同而有显著差异。环斑海豹在水中依靠胡须感知微小震动而捕猎和躲避危险，据称其胡须比猫胡须敏感10倍，胡须的正常工作必须依赖一定的温度，特别是在北极冰冷的水域中，它们会将温暖血液从身体各部传到脸部，根据热影像图显示，嘴部周围是海豹体温最高的部位。

环斑海豹寿命长达50年，性成熟年龄雌性3.5～7.1岁，雄性在8～10岁前一般不参与生殖。妊娠期11个月，一般在3～5月产仔，4月上旬为高峰期，每次产1胎，幼仔平均体长65厘米，重4.0～4.5千克，胎毛细长呈白色，2～3周后蜕落，哺乳期5～7周。雌海豹分娩1个月后再次交配。产仔一般在巢穴中进行，也有的亚种在冰面产仔。繁殖成功率与食物的丰富程度、冰的相对稳定性、繁殖季节开始前的积雪厚度等多种因素相关。

3. 种群状况

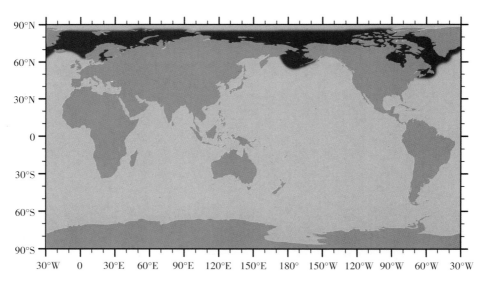

环斑海豹分布于整个北冰洋、鄂霍次克海、白令海、波罗的海寒带、严寒带等水域中，我国海域也偶有发现。目前获得认可的环斑海豹亚种主要包括5个：北极亚种/指名亚种（*P. h. hispida*）分布在北极海域，包括欧洲北岸、格陵兰和北美、哈得孙湾，现有70万头左右；鄂海亚种（*P. h. ochotensis*）分布在鄂霍次克海，向南洄游达库页岛、日本北海道和朝鲜东北岸，最近的估计数据为80万～100万头；波海亚种（*P. h. botnica*）分布在波罗的海，5 000～8 000头；塞马湖亚种（*P. h. saimensis*）分布在斯堪的纳维亚半

岛西部的塞马湖内，2005 年时仅剩约 280 头，且由于地理隔绝，该亚种虽然短期内数量可能会有所增加，但从长期来讲，可能由于近亲繁殖，会导致种群数量再次下降；拉湖亚种（*P. h. ladogensis*）分布在拉多加湖，现有 3 000～5 000 头。

4. 主要威胁与疾患

环斑海豹受到最大的威胁是人类捕杀。由于其经济价值极高，皮毛、油脂、肉、雄性生殖腺等均有较大贸易价值，因此曾受到大规模猎杀，近年受到保护，实施了禁止猎杀、配额制度等保护措施，数量开始稳定，但有的亚种仍处于危险状态。近年来，随着北极开发的日益加速，石油开发、航运的发展以及工业活动造成的海水污染都对环斑海豹的生存造成了潜在的威胁。此外，随着全球气温的上升造成北极浮冰的减少，已经被认为是环斑海豹繁育和幼仔成长的重要威胁，尤其在塞马湖等受局限的栖息地，在 2006 年和 2007 年间，由于海冰及积雪严重不足，导致其幼崽死亡率异常得高。

在动物疾病方面，目前对环斑海豹的相关研究还较少，但对海豹科动物的研究表明，它们是流感病毒、犬瘟热病毒等多种病毒的易感动物，也较易罹患肺线虫病等寄生虫病。

5. 保护级别

列入世界自然保护联盟（IUCN）《2013 年濒危物种红色名录》ver 3.1——无危（LC）；

列入中国《国家重点保护野生动物名录》：国家二级保护动物；

列入《中国物种红色名录》：濒危（EN）。

2. 2. 18　灰海豹

别名：大西洋灰海豹

英文名：Grey Seal、Gray Seal

学名：*Halichoerus grypus*

分类：食肉目 Carnivora 鳍足亚目 Pinnipedia 海豹科 Phocidae 海豹亚科 Phocinae 灰海豹属 *Halichoerus* 灰海豹种 *H. grypus*

1. 形态特征

灰海豹是北大西洋较常见的海豹之一，其体色一般为银灰色或棕色，常布有斑块。成

年雄性体色较深，带有浅色斑块，而雌性灰海豹体色则较浅，带有暗色斑块。雄性灰海豹鼻子宽大，并呈一定弧度下弯，颈部常带有打斗导致的伤痕。

灰海豹大西洋西部种群与东部种群体形差异较大。在大西洋东部海域，成年雄性灰海豹平均体长 2 米，体重 233 千克，最大体重 310 千克，成年雌性平均体长 1.8 米，体重 155 千克。而大西洋西部的成年雄性平均体长 2.25 米，体重 300～350 千克，最大体重超过 400 千克，成年雌性平均体长 2 米，体重 150～200 千克，最大体重超过 250 千克。

2. 生活习性

灰海豹食物范围广泛，主食鳕、玉筋鱼、鲇、鲱等鱼类，也捕食甲壳类、头足类、海鸟等。有报告显示，灰海豹甚至可能会猎杀大西洋鼠海豚。潜水深度较小，一般潜至 30～70 米深处捕食，有记录的最大潜水深度为 412 米，持续时间较短，一般不超过 8 分钟。

灰海豹婚配制度为一夫多妻制，在繁殖季节多聚成较大的群落，成年雄性个体间为争夺配偶会发生争斗，占据主导地位的雄性在繁殖季节会与多达 10 只雌性交配。与其他鳍足类不同的是，成年雄性灰海豹是在雌性灰海豹返回繁殖地并开始分娩后才陆续返回，而且它们并不建立和捍卫固定的领土，而是守护在一个特定的雌性群体周围。

灰海豹各种群之间的繁殖季节并不一致，大西洋西部种群的繁殖季节在 1～2 月，东部种群的繁殖季节在 11～12 月，波罗的海海域则在 2～3 月，基本与海冰最大覆盖率一致。哺乳期 15～18 天。雌海豹在断奶后再次发情交配。幼仔出生时体毛为白色，约一个月后进行换毛，并于换毛后开始下海独自生活。

3. 种群状况

灰海豹主要分布于北大西洋两岸和亚北极水域。有 3 个主要的集中区域，分别为大西洋西部海域、大西洋东北部以及波罗的海海域。由于受到国际组织以及各国的保护，近年其数量有上升的趋势，以致沿岸国家渔民屡屡以灰海豹争夺渔业资源为由提出商业猎杀灰海豹。

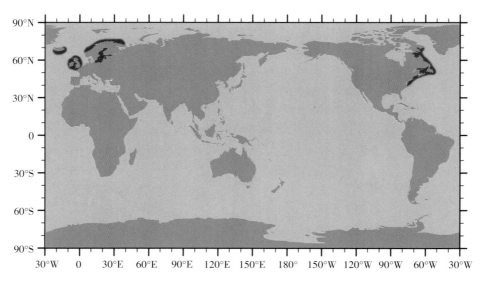

在大西洋西部，灰海豹集中分布在缅因湾至拉布拉多半岛南部的北美洲东北部沿岸，现存数量约 25 万头。在大西洋东北部海域，灰海豹则集中分布在英格兰和爱尔兰沿海，现存数量 11.7 万～17.1 万头。在冰岛、法罗群岛、科拉半岛向南至挪威南部、丹麦至法国的布列塔尼半岛的欧洲大陆沿海也有少量分布。波罗的海种群则局限于波罗的海分布，现存约 2.2 万头。

4. 主要威胁与疾患

历史上灰海豹曾是大西洋沿岸国家的重要经济捕杀对象，主要获取皮毛、油脂和肉等。在波罗的海，人类捕杀灰海豹的历史已超过 10 000 年。近年来灰海豹已经受到保护，种群数量持续增加。由于灰海豹与渔业的直接冲突，部分国家已实施政府捕杀以控制灰海豹的数量，以期保护渔业资源。除此之外，目前灰海豹受到的威胁还有食物缺乏、海洋环境污染、纠缠在渔网中致死等。

在动物疫病方面，目前对灰海豹的相关研究较少，但对海豹科动物的研究表明，它们是流感病毒、犬瘟热病毒等多种病毒的易感动物，也较易罹患肺线虫病等寄生虫病。

5. 保护级别

列入世界自然保护联盟（IUCN）《2013 年濒危物种红色名录》ver 3.1——无危（LC）；

列入《保护野生动物迁徙物种公约》（CMS）附录 Ⅱ（仅波罗的海各种群）；

列入中国《国家重点保护野生动物名录》：国家二级保护动物。

2.2.19　环海豹

别名：带纹海豹

英文名：Ribbon Seal

学名：*Histriophoca fasciata*

分类：食肉目 Carnivora 鳍足亚目 Pinnipedia 海豹科 Phocidae 海豹亚科 Phocinae 环海豹属 *Histriophoca* 环海豹种 *H. fasciata*

1. 形态特征

成年环海豹两性体形差异不大，最大体长约 1.6 米，体重 95 千克。其最明显的特征是其黑色或褐色皮肤上长有 4 条白色环纹，一条围绕颈部，一条围绕尾部，其余两条分别以前鳍状肢为起点，围绕体侧形成圆环。成年雄性环海豹体色黑白分明，相比之下成年雌性身上体色差异则较不明显。

2. 生活习性

环海豹通常在大陆架断裂带附近的深水浮冰区域出没，偏好冰雪覆盖率 60%～80%

的海域，并且极少利用固定冰（沿海岸形成并与海岸牢固地冻结在一起的海冰）。即使在浮冰上，它们通常也会远离浮冰的边缘。相对于大块的浮冰和高度集中的浮冰而言，环海豹比较喜欢破碎的浮冰，这可能是由于它们能够打开并且保持冰洞的冰层最大厚度约15厘米。环海豹主要以鳕、鱿鱼等为食，幼年环海豹也捕食贝类、虾类等，最大潜水深度约200米。

环海豹通常独居，不集群生活，最大寿命26～27年，性成熟年龄雌性2～4岁，雄性3～6岁。每年4月初至5月初为繁殖季节，妊娠期11.0～11.5个月，其中包括2.0～2.5个月的延迟着床期。哺乳期约4周，初生环海豹在断奶后会留在浮冰上约几周时间，在此期间不吃不喝，体重急剧下降，并在此期间褪去白色乳毛，之后开始独立生活。

3. 种群状况

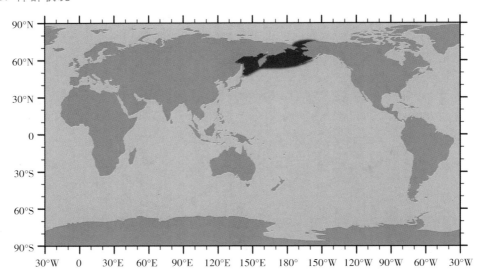

环海豹分布于白令海、鄂霍次克海等北极海域以及北太平洋部分海域，在分布区内其数量无明显的地域差异。据估计，其目前总体数量有30万～60万头，由于其分布区域远离人类活动范围，其种群状况趋势尚未可知。

4. 主要威胁与疾患

俄罗斯自20世纪30年代开始在鄂霍次克海商业捕猎环海豹，以获取皮毛、油脂和肉等，到20世纪50年代每年的捕获量增长至约20 000头，从20世纪50年代到1969年，每年平均捕获量为11 000头，1969—1992年的年平均捕获量为5 000～6 000头。在白令海，俄罗斯对环海豹的商业捕猎开始于1961年，自此至1969年，每年的捕获量约9 000头，从1969—1992年年均捕获量下降至3 000～4 000头。1994年，俄罗斯全面停止了对环海豹的捕杀活动。

目前环海豹面临的主要威胁有食物短缺和渔业活动误捕等，如刺网捕捞作业常导致幼年环海豹纠缠在其中致死。此外，气候变化、浮冰减少等自然环境变化对环海豹的影响尚未见系统研究。

在动物疫病方面，由于环海豹生活区域远离人类活动范围，对其疾病的研究较少。但对海豹科动物的研究表明，它们是流感病毒、犬瘟热病毒等多种病毒的易感动物，也较易罹患肺线虫病等寄生虫病。

5. 保护级别

列入世界自然保护联盟（IUCN）《2013 年濒危物种红色名录》ver 3.1——数据缺乏（DD）；

列入中国《国家重点保护野生动物名录》：国家二级保护动物。

2.3　海象科

海象

英文名：Walrus

学名：*Odobenus rosmarus*

分类：食肉目 Carnivora 鳍足亚目 Pinnipedia 海象科 Odobenidae 海象属 *Odobenus* 海象种 *O. rosmarus*

1. 形态特征

海象得名于其两颗像象牙一样的长牙，这也是它们区别于其他鳍足类动物的最显著特征。海象的长牙最长可达 70 厘米，有性别差异，雄海象的长牙较粗、长，横切面呈圆形，雌海象的长牙则较细、短，横切面呈椭圆形。

海象体形巨大，身体呈圆筒形，粗壮而肥胖，成年雄性最大体长 3.6 米，体重 880～1 557 千克，雌性最大体长 3 米，体重 580～1 039 千克。海象头小，无外耳壳，嘴短而阔，上唇具有数百枚触须，犬齿发达。体毛稀疏坚硬，眼睛小，视力欠佳。四肢呈鳍状，后肢能弯曲到前方，可以在冰块和陆上行走。海象的皮下脂肪很厚，可以抵御寒冷的极地环境。海象有一种独特的生理现象：在冰冷的海水中，海象的动脉血管会受冷而收缩，皮下脂肪层中血流量减少，体表呈灰白色，到陆地上以后，血液供应恢复正常，体表则呈现棕红色。

2. 生活习性

海象喜欢群居，每当夏季到来，成千上万的海象会聚集到岸边晒太阳，景象十分壮观。这种群居的特性也使得海象在这一时期得到很好的保护，它们对于天敌往往采取群起而攻之的策略。海象有一个很特别的生活方式——"直睡"。这是因为海象的咽部有一个气囊，里面充满空气，可以使海象的头部露在水面以上，即使睡觉的时候也不会呛水。海象虽然视觉很差，但是它们的听觉和嗅觉很灵敏，当它们在睡觉时，有一只海象在四周巡逻放哨，遇有情况就发出公牛般的叫声示警。

海象主要在海水较浅的大陆架海床上觅食，主食各种底栖无脊椎动物，包括双壳贝类、管状蠕虫、虾、蟹、海参、被囊动物等，尤其偏好双壳贝类。偶尔也捕食鱼类、海豹、小型鲸和海鸟，甚至会进食其他海洋哺乳动物的尸体。相对于其他鳍足类动物，海象的潜水本领不强，潜水深度最深仅80米，时长0.5小时。

海象寿命一般20~30岁，性成熟年龄雌性4~6岁，雄性7~10岁，但雌性直到7~8岁时才开始生育，雄性直到约15岁时才能建立生殖群。海象一般在冬季发情交配，行一夫多妻制，雄性建立并积极捍卫繁殖区域，通过发声和展示身体来吸引附近的雌性。交配在水中进行。妊娠期15~16个月，其中包括3~4个月的延迟着床期。春末初夏产仔，每次产1胎，哺乳期1.5~2.0年。海象的繁殖率是所有鳍足类动物中最低的，这是由于雌海象在哺乳期间排卵受到抑制，导致雌海象最多每两年才能繁殖一次。初生小海象体长1.2~1.4米，体重可达33~85千克，经过一个月哺乳期后其体重可猛增到近百千克，到两岁时身长可达2.5米，体重达500千克，从此开始独立生活。母海象与幼仔之间的眷恋性很强，若幼仔遇到危险，母海象就会前往营救，甚至去攻击船只，或与凶猛的北极熊搏斗。

3. 种群状况

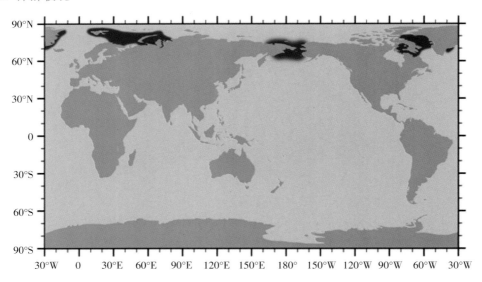

海象广泛分布在北极海域，太平洋海象主要分布在白令海峡到楚科奇海、东西伯利亚海和拉普捷夫海域，估计在白令海—楚科奇海域约有20万头，但此数据精确度不高，在

拉普捷夫海域有 4 000～5 000 头。大西洋海象主要分布在丹麦格陵兰岛到巴芬岛、冰岛和斯匹次卑尔根群岛至巴伦支海域，有 18 000～20 000 头。

4. 主要威胁与疾患

在 18 和 19 世纪，海象被大量捕猎，导致大西洋种群接近灭绝。现在商业捕猎海象已被禁止，但北极地区的土著居民仍然在猎杀少量的海象，以获取肉、脂肪、皮革和海象牙等。

底拖网渔业会对海象的觅食场造成扰乱，造成海象食物缺乏。此外，气候变暖导致海冰减少，将会大大减少海象栖息和觅食范围，并可能会刺激商业航线的开通，除会对海象直接造成干扰外，污染物泄漏和排放的风险也随之增加。

在疾病方面，有科学家发现，在海象体内可以检测到麻疹病毒和卡利色病毒。另外，海象在人工饲养条件下，由于长牙失去了原有用处，往往通过磨牙来消磨时间，而导致长牙磨短至牙髓部，引起牙髓炎的发生，该病症或因反复发作而迁延不愈。

5. 物种保护

列入《濒危绝种野生动植物国际贸易公约》（CITES）附录Ⅲ；

列入世界自然保护联盟（IUCN）《2013 年濒危物种红色名录》ver 3.1——数据缺乏（DD）；

列入中国《国家重点保护野生动物名录》：国家二级保护动物。

第 3 章　海牛目

　　海牛目动物现存共有 4 种，分为两个科：海牛科（Trichechidae）及儒艮科（Dugongidae）。海牛科包含 3 种海牛，分别分布在非洲西部、西印度群岛和亚马孙地区，儒艮科则仅包含儒艮 1 种，生存在太平洋及印度洋水域。

　　所有海牛目动物均被限制在热带和亚热带的栖息地，完全草食性，海牛目有以下共同的形态特征：身体呈纺锤形，骨骼粗大且致密，皮肤厚而硬，略微粗糙，体毛稀疏，眼睛小，无外耳廓，嘴唇肥厚多肉，表面覆有浓密的短毛，前肢呈浆状，无后肢及背鳍，尾巴扁平，乳腺乳头位于前肢腋下。海牛目动物仅具臼齿，并且有一套特殊的牙齿替换系统，其牙齿不是一颗掉了后再重新长出新牙，而是整列牙齿由颚的末端水平地往前移动，当牙齿移动至颚的最前端时，牙根会逐渐被吸收终至脱落。

　　其生物学分类如下：

海牛目

- **儒艮科 Dugongidae**
  - 儒艮 *Dugong dugon*
- **海牛科 Trichechidae**
  - 西印度海牛 *Trichechus manatus*
  - 西非海牛 *Trichechus senegalensis*
  - 亚马孙海牛 *Trichechus inunguis*

3.1　儒艮科

儒艮

　　别名：海牛、人鱼、美人鱼、南海牛、海猪、海骆驼

　　英文名：Dugong、Sea Cow

　　学名：*Dugong dugon*

　　分类：海牛目 Sirenia 儒艮科 Dugongidae 儒艮属 *Dugong* 儒艮种 *D. dugon*

1. 形态特征

儒艮体形呈纺锤状，平均体长 2.4～4.0 米，重 230～908 千克，雌性体形略大，最大

可达 4.16 米，体重 1 016 千克。皮肤光滑，呈褐至暗灰色，腹部颜色较背部浅，体表毛发稀疏，颈部短，能有限度地转动头部或点头。胸鳍末端略圆而缺乏趾甲，尾鳍呈长月牙形。雌性儒艮胸鳍旁边长着一对较为丰满的乳房，其位置与人类非常相似。儒艮没有外耳壳，只看得到小小的耳孔，眼睛小，鼻孔位于吻部顶端，周围有皮膜可在潜水时盖住鼻孔。嘴宽而扁平，位于厚重吻部的末端下方，嘴边的短须是进食时的重要工具。

儒艮有 2 对门齿，上、下颚各有 3 对前臼齿与 3 对臼齿，但所有牙齿不会同时存在，随着年龄增长，它们会失去第一对门齿、所有的前臼齿与第一对臼齿，剩余的两对臼齿齿髓腔底部不封闭，会终生生长。

儒艮的肺很大，从胸部一直延伸至肾脏附近，由水平的横膈膜将其与其他脏器分隔，仍不清楚儒艮潜水时肺部是否会和鲸类一样有塌陷的情形。与其他海洋哺乳动物相比，它们的脂肪层厚度较薄，同时身体周边似乎不存在热逆流交换系统，这可能与它们栖息于温暖海域有关。胃的构造简单，大肠较大（可达胃的两倍重），推测是纤维素的主要消化场所，长度达 25 米以上，相当于小肠长度的两倍。

2. 生活习性

儒艮从不远离海岸，仅在水深 1～5 米的海床底部摄食，主食多种海生植物的根、茎、叶和部分藻类，常会吃掉整株植物。它们不会使用门牙来咬断海草，而是以其大而可抓握的嘴吻来摄食。儒艮一般白天或晚上皆会进食，但在人类活动频繁的地区则多半在晚上觅食。食量很大，每天能吃相当于它体重 5%～10% 的水草。

儒艮生性害羞，只要稍稍受到惊吓，就会立即逃避。游泳速度较慢，泳速多不超过 10 千米/小时，若是被追赶时会以两倍的速度逃窜，幼儒艮主要以胸鳍划水前行，成年后则转变为以尾鳍为主。一般每 1～2 分钟浮至水面一次，但有时会潜水达 8 分钟以上。上浮时仅将吻部尖端露出水面，下潜时会像海豚一样整个身体垂直旋转 1 圈。儒艮的叫声为持续的轧轧声或更高的尖锐声，类似海牛。

儒艮有复杂的社会行为，它们会组成 6 头左右（偶尔也有数百头以上）的群体，但此类群体的活动属性至今仍不清楚。儒艮最大寿命约 73 岁，可能在 10～17 岁时才产第一胎，妊娠期 13～15 个月，每次产 1 胎，初生幼儿体长 1 米左右，体重 25～35 千克。幼儒艮 3 个月左右即开始摄食固体食物，但多半要到 14～18 个月大时才断奶，之后还会留在母亲身边数年。生殖间隔 2.5～7.0 年。雄性儒艮因争夺交配权会发生争斗。

3. 种群状况

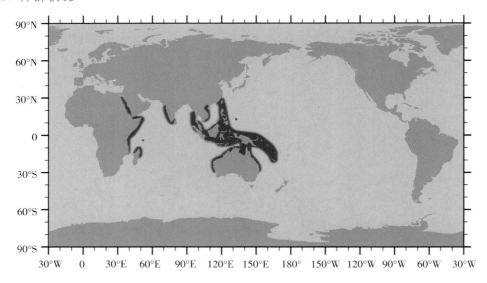

儒艮主要分布于海草丰富的西太平洋与印度洋海岸，现存数量不详，澳大利亚北海岸可能是目前数量最多的地区。

4. 主要威胁

儒艮对水温和水质有一定的要求，对冷敏感，水温低于15℃时，易染肺炎死亡；水质差时也易患皮肤溃疡、体内寄生虫等疾病。

与海牛科3种海牛一样，儒艮族群数量减少的主因也是人类捕杀。儒艮全身都具有商业价值，除了肉可食用外，1头成年儒艮可提炼24～56升的油，皮肤可制成皮革，而它们致密的骨头被当作象牙的替代品用于雕刻之用，不断的捕猎造成部分地区族群急剧减少。除此之外，儒艮也常死于渔业拖网、海边保护游泳者的防鲨鱼网、捕海龟网等。其他威胁还包括暴风雨等恶劣天气与鲨鱼、虎鲸捕食等。

5. 物种保护

列入《濒危绝种野生动植物国际贸易公约》（CITES）附录Ⅰ；

列入世界自然保护联盟（IUCN）《2013年濒危物种红色名录》ver 3.1——易危（VU）；

列入《保护野生动物迁徙物种公约》（CMS）附录Ⅱ；

列入中国《国家重点保护野生动物名录》：国家一级保护动物；

列入《中国物种红色名录》：极危（CR）。

3.2　海牛科

3.2.1　西印度海牛

别名：北美海牛、加勒比海牛

英文名：West Indian Manatee、American Manatee

学名：*Trichechus manatus*

分类：海牛目 Sirenia 海牛科 Trichechidae 海牛属 *Trichechu* 西印度海牛种 *T. manatus*

1. 形态特征

西印度海牛身躯呈流线形，背部宽阔，无背鳍，尾鳍扁平呈圆桨状。头小，浑身呈灰色，但有些个体可能由于体表附着藻类或藤壶而呈现褐、红或白色。皮肤厚而紧实，表面粗糙，体毛稀疏。体长 2.7～3.5 米，体重 200～600 千克，雌性体形通常较雄性略大，有记录的最大个体体长 4.6 米，重达 1 655 千克。仅具臼齿，终生都能换牙，换牙方式是从上、下颚基部水平地往前依次更换。

2. 生活习性

西印度海牛可以自由往来于淡水与海水之间，偏好平静、水草茂盛、近淡水的海湾、潟湖与河口等水域。行动缓慢，呼吸时通常只将吻部尖端露出水面，由于其栖息的海域罕见虎鲸、大白鲨等掠食者，西印度海牛并没有复杂的躲避敌害行为。

西印度海牛主要以海草等植物为食，偶尔也吃鱼和小型无脊椎动物。每天用 6～8 小时来觅食，没有明显的昼行性和夜行性之分。温暖的日子里每天睡 2～4 小时，天冷时可达 8 小时。

西印度海牛通常单独活动，基本的社群单位是母子。在繁殖季节，以及分享食物和温暖水域时，可能会形成短暂的群体。如果遇到危险，海牛母子会一起逃走并以高音的轧轧声或尖锐声前后呼应，母海牛有时会用身体保护幼兽，甚至会设法推开如潜水员等入侵者。

西印度海牛寿命可能超过 50 岁，性成熟年龄雌性约 5 岁，雄性 3～4 岁。西印度海牛的婚配制度为一妻多夫制，雌性西印度海牛发情时，往往会吸引一群雄性，雄海牛群会守在雌性身旁达数个星期之久，但其组成与数量会不断变动，曾有 1 雌 22 雄的记录，雄性彼此间会激烈推搡以取得靠近雌性的位置，还会以展示生殖器、以前肢抱住对方翻滚等方式显示自己的优势地位。雌海牛妊娠期 12～14 个月，每次产 1 胎，少见双胞胎。初生幼仔体长约 1.3 米，体重约 30 千克，哺乳期约 18 个月。

3. 种群状况

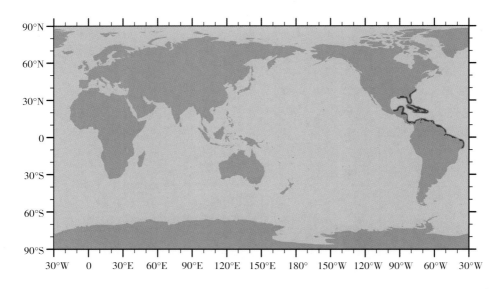

西印度海牛有两个亚种，一个是位于美国东南部海岸的佛罗里达海牛（*T. m. latirostris*），另一个是位于大安地列斯群岛、墨西哥湾与中南美洲大西洋沿岸的安地列斯海牛（*T. m. manatus*）。佛罗里达海牛终年栖息于北美洲东南部海岸、河口及佛罗里达州的主要河流，现存约 3 300 头；安地列斯海牛生活在大安地列斯群岛、特立尼达，以及中南美洲大西洋沿岸与大河，最南到巴西的阿拉戈斯州（Alagoas），现存约 4 100 头。

4. 主要威胁

西印度海牛的肉、脂肪与骨骼多被用于当地多种民俗疗法，另外由于其肋骨质地与象牙类似，常被非法雕刻当作珠宝贩卖，因此西印度海牛长期面临严重的非法捕猎威胁。

此外，人类的生产生活，如海岸开发、渔业捕捞等均对其生存构成威胁，日益密集的船舶交通也增加了它们与船舶相撞的风险，甚至有可能会迫使它们离开原来的栖息地。

5. 物种保护

列入《濒危绝种野生动植物国际贸易公约》（CITES）附录Ⅰ；

列入世界自然保护联盟（IUCN）《2013 年濒危物种红色名录》ver3.1——易危（VU）；

列入《保护野生动物迁徙物种公约》（CMS）附录Ⅰ、附录Ⅱ。

3.2.2 西非海牛

别名：非洲海牛

英文名：West African Manatee、African Manatee、Seacow

学名：*Trichechus senegalensis*

分类：海 牛 目 Sirenia 海 牛 科 Trichechidae 海 牛 属 *Trichechu* 西 非 海 牛 种 *T. senegalensis*

1. 形态特征

西非海牛体长可达 4.5 米，体重 360 千克。与其近亲西印度海牛相似，西非海牛身体呈纺锤形，背部宽阔无背鳍，头部较小。全身呈灰色，体表可能由于附着藻类而呈棕色或绿色，年幼个体一般体色较深。皮肤厚而硬，略微粗糙，体毛稀疏。眼睛小，略微突出，没有外耳壳。吻部与西印度海牛相比，较为肥厚，并且较短，可能是为了适应摄食水生植物与生长于浅滩的植物。前肢外侧有 3～4 个趾甲残留。仅具白齿，会不断地更换。西非海牛的雌雄个体从外形上很难分辨，唯一可见的区别是雄性比雌性的生殖孔小。

2. 生活习性

一般而言，西非海牛为草食性动物，主要以多种水生和半水生的深水植物以及浅滩植物为食，偶尔也会食用落至河水中的果实与人们丢弃的木薯皮，食量很大，每天的进食量占其体重的 4%～9%。但西非海牛不是纯粹的草食性动物，有时也会食用贝类和渔网捕获的鱼类。当旱季被限制在深潭或湖泊时，它们会吃细小的黏土、藻类等维持生存。

西非海牛可以自由往来于淡水与海水之间，对栖息地的选择倾向于潟湖或是平静而水浅的近河口海域。通常单独活动，基本的社会单位是母子。在休息、觅食与交配时可能会形成松散的群体。在科特迪瓦的西非海牛有明显的昼伏夜出行为，白天休息，晚上移动与进食。它们选择夜间活动可能是为了避免在白天遭受人类的猎捕。西非海牛常在潟湖与河流中部，或红树林根部与悬垂植物下休息，这样可能更隐蔽。西非海牛会在潟湖、海岸线与河流间做季节性的迁徙，迁徙距离有时会达上百千米。游速缓慢，一般 4.8～8.0 千米/小时，在逃避敌害时可达 32 千米/小时。

西非海牛估计寿命为 30 年，性成熟年龄雌性 3 岁，雄性 9～10 岁。西非海牛的婚配制度为一妻多夫制，雌性西非海牛发情时，通常会有多个雄性与其交配。雄性个体间为争夺交配权会发生争斗。妊娠期约 1 年，通常每次产 1 胎，生育间隔 3～5 年。幼兽通常会留在母亲身边 1 年以上。

3. 种群状况

西非海牛主要分布于塞内加尔、几内亚比绍、科特迪瓦、喀麦隆与加蓬境内的海岸与河流水域，其数量不详，据报告仍在减少当中。

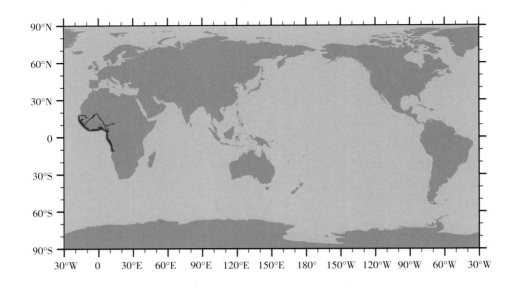

4. 主要威胁

西非海牛的所有栖息地皆受法律保护，但由于部分地区非法捕猎现象普遍存在，因此保护效果不明显。西非海牛目前仍遭到当地居民用鱼叉、陷阱、网或钩子猎杀以获取其肉、脂肪、皮、骨骼等。除此之外，栖息地环境的破坏，如红树林的砍伐与水利设施的兴建等也对它们的生存构成威胁，它们甚至会被卷入水力发电的涡轮机致死。

另外，在一些河流和潟湖区大型船舶交通的发展，也增加了西非海牛与船舶碰撞的风险。目前部分国家，包括塞内加尔、几内亚比绍、科特迪瓦、尼日利亚、喀麦隆和加蓬，均已建立海牛保护区。

5. 物种保护

列入《濒危绝种野生动植物国际贸易公约》（CITES）附录Ⅱ；

列入世界自然保护联盟（IUCN）《2013 年濒危物种红色名录》ver3.1——易危（VU）；

列入《保护野生动物迁徙物种公约》（CMS）附录Ⅰ、附录Ⅱ。

3.2.3　亚马孙海牛

别名：南美海牛

英文名：Amazonian Manatee、South American Manatee

学名：*Trichechus inunguis*

分类：海牛目 Sirenia 海牛科 Trichechidae 海牛属 *Trichechus* 亚马孙海牛种 *T. inunguis*

1. 形态特征

亚马孙海牛是现存 3 种海牛中，体形最小的一种，体长可达 2.8 米，体重 360～540 千克，雌性体形较雄性略大。其身体呈纺锤形，头部占身体比例较小，吻部狭长。背部宽阔，皮肤光滑，除腹部有白色或粉红色的斑块外，全身大致呈暗灰至黑色。尾鳍扁平呈圆桨状，前肢修长且缺乏趾甲，其种名"*inunguis*"的意思就是"没有趾甲"。

2. 生活习性

亚马孙海牛是唯一仅生活在淡水中的海牛。它们在觅食、迁移或交配时会形成松散的群体，一般不超过 10 头，大族群较为罕见。主要以多种水生与半水生维管束植物为食，每天消耗植物 9～15 千克。亚马孙海牛的新陈代谢率相当低，约为一般恒温动物的 36％，加上体内储藏有大量脂肪，可以使其在绝食的情况下存活 200 天之久。在枯水期，它们有时会摄食泥土，这往往会造成肠阻塞甚至死亡。

亚马孙海牛的活动以及繁殖期与河水水位的季节性变化息息相关，在枯水期时它们会减少大部分的活动（包括觅食在内）以节省能量。亚马孙海牛的繁殖细节不详，一般在每年 12 月至翌年 7 月生育，2～3 月为生育高峰，可能是因为此时河流水位较高，雌海牛较易取得食物，哺乳期间的能量消耗较小。妊娠期在 12 个月以上，每次产 1 胎，罕见双胎，哺乳期 24 个月。生育间隔约 3 年。其婚配制度估计与其他海牛一样，为一妻多夫制。

3. 种群现状

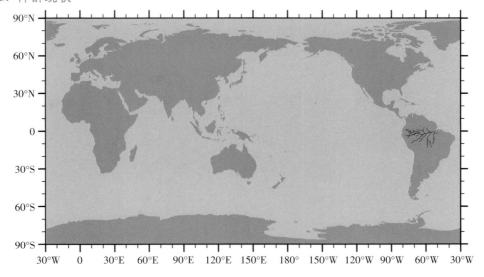

亚马孙海牛生存于亚马孙河流域的河流与支流，包括巴西、秘鲁、哥伦比亚与厄瓜多尔等国，其最大族群位于巴西。现存数量不详，但呈下降趋势。

4. 主要威胁

亚马孙海牛面临的主要威胁是人类捕杀，17世纪时人类捕杀海牛主要是获取其肉。由于皮革业的需求，捕获数量自1935年开始大幅提升。1954年人类发明人造皮革作为兽皮替代品后情况虽然有所好转，但直到20世纪60年代早期，巴西地区每年仍捕杀4 000～10 000头亚马孙海牛。1973年巴西政府将亚马孙海牛列为保育类动物，但由于地处偏远与缺乏执法者等原因导致取缔违法捕猎非常困难。

除了上述原因，其生存威胁也受自然因素影响，例如1963年发生的大旱灾造成上百头海牛死亡。其他威胁还有栖息地破坏，包括伐木、原油外泄污染与开矿等。由于亚马孙热带雨林的采伐急速增加，造成河水流量减少，不但造成旱期延长，食物变少，对其健康与生殖能力也会造成影响。

5. 物种保护

列入《濒危绝种野生动植物国际贸易公约》（CITES）附录Ⅰ；

列入世界自然保护联盟（IUCN）《2013年濒危物种红色名录》ver3.1——易危（VU）；

列入《保护野生动物迁徙物种公约》（CMS）附录Ⅱ。

第 4 章　食肉目其他水生哺乳动物

除鲸目、鳍足亚目等典型水生哺乳动物外，食肉目下熊科中的北极熊及水獭亚科中 6 个属 13 种水獭，营水栖生活，也列为水生哺乳动物。

北极熊主要在北极圈内活动，包括北冰洋海域及周边陆地，虽然大多数的北极熊在陆地上出生，但它们大部分时间都生活在海上，并且主要以海洋哺乳动物为食，其学名 *"Ursus maritimus"* 意为 *"海上的熊"*。

对水獭而言，它们普遍具有细长、流线形的身体结构，身体优美灵活，头扁耳小，四肢较短，大多数都具有锋利的爪，趾间有蹼，尾巴扁平，全身覆盖致密的绒毛，以保持身体的干燥和温暖，一般背部体色较深并有光泽，腹部颜色较淡。大多数水獭都以鱼类为食，此外也吃蛙类、淡水虾和蟹类。

生物学分类如下：

食肉目 Carnivora

- ● 熊型总科 Arctoidea
- ● 鼬科 Mustelidae
- ● 水獭亚科（Lutrinae）
  - ○ 小爪水獭属 *Aonyx*
    - ■ 非洲小爪水獭 *Aonyx capensis*
    - ■ 刚果小爪水獭 *Aonyx congicus*
    - ■ 亚洲小爪水獭 *Aonyx cinerea*
  - ○ 美洲獭属 *Lontra*
    - ■ 北美水獭 *Lontra canadensis*
    - ■ 智利水獭 *Lontra provocax*
    - ■ 长尾水獭 *Lontra longicaudis*
    - ■ 秘鲁水獭 *Lontra felina*
  - ○ 水獭属 *Lutra*
    - ■ 欧亚水獭 *Lutra lutra*
    - ■ 毛鼻水獭 *Lutra sumatrana*
    - ■ 斑颈水獭 *Lutra maculicollis*
  - ○ 江獭属 *Lutrogale*

　　　　　■ 江獭 *Lutrogale perspicillata*
　　　　○ 巨獭属 *Pteronura*
　　　　　■ 巨獭 *Pteronura brasiliensis*
　　　　○ 海獭属 *Enhydra*
　　　　　■ 海獭 *Enhydra lutris*
● 熊科 **Ursidae**
● 熊亚科 **Ursinae**
　　○ 熊属 ***Ursus***
　　　■ 北极熊 *Ursus maritimus*

4.1　熊科

北极熊

　　别名：白熊
　　英文名：Polar Bear
　　学名：*Ursus maritimus*
　　分类：食肉目 Carnivora 熊科 Ursidae 熊亚科 Ursinae 熊属 *Ursus* 北极熊种 *U. maritimus*

　　1. 形态特征
　　北极熊是世界上现存最大的陆地食肉动物之一。雄性北极熊一般身长 2.5～3.0 米，体重 350～700 千克，而雌性北极熊大小约为雄性的 1/2，身长 1.9～2.1 米，体重 150～300 千克。妊娠期的雌性北极熊体重可达到 500 千克。有记录的最大一只北极熊为雄性，身长达 3.7 米，体重达到 1 002 千克。

与棕熊相比，北极熊头部较长而脸小，耳小而圆，颈细长，足宽大，肢掌多毛。北极熊的皮肤是黑色的，白色皮毛分为上、下两层，上层毛光滑而长，下层毛短而密，能锁住空气并防止水渗入，这种独特的构造使得北极熊非常耐寒，因为黑色的皮肤有助于吸收热量，而极厚的毛发和脂肪层保暖性极佳。值得一提的是，北极熊的毛其实是中空透明的，看起来是白色是阳光折射的缘故。

2. 生活习性

北极熊的学名"*Ursus maritimus*"意为"海上的熊"，是因为它们虽然出生在陆上，但一生中大部分时间却是在海中度过，据此而得名。

北极熊的视力和听力与人类相当，但它们的嗅觉极为灵敏，是犬类的 7 倍。北极熊平均行走的速度为 5.5 千米/小时，当它被追赶或者是捕捉猎物时短期时速可达到 40 千米/小时。

北极熊是食肉动物，98％的食物都是肉类。主要捕食海豹，特别是环斑海豹和髯海豹。除此之外，它们也捕食小海象和白鲸。当这些食物无法获得的时候它们也会吃驯鹿以及小的啮齿动物、海鸟、鱼类、蛋、植被（包括海带）、浆果和人类的垃圾等。北极熊的胃可以容纳食物量能占到其体重的 15％～20％。北极熊每日需要 2 千克的脂肪量来满足其 1 天的能量需求。一只 55 千克重的环斑海豹可以满足北极熊 8 天的能量需求。

北极熊一般有两种捕猎模式，最常用的是"守株待兔"法。它们会事先在冰面上找到海豹的呼吸孔，然后极富耐心地在旁边等候几个小时。等到海豹一露头，它们就会发动突然袭击，并用尖利的爪子将海豹从呼吸孔中拖上来。如果海豹在岸上，它们也会躲在海豹视线看不到的地方，然后蹑手蹑脚地爬过来发起猛攻。另外一种模式就是直接潜入冰面下，截断海豹的海上退路，游到靠近岸上的海豹时再突然发动进攻。

北极熊在它们的生命中大部分时间（约 66.6％）是处于"静止"状态，例如睡觉、躺着休息，或者是守候猎物。有 29.1％的时间是在陆地或冰层上行走或游水，1.2％的时间在袭击猎物，最后剩下的时间基本是在享受美味。北极熊一般在 1 天中的前 1/3 时段最活跃，后 1/3 的时段最不活跃。北极熊不会冬眠，在严冬季节，它们会寻找避风的地方进入嗜睡状态，呼吸频率降低，但是体温保持正常，身体的其他功能也继续进行。

北极熊的平均寿命 30 岁左右，性成熟年龄雌性 4～5 岁，雄性大约在 6 岁，但一般到 8～10 岁时才能够成功繁殖。每年的交配期在 3 月至 5 月末，在交配期间雌雄个体会在猎物丰富的区域聚集。妊娠期约为 240 天，通常在 11 月至翌年 1 月产仔。通常每次产 2 胎，少数 3 胎，罕见 4 胎情况。生育间隔约 3 年，哺乳期 4～5 个月。刚出生的北极熊幼仔体重在 450～650 克，身长大约 30 厘米，且在出生时它们双眼未睁开，毛细而稀疏。幼仔一个月大时，眼睛才会睁开，两个半月大时，学会行走，此时它们的毛逐渐变得浓密，也开始长出牙齿。

3. 种群状况

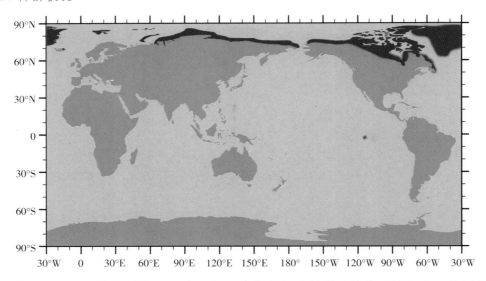

目前，野生北极熊大约有 2 万头，主要分布在北冰洋附近的弗兰格尔岛、美国北阿拉斯加及西阿拉斯加、加拿大北极领地及其内的群岛、丹麦格陵兰、斯瓦尔巴—法兰士约瑟夫地群岛、西伯利亚中北部及俄罗斯等地。

北极熊是一种能在恶劣的环境下生存的动物，其活动范围最南达有浮冰的加拿大詹姆士湾，最北可在北纬 88°找到它们，也有证据显示它们会横越北极点。由于全球变暖、北极冰面融化，严重危及北极熊的生存区域，据估计，到 2050 年地球上北极熊数量可能减少 2/3。北极熊的未来必须依赖人类更多的保护措施。

4. 主要疾患与威胁

北极熊特别容易感染蛔虫，主要是通过进食患有蛔虫病的海豹而感染。蛔虫幼虫的包囊可以寄宿在北极熊身体的任何部位，通常在肌肉组织较常见。如果在一个重要部位的寄生虫数量较多，例如心脏，通常会导致北极熊死亡。有研究表明，在美国阿拉斯加和俄罗斯的野生北极熊也曾检测到麻疹病毒的抗体。

2004 年，美国科学家在波弗特湾发现了 4 只被溺死的北极熊。2011 年，美国地球物理学联合会年度会议上公布了一幅成年北极熊猎杀北极熊幼崽的惊人照片。作为北极食物链的顶端和超强游泳高手，溺死事件和猎杀同类显然令人无法理解。有分析认为同类相残、溺水身亡甚至与人类争食等离奇事件的根源是由于全球气候变暖，导致北极冰面融化，极大地破坏了北极熊猎食和栖息环境。在北极熊栖息地被破坏加上人类捕获等种种因素的威胁下，北极熊的数量在逐渐减少，昔日的"北极霸主"，如今的处境已经岌岌可危。

5. 物种保护

列入《濒危绝种野生动植物国际贸易公约》（CITES）附录Ⅱ；

列入世界自然保护联盟（IUCN）《2013 年濒危物种红色名录》ver 3.1——易危（VU）。

4.2　鼬科

4.2.1　海獭

别名：南方海獭或加州海獭（美国加利福尼亚州的海獭族群）、阿拉斯加海獭（阿拉斯加族群）

英文名：Sea Otter

学名：*Enhydra lutris*

分类：食肉目 Carnivora 鼬科 Mustelidae 水獭亚科 Lutrinae 海獭属 *Enhydra* 海獭种 *E. lutris*

1. 形态特征

海獭的体形比大部分鼬科动物都要大，其中尤以阿拉斯加海獭体形更加大而粗壮。其头部短而宽阔，口鼻较为短钝。上唇与脸颊的肌肉发达，覆有较硬的胡须。后脚掌较大，呈鳍状，趾间有蹼。前脚掌呈圆形，尾巴长而扁平，呈桨状。成年雄性海獭的头部与颈部较雌性海獭粗壮。

成年雄性海獭最大体长约 1.47 米，重达 45 千克；雌性最大体长 1.39 米，重达 33 千克。除鼻尖与脚掌外，海獭全身都覆盖有浓密的毛发。毛发分两层，外层针毛疏松粗长，呈浅褐色至黄棕色；内层绒毛细密紧实，呈暗褐色至红棕色，保暖性极好。

2. 生活习性

海獭一生大部分时间都在水中度过，交配和育儿都在水中进行，几乎不到陆地上活动，但也从不远离海岸。海獭花费相当多的时间来梳理皮毛，因为保持皮毛的清洁与防水性，才能使它们的下层绒毛正常发挥调节体温与防止热量散失的功能，这点在北太平洋与白令海的寒冷水域中特别重要。

海獭通常独自行动或组成小群体，有时会形成 12 只或以上的族群在近岸的海面或海藻床上漂浮，此时它们通常会以海藻包裹住身体或直接在海藻上平躺。其社会性不强，成年雄性通常会离群独自行动。

　　海獭主要以海洋无脊椎动物为食，食物种类依其栖息地的物理与生态条件而变化。在岩岸地区，海獭会选择较大型的食物，包含龙虾、海胆与鲍鱼等，以获取更多的能量；在沙质海岸由于食物较少且较难寻获，海獭也会取食多种穴居的无脊椎动物，如蛤蜊等小型贝类。在阿留申群岛的海獭经常会捕食底栖鱼类为食，鱼类占其食物组成的 1/2 左右。擅长潜水，最大觅食深度平均雌性为 54 米，雄性为 82 米，有时会潜至更深的海域进行觅食或进行季节性的迁移。游泳速度较慢，仅 10～15 千米/小时。

　　海獭以使用工具进食而著名，在海底捕获贝类或龙虾等猎物后通常会携带一块石头到海面，将石头当作砧板来敲开海胆与贝类的硬壳。它们会把石头平放在胸腹间，然后用圆圆的前掌抓着猎物敲击将猎物的壳敲开。

　　海獭寿命一般雌性 15～20 年，雄性 10～15 年。性成熟年龄雌性 4～5 岁，雄性5～6 岁，但雄性一般在性成熟 2～3 年后才能建立自己的生殖势力范围并成功繁殖。海獭的婚配制度为一夫多妻制，在繁殖季节，雄海獭会在雌性与幼兽附近的水域建立自己的势力范围，在一次繁殖季中可能会与数只雌海獭交配。性成熟的雌海獭在繁殖期鼻子会充血，雄海獭在交配时会咬住雌海獭的鼻子，因此许多老年雌性海獭的鼻子会有明显的伤痕。

　　雌海獭终年可生产，每次产 1 胎，罕见双胞胎和三胞胎。妊娠期 9～10 个月，在美国加利福尼亚州，大多数海獭在 12 月至翌年 2 月生产，而阿拉斯加族群则多 5～6 月生产。雌性会哺育幼兽约 6 个月，有时可达一年之久，之后便突然断奶并遗弃它们。哺乳期间雌海獭会照常觅食，幼兽约 6 周大时即开始在浅水域学习如何觅食。生育间隔 4 年。

　　3. 种群现状

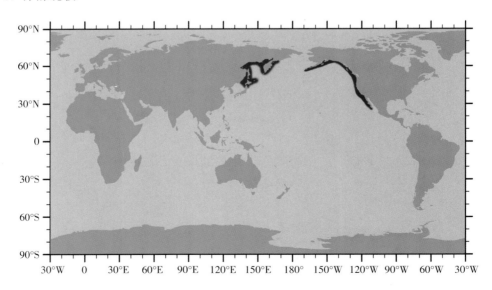

　　海獭分加州海獭（*E. l. nereis*）、阿拉斯加海獭（*E. l. lutris*）和阿拉斯加海獭（*E. l. kenyoni*）3 个亚种，其中，加州海獭（*E. l. nereis*）栖息于美国加利福尼亚州北部往南至墨西哥下加利福尼亚州；阿拉斯加海獭（*E. l. lutris*）的分布范围自白令海西部的

科曼多尔群岛（也称指挥官群岛），沿堪察加半岛东南部海岸最南达日本北部；阿拉斯加海獭（*E. l. kenyoni*）生活在阿留申群岛与普里比洛夫群岛往东至阿拉斯加半岛，以及加拿大的不列颠哥伦比亚省、美国的华盛顿州与俄勒冈州等地沿岸。

现存海獭较为稀少。在 1741 年商业捕猎开始以前，海獭的分布相当广泛，估计当时的数量在 150 000～300 000 只。直到 1911 年由美国、日本、俄国与英国协议通过国际协定禁止捕捉海獭时，海獭的数量已经减少到数千只。在 20 世纪 80 年代，美国加利福尼亚州南部曾有重建加州海獭族群的计划，但复育后野放的海獭不是回到中部加利福尼亚州的原居地，就是死于人为因素或失踪。到 90 年代初，在圣米高岛建立了小型的自然栖地，至 90 年代晚期已有部分数量的海獭沿加利福尼亚州海岸往南移动至康塞普申角。

目前，美国、俄罗斯和加拿大都设有海獭保护区，在保护区内，倾倒废物和石油开采都是被禁止的。据 2004—2007 年的估算数据，全球海獭的数量约为 10 万只。在俄罗斯，堪察加半岛 2 000～3 500 只，科曼多尔群岛（也称指挥官群岛）有 5 000～5 500 只。在美国阿拉斯加，2006 年的估测数量为 73 000 只。

4. 主要威胁与疾患

海獭面临的生存危机除了自身为小族群之外，主要还包括人类的非法捕猎、海岸原油泄漏导致环境污染，以及其他动物的捕食等。石油泄漏会使石油浸透它们的皮毛，使它们失去皮毛对体温的保护能力。1989 年 3 月 24 日在威廉王子湾的埃克森瓦尔迪兹石油泄漏，造成了成千上万的海獭死亡。

疫病方面，海獭可以患低血糖症、中暑、脱毛症，也发生过传染性胃肠炎导致黑粪症，也有专家发现，海獭可以感染鼻螨、异刺线虫、复孔绦虫以及多种肠道吸虫，包括小前细颈棘头虫、棒体棘头虫、弓形虫、肉孢子虫等。其中弓形虫多见于于猫的排泄物中，肉孢子虫多见于鼠的粪便中。这些寄生虫在粪便中以卵囊的形式存在，可以在水中存活很长时间，当寄生虫随雨水从陆地冲刷到海里时，寄生虫便寄生在蛤、贻贝等这些海獭最喜欢吃的动物身上。当海獭食有感染了寄生虫的双壳贝类后，寄生虫便会进入海獭的血液中，导致脑炎疾病，正是这种脑炎致使海獭死亡。此外，海獭还易患贝利氏蛔虫病。

5. 物种保护

列入《濒危绝种野生动植物国际贸易公约》（CITES）附录Ⅰ；

列入世界自然保护联盟（IUCN）《2013 年濒危物种红色名录》ver3.1——濒危（EN）。

4.2.2　非洲小爪水獭

别名：角无爪水獭、格罗特水獭
英文名：African Clawless Otter、Cape Clawless Otter
学名：*Aonyx capensis*
分类：食肉目 Carnivora 鼬科 Mustelidae 水獭亚科 Lutrinae 小爪水獭属 *Aonyx* 非洲小爪水獭种 *A. capensis*

1. 形态特征

非洲小爪水獭是现存体形第二大的淡水水獭。成年体长（含尾长）可达 113～163 厘米，尾长占体长的 1/3，体重 10～36 千克，雄性体形通常较雌性略大。而一般其他种属的水獭平均体重只有 12～21 千克。

体毛呈栗色，茂密柔顺，带有丝绸般光泽。面部的白色被毛一直向下延伸至喉部和胸部。四肢除后足的 2、3、4 趾之外均没有指甲，这也是"小爪水獭"名称的由来。相对于狭窄的眼眶和短小的嘴部，其颅骨的体积相当巨大。后白齿巨大扁平以便咬碎食物。

2. 生活习性

非洲小爪水獭主要以鱼类、青蛙、螃蟹和蠕虫等水生动物为食，一般潜入水中，用前爪在水底搜索和挖掘食物，捕捉到猎物后游到岸边进食。它们的胡须极其敏感，在水中能够感知猎物的行踪。

非洲小爪水獭通常独居，除交配季节外，其他时候大多独来独往。但它们会比邻而居，各自占据以肛门腺分泌的特殊气味标记的专属领土。洞穴一般在地下，以躲避敌害和高温。非洲小爪水獭的天敌包括巨蟒、鳄鱼和鱼鹰等，在受到威胁时，会发出尖锐的叫声，警告附近的水獭和迷惑捕食者。

非洲小爪水獭一般在 12 月的短暂雨季交配，交配季节过后，雌、雄水獭各自回到各自的领地独自生活。妊娠期约两个月（63 天），每年早春产 3～5 只幼仔，雌性独自抚养后代。哺乳期 50～60 天。小水獭在 1 岁龄时完全成熟。

3. 种群状况

非洲小爪水獭主要分布于除刚果河流域及干旱地带以外的撒哈拉沙漠以南地区，一般栖息在靠近水源的稀树草原地区和森林的低洼地带，在非洲南部地区的辽阔海岸平原、浓密的森林中和半干旱的地域也有分布。非洲小爪水獭现存总数不详，在南非的估计数据约有 2 万只。

4. 主要威胁

由于非洲小爪水獭在水中游速快以及穴居等特点，它们的天敌并不多。自然界中的天敌主要是巨蟒、鳄鱼和鱼鹰。它们当下面临的最大威胁还是人类的捕杀，除为了获取其皮毛外，很多地方的人们也会出于渔业竞争而捕杀非洲小爪水獭。

在它们分布范围内的某些地方，由于森林砍伐、过度放牧、河道淤积、湿地丧失等因素，导致它们的栖息地已经大幅改变或消失。

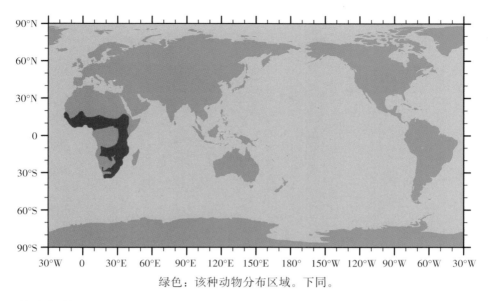

绿色：该种动物分布区域。下同。

5. 物种保护

列入《濒危绝种野生动植物国际贸易公约》（CITES）附录Ⅱ；

列入世界自然保护联盟（IUCN）《2013 年濒危物种红色名录》ver 3.1——无危（LC）。

4.2.3 刚果小爪水獭

别名：喀麦隆无爪水獭、扎伊尔小爪水獭

英文名：Congo Clawless Otter、Zaire Clawless Otter，Small-clawed Otter、Small-toothed Clawless Otter、Cameroon Clawless Otter

学名：*Aonyx congicus*

分类：食肉目 Carnivora 鼬科 Mustelidae 水獭亚科 Lutrinae 小爪水獭属 *Aonyx* 刚果小爪水獭种 *A. congicus*

1. 形态特征

刚果小爪水獭身材苗条，体毛浓密柔顺，背部体毛为深褐色，两颊及喉胸部为浅乳白色。仅后肢趾间有蹼，而且蹼只覆盖趾间部分面积。前足无爪，后足只有中间 3 个脚趾有爪，爪外露，小、钝，呈钉状。成年体长（不含尾长）可达到 60～100 厘米，尾长可达 40～70 厘米，体重 14～34 千克。刚出生的刚果小爪水獭体毛呈白色，2 月龄左右逐渐变成成年水獭体色。

2. 生活习性

刚果小爪水獭喜独居，在陆地上的时间多过在水中的时间，以小型陆地脊椎动物、青蛙、蛋类为食。全年都有繁殖现象，平均寿命为 15～20 岁。

3. 种群状况

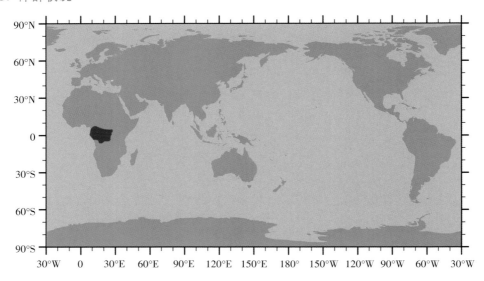

刚果小爪水獭仅生活在非洲中部热带地区刚果河流域的热带雨林和低地沼泽地区，喀麦隆、刚果共和国、刚果民主共和国、加蓬、安哥拉、布隆迪、中非共和国、几内亚、卢旺达、乌干达等国家均有分布。刚果小爪水獭的数量不详，在某些人类未涉足的热带雨林可能常见，在其他地方则罕见其踪。

4. 主要威胁

在许多地区，商业捕猎、栖息地的丧失和退化以及渔业资源的过度利用等，都可能对刚果小爪水獭构成威胁。刚果小爪水獭在尼日利亚和喀麦隆的数量已经严重下降。唯独在非洲的加蓬是个例外，这是因为在加蓬的神话中，用矛猎杀水獭的时候会遭到雷击。

5. 物种保护

列入《濒危绝种野生动植物国际贸易公约》（CITES）附录Ⅰ（仅包括喀麦隆和尼日利亚种群；其他的所有种群都被列入附录Ⅱ）；

列入世界自然保护联盟（IUCN）《2013 年濒危物种红色名录》ver 3.1——无危（LC）。

4.2.4　亚洲小爪水獭

别名：东方小爪水獭、小爪水獭、江獭、油獭

英文名：Asian Small-clawed Otter、Small-clawed Otter、Oriental Small-clawed Otter

学名：*Aonyx cinerea*

分类：食肉目 Carnivora 鼬科 Mustelidae 水獭亚科 Lutrinae 小爪水獭属 *Aonyx* 亚洲小爪水獭种 *A. cinerea*

1. 形态特征

亚洲小爪水獭是世界上体形最小的水獭，成年体长（不含尾长）仅有 45～61 厘米，

尾长 25～35 厘米，体重 1～5 千克。

　　亚洲小爪水獭身材修长，体毛硬直，背部的被毛呈灰褐色，腹部、面部和颈部被毛呈淡奶油色。头部扁平，耳朵小呈圆形，并有一个阀门结构，在水下游泳时可以关闭。亚洲小爪水獭尾巴根部的肌肉发达，皮下腺及气味腺分布于尾巴根部。

　　亚洲小爪水獭爪小、钝，呈钉状，向外延伸不超过足底的肉垫，而且蹼覆盖的趾间部分不超过最靠近根部的指节，这样的爪子利于它们采食软体动物、螃蟹和其他小型水生动物。它们在捕食时更多是用爪子而不是用嘴。

2. 生活习性

　　亚洲小爪水獭主要以甲壳类和软体动物等无脊椎动物为食，有时也吃脊椎动物，尤其是两栖类动物。主要在黄昏和深夜活动，善游泳，可以在水中潜水 6～8 分钟。

　　亚洲小爪水獭属群居动物，每个族群大约 12 只，一般包括一夫一妻制的配偶和它们的后代。每年生育 1～2 次，妊娠期约 60 天，每次产 1～6 胎。初生幼仔仅重 50 克，哺乳期约 14 周，幼仔会一直陪在母亲身边，直到下一窝出生。亚洲小爪水獭寿命 11～16 年，1 岁时性成熟。

3. 种群状况

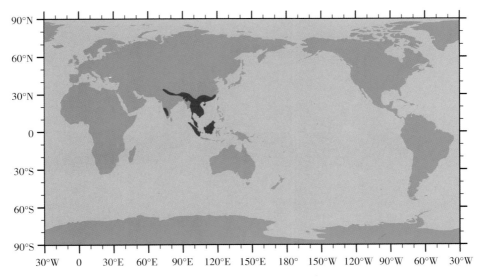

　　亚洲小爪水獭主要生活在孟加拉国、缅甸、印度、中国南部地区、老挝、马来西亚、

印度尼西亚、新加坡、菲律宾、泰国以及越南的红树林沼泽及淡水湿地。现存数量不详。

4. 主要威胁

目前，亚洲小爪水獭面临的主要威胁是栖息地的退化和丧失，如湿地的开垦、红树林的砍伐、沿潮间带湿地的水产养殖活动、渔业过度捕捞等，导致它们的活动范围和食物资源一再减小。

另外，由于有机氯和重金属污染可能会在亚洲小爪水獭体内蓄积影响生殖，导致其族群数量下降。

5. 物种保护

列入《濒危绝种野生动植物国际贸易公约》（CITES）附录Ⅱ；

列入世界自然保护联盟（IUCN）《2013 年濒危物种红色名录》ver 3.1——易危（VU）；

列入中国《国家重点保护野生动物名录》：国家二级保护动物；

列入《中国物种红色名录》：濒危（EN）。

4.2.5 北美水獭

别名：北方水獭

英文名：North American Otter、North American River Otter、Northern River Otter

学名：*Lontra canadensis*

分类：食肉目 Carnivora 鼬科 Mustelidae 水獭亚科 Lutrinae 美洲水獭属 *Lontra* 北美水獭种 *L. canadensis*

1. 形态特征

北美水獭四肢短而结实，成年体长（不含尾长）66～107 厘米，尾长 30～50 厘米，体重 5～14 千克。雄性体形略大于雌性，成年雄性平均体重 11.3 千克，雌性平均体重为 8.3 千克。有记载最大的北美水獭体重可达 15 千克。

北美水獭的被毛短，呈褐色至黑色，富有光泽。嘴唇、下巴和喉部被毛呈灰白色。

2. 生活习性

北美水獭能够适应多种形式的栖息地，如河流、湖泊、内陆湿地、沿海海岸线、河口等。对水质的敏感度很高，一旦环境被污染严重，它们会很快进行迁徙，经常被用作环境指示生物。

北美水獭主食鱼类，也吃甲壳类、两栖动物、爬行动物、水生昆虫、鸟类、小型哺乳动物等，一般在夜间以及黎明、黄昏捕食。通常在水边挖洞而居，洞穴多个出口以便进出和逃生。

北美水獭在野生条件下，平均寿命 8～9 岁，最高 13 岁。人工饲养平均年龄 21 岁，最长 25 岁。性成熟年龄雄性 2 岁，雌性略早，但通常 2 岁或以后才成功生育。每年 12 月至翌年 4 月为繁殖期，雌性的发情期会持续一个月左右，妊娠期为 61～63 天，由于北美水獭有至少 8 个月的延迟着床期，因此其交配与分娩之间的间隔可长达 10～12 个月之久。幼仔在 2～4 月出生，每次产 1～3 胎，最多 5 胎，初生幼仔体重约 140 克。哺乳期 12 周。

3. 种群状况

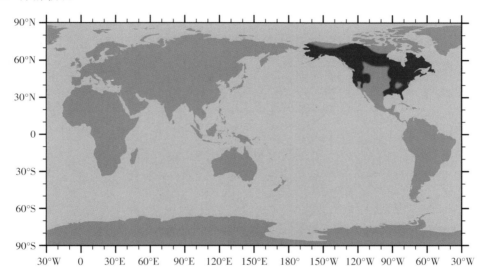

北美水獭仅栖息在北美地区，主要在加拿大内陆河及沿海地区、西太平洋、大西洋、墨西哥湾、美国阿拉斯加、阿留申群岛和布鲁克斯山脉北部，而在美国中部及西南部地区比较罕见。

在 20 世纪初期，由于人类捕获、水污染和栖息地退化等因素，导致大多数历史分布区内的北美水獭数量大幅下降，后因水质改善和放归项目的实施，原有历史分布区内的北美水獭种群已经逐渐恢复。

4. 主要疾患与威胁

北美水獭是狂犬病、犬瘟热、犬细小病毒、传染性肝炎、猫传染性鼻支气管炎、猫泛白细胞体病以及疱疹病毒病的易感动物。此外，沙门氏菌病，肺结核肺炎，肠炎梭状芽孢杆菌病，布氏杆菌病，钩端螺旋体病，巴氏杆菌病，化脓性胸、腹膜炎等也会在北美水獭中传播发病。据有关报道，水獭真菌病包括皮癣型的皮肤型真菌病、肺部感染的球孢子菌病（又称溪谷热）以及不育大孢子菌病。北美水獭易感染多种寄生虫，如在普及特海湾格鲁吉亚盆地常见的刚地弓形虫，可以导致水獭患脑炎并致死。其他体内寄生虫包括至少 29 种蠕虫、13 种吸虫、6 种绦虫、8 种棘头虫，以及数量不详的孢子虫等。

北美水獭在水中几乎没有天敌，在陆地上会受到美洲狮、山猫、土狼、黑熊等陆地食肉动物的威胁。目前，北美水獭面临的最大威胁来自于人类活动，如人类过度捕杀、水污染导致栖息地退化和污染等。在 20 世纪 70 年代后期，美国北部每年的捕获量就达到 5 万只以上。

5. 物种保护

列入《濒危绝种野生动植物国际贸易公约》（CITES）附录 II；

列入世界自然保护联盟（IUCN）《2013 年濒危物种红色名录》ver 3.1——无危（LC）。

4.2.6 智利水獭

别名：南方水獭

英文名：Southern River Otter、Huillin

学名：*Lontra provocax*

分类：食肉目 Carnivora 鼬科 Mustelidae 水獭亚科 Lutrinae 美洲水獭属 *Lontra* 智利水獭种 *L. provocax*

1. 形态特征

智利水獭头部宽扁，吻部较短，下颌部长有短而硬的胡须，眼睛略突出，耳朵短小而圆，鼻孔和耳道均有瓣膜结构，在游泳时可以阻止淡水灌入。尾巴细长，趾间有蹼。智利水獭的体毛较长而且细密，呈深棕色或者咖啡色，喉部、颈下则为灰白色。平均体长（不含尾长）57～70 厘米，尾长 35～46 厘米，体重 5～10 千克。

2. 生活习性

智利水獭主要分布于植被茂密的淡水河流和湖泊，主食鱼类、甲壳类、软体动物等，有时也捕食鸟类。虽然雌獭及幼獭会一同生活，但雄獭通常独居。

在自然界中，智利水獭没有固定的繁殖季节，一年可繁殖两次，通常每次产 2 胎。在人工饲养条件下，智利水獭在一周岁以上才能繁殖。母水獭妊娠期为 54～58 天，有延迟着床现象。每次产 1～2 胎，最多 4 胎，初生小水獭体长约 14.5 厘米，体重 54 克左右，全身乳白色或浅灰色。哺乳期约 50 天。

3. 种群状况

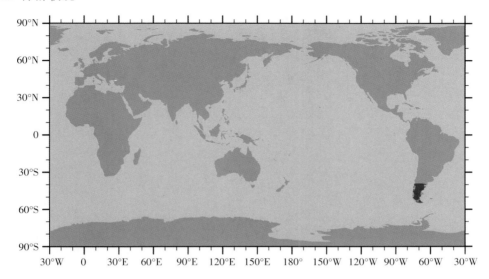

智利水獭仅在智利和阿根廷有分布，目前有 3 个主要的分布区，均在阿根廷境内：纳韦尔瓦皮国家公园、火地岛国家公园比格尔海峡沿岸及史坦顿岛。现存数量不详。

4. 主要威胁

在过去的 100 年里，由于对智利水獭皮毛的需求，导致智利水獭种群数量极度下降。现在，尽管阿根廷颁布法案禁止捕猎智利水獭，但由于缺乏监管，偷猎现象屡见不鲜。而在智利，非法狩猎非常普遍，尤其是在奇洛埃岛南部地区。鲑等外来物种的引进，可能会使本土鱼类数量下降，另外由于鲑游速快而难以捕食，智利水獭的食物来源遭到了很大影响，导致智利水獭不得不迁徙以寻找新的食物来源。

另外，栖息地的破坏和人类活动的干扰，如森林乱砍滥伐、水坝建设、河流沟渠化，以及疏浚对沿海形态的影响等，均会对智利水獭造成影响。

5. 物种保护

列入《濒危绝种野生动植物国际贸易公约》（CITES）附录Ⅰ；

列入世界自然保护联盟（IUCN）《2013 年濒危物种红色名录》ver 3.1——濒危（EN）；

列入《保护野生动物迁徙物种公约》（CMS）附录Ⅰ。

4.2.7 长尾水獭

别名：新热带区水獭

英文名：Neotropical Otter、La Plata Otter、Neotropical River Otter、South American River Otter、Long-tailed Otter

学名：*Lontra longicaudis*

分类：食肉目 Carnivora 鼬科 Mustelidae 水獭亚科 Lutrinae 美洲水獭属 *Lontra* 长尾

水獭种 *L. longicaudis*

1. 形态特征

长尾水獭与北美水獭、智利水獭体形相近，体长 36～66 厘米（不含尾长），尾长 37～84 厘米，体重可达 5～15 千克，雄性体形较雌性大。背部呈浅棕色，口鼻部至胸腹部呈浅灰色，眼睛小，耳朵短圆，足小腿短，爪强壮，尾短而宽，趾间长有完全的蹼。

2. 生活习性

长尾水獭是美洲水獭属中分布最广泛的物种，从墨西哥西北部向南到乌拉圭及阿根廷中部均有发现。主要分布于海拔 300～1 500 米高度，能够适应落叶或常绿阔叶林、热带雨林、沿海沼泽平原等多种生境。偏好清澈、湍急、两岸植被密集的河流。

主食鱼类、甲壳类和软体动物，有时也捕食小型哺乳动物、爬行动物、鸟类和水生昆虫等。长尾水獭通常独居，仅在繁殖季节短暂配对，交配成功后就各奔东西。主要在春季繁殖，但在某些地区全年皆可繁殖。妊娠期约 56 天，每次产 1～5 胎，多为 2～3 胎。

3. 种群状况

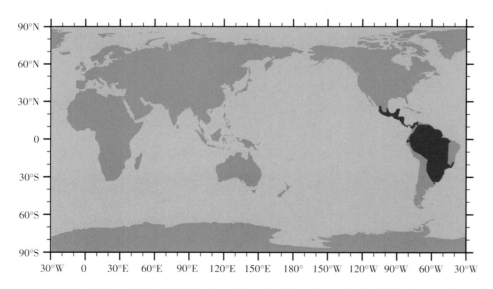

长尾水獭分布广泛，栖息范围变化不大，但缺乏关于其种群数量、组成及分布的数据。

4. 主要威胁

长尾水獭面临的主要威胁来自于非法狩猎及栖息地的破坏和丧失。在 20 世纪

50～70年代，由于过度捕猎，曾导致局部地区长尾水獭灭绝。采矿、过度放牧、森林乱砍滥伐、水污染等因素导致的栖息地减少，无疑会对长尾水獭种群产生负面影响。

5. 物种保护

列入《濒危绝种野生动植物国际贸易公约》（CITES）附录Ⅰ；

列入世界自然保护联盟（IUCN）《2013 年濒危物种红色名录》ver 3.1——数据缺乏（DD）。

4.2.8　秘鲁水獭

别名：猫獭

英文名：Marine Otter、Sea Cat

学名：*Lontra felina*

分类：食肉目 Carnivora 鼬科 Mustelidae 水獭亚科 Lutrinae 美洲水獭属 *Lontra* 秘鲁水獭种 *L. felina*

1. 形态特征

秘鲁水獭体形相对较小，体长 83～115 厘米（含尾长 30～36 厘米），体重 3.2～5.8 千克。背部体毛呈深棕色，腹部为浅棕色，毛质粗硬。

2. 生活习性

秘鲁水獭是一种十分稀少的水獭，是美洲水獭属中唯一仅生活在海洋环境的水獭，很少在淡水或河流入海口附近发现它们。其他水獭都喜欢较平静的水域，而秘鲁水獭似乎倾向于栖息在有狂风巨浪的环境，偏好裂隙多的岩石海岸及有大型藻类群落的区域。秘鲁水獭通常单独活动，少见 2 只或 3 只一群，它们平时把头埋在水里游泳，只露出头顶和背部。多在白天活动，主要以虾、蟹、鱼类及软体动物为食，偶尔捕食鸟类和小型哺乳动物。

秘鲁水獭据推测可能行一夫一妻制。通常于 12 月至翌年 1 月交配，1～3 月产仔，妊娠期 60～65天，每次产 2～4 胎，多为 2 胎。幼獭一般会待在母獭身边 10 个月左右。

3. 种群状况

秘鲁水獭主要分布于南美洲西南部沿海，从秘鲁北部，沿智利全部海岸线，直到阿根廷的最南端均有发现。现存数量估计不超过 1 000 只，其中最大的 2 个分布区为奇洛埃岛西海岸和智利南部。

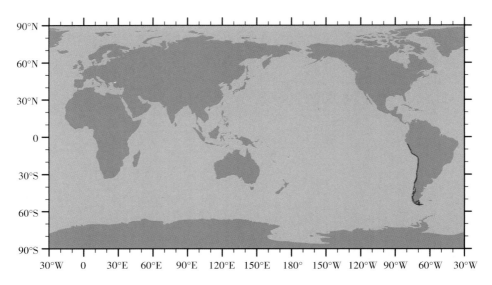

4. 主要威胁

秘鲁水獭面临的主要威胁有非法狩猎、栖息地的破坏、环境污染等。虽然受到秘鲁、智利及阿根廷法律保护，但秘鲁水獭因为皮毛的价值以及对渔业的竞争曾被大量捕杀，导致其历史分布区内的秘鲁水獭数量显著下降，在火地岛及其历史分布区的最北端海域已经近乎灭绝。在秘鲁水獭最大的2个分布区，关于非法狩猎、栖息地保护以及种群的状态和分布的信息缺乏。在阿根廷，秘鲁水獭已濒临灭绝。除非法狩猎外，秘鲁水獭受到人类渔业活动影响也很显著，如作为副渔获物、出于渔业保护目的被猎杀，以及因蟹类和软体动物的过度捕捞导致其食物匮乏等。

5. 物种保护

列入《濒危绝种野生动植物国际贸易公约》（CITES）附录Ⅰ；

列入世界自然保护联盟（IUCN）《2013年濒危物种红色名录》ver 3.1——濒危（EN）；

列入《保护野生动物迁徙物种公约》（CMS）附录Ⅰ。

4.2.9 欧亚水獭

别名：水獭、亚欧水獭、獭、獭猫、鱼猫、水狗

英文名：Eurasian Otter、European Otter、European River Otter、Old World Otter、Common Otter

学名：*Lutra lutra*

分类：食肉目 Carnivora 鼬科 Mustelidae 水獭亚科 Lutrinae 水獭属 *Lutra* 欧亚水獭种 *L. lutra*

1. 形态特征

欧亚水獭一般体长（不含尾长）57～70厘米，尾长35～40厘米，雌性体长比雄性略短，体重7～12千克，年老的雄性个体体重可达17千克。背部体毛呈棕色，腹部

呈苍白色。与北美水獭不同的是，它们的脖子较短，两耳间距大，面部宽阔，尾巴更长。

2. 生活习性

欧亚水獭能够适应多种形式的栖息地，如高地和低地湖泊、河流、小溪、沼泽、沼泽森林和沿海地区等。通常独居，领地意识强，喜夜间活动。主食鱼类，也捕食水生昆虫、爬行动物、两栖类、鸟类，小型哺乳动物、甲壳动物等。在个别地区，蟹类占其食物的比重可能达到 80% 左右，鱼类位于其次。

欧亚水獭寿命 15～20 年，性成熟年龄雌性 18～24 个月，雄性约 3 岁，繁殖季节 4～5 月，妊娠期约 2 个月，每次产 1～4 胎，哺乳期约 2 个月。母獭照顾小水獭约 13 个月。

3. 种群状况

欧亚水獭是分布最广的一种水獭，其踪迹横跨亚洲、欧洲及非洲。由于有机氯农药和多氯联苯污染、合法及非法的猎杀，欧亚水獭数量在 20 世纪下半叶大幅减少。在欧洲许多地区，伴随有害杀虫剂的禁止使用、水质的改善以及保护法案的颁布，欧亚水獭的种群数量已经得到很好恢复。现在，欧亚水獭在挪威、英国的海岸线和拉脱维亚特别常见。2004 年的估计数据认为，欧亚水獭在英国的数量约为 10 395 只，在爱尔兰的种群密度最高，在列支敦士登和瑞士被认定已经灭绝。此外，在亚洲和非洲的部分地区也可见到，但缺乏其种群数量的统计数据。

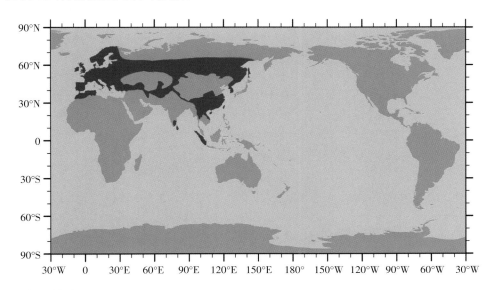

4. 主要威胁

欧亚水獭面临的威胁主要是栖息地的破坏和人类活动的干扰，如河流疏浚、水坝建设、河岸植物的清除、湿地排干开垦以及水产养殖活动等，这种情况在南亚和东南亚尤其严重。在中欧和西欧，环境污染物是欧亚水獭面临的最主要威胁，如有机氯、狄氏剂、滴滴涕、多氯联苯和重金属汞等。此外，河流和湖泊的酸化，会使鱼类等水生动物大量死亡，导致欧亚水獭食物匮乏，进而影响它们的生存。

5. 物种保护

列入《濒危绝种野生动植物国际贸易公约》（CITES）附录Ⅰ；

列入世界自然保护联盟（IUCN）《2013 年濒危物种红色名录》ver 3.1——近危（NT）；

列入中国《国家重点保护野生动物名录》：国家二级保护动物；

列入《中国物种红色名录》：濒危（EN）。

4.2.10　毛鼻水獭

别名：苏门答腊水獭

英文名：Hairy-nosed Otter

学名：*Lutra sumatrana*

分类：食肉目 Carnivora 鼬科 Mustelidae 水獭亚科 Lutrinae 水獭属 *Lutra* 毛鼻水獭种 *L. sumatrana*

1. 形态特征

毛鼻水獭是水獭属中人们了解最少的一种。其最显著的特征是鼻镜上覆盖有短的黑色毛发，其他特征与欧亚水獭相似。一般体长（不含尾长）50～80 厘米，尾长 35～40 厘米，体重 5.0～5.9 千克。

毛鼻水獭除嘴唇、下巴和喉咙呈白色外，全身呈棕色。体毛短而粗糙，尾巴扁平，尾巴的截面呈椭圆形，趾间长有完全的蹼，爪突出，牙齿细小。

2. 生活习性

毛鼻水獭在沿海地区和较大的内陆河流均有发现。在泰国和越南，毛鼻水獭主要分布在奈良河和湄公河下游的泥炭沼泽森林；在柬埔寨，则主要生活在洞里萨湖周边被洪水淹没的森林和灌木丛。单独或成不超过 4 只的小群行动。主食鱼类，也捕食蛇、龟、蜥蜴等爬行动物，以及蟹等甲壳类动物、小型哺乳动物和水生昆虫等。

生殖细节不详，在湄公河三角洲，毛鼻水獭一般在 11～12 月交配，妊娠期 2 个月左右，在 12 月至翌年 2 月产仔。雌、雄水獭可能共同照顾幼仔。

3. 种群状况

毛鼻水獭是世界上最稀有的水獭之一，曾被认为已经灭绝，但后来在东南亚的缅甸、泰国、柬埔寨、越南、马来西亚半岛南部（包括苏门答腊、加里曼丹岛）发现很小数量的种群。目前，在越南上幽明自然保护区有 50～230 只毛鼻水獭，在加里曼丹岛有零星分布，在马来西亚半岛极其稀少。

4. 主要威胁

毛鼻水獭数量极为稀少，在亚洲北部地区，可能已经濒临灭绝。而在其他地区，由于棕榈、水稻等经济作物种植和鱼类养殖等人类活动，使得毛鼻水獭赖以生存的热带泥炭沼泽森林正遭受严重威胁。在越南，整个湄公河三角洲变成了水稻种植地。在马来西亚，火

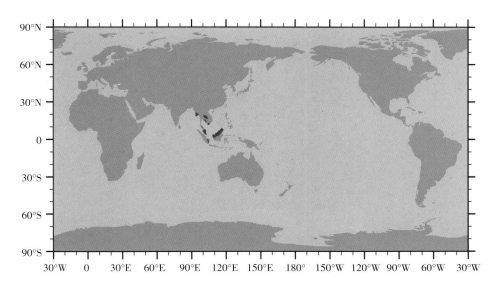

灾使沙巴州两个主要的森林保护区（Binsulok 和 Klias 森林保护区）分别减少了 70％和 10％的面积，严重影响了周围的环境和生物多样性。在过去的 20 年中，印度尼西亚的原始生态系统已减少了约 1/2。上述国家的原始地貌经受如此大规模的改变，不仅对毛鼻水獭，甚至对当地的生物多样性都会产生深远的影响。

　　另外，毛鼻水獭在其整个栖息范围内都承受着严峻的偷猎压力。在柬埔寨洞里萨湖，盗猎水獭和其他野生动物的行为非常普遍。在越南，毛鼻水獭在非法野生动物贸易以及食用和医疗用途等方面都大有市场。

　　5. 物种保护

　　列入《濒危绝种野生动植物国际贸易公约》（CITES）附录Ⅰ；

　　列入世界自然保护联盟（IUCN）《2013 年濒危物种红色名录》ver 3.1——濒危（EN）；

　　列入中国《国家重点保护野生动物名录》：国家二级保护动物。

4.2.11　斑颈水獭

　　英文名：Spotted-necked Otter、Speckle-throated Otter、Spot-necked Otter

　　学名：*Lutra maculicollis*

　　分类：食肉目 Carnivora 鼬科 Mustelidae 水獭亚科 Lutrinae 水獭属 *Lutra* 斑颈水獭种 *L. maculicollis*

　　1. 形态特征

　　斑颈水獭是一种源自非洲撒哈拉以南地区的小型水獭。毛皮通常呈略带红色到暗棕色，在喉部和胸部有白色或奶油色斑点。头部宽，口鼻部较短，耳朵小而圆。身材修长，趾间长有完全的蹼，爪发达。一般体长（不含尾长）雄性 71～76 厘米，雌性 57～61 厘米，尾长而肌肉发达，长达 39～44 厘米。体重雄性 5.7～6.5 千克，雌性 3.0～4.7 千克。

2. 生活习性

斑颈水獭主要栖息在清澈、无污染并且富含小鱼的淡水生境，在非洲中东部的大湖常见，也见于河流和小溪中。与非洲小爪水獭不同的是，斑颈水獭并不生活在沿海或河口水域。

斑颈水獭主食鱼类，通常捕食体长小于 20 厘米的小鱼，但也捕食蛙类和小型甲壳动物。斑颈水獭狩猎完全依靠视觉，因此主要在白天活动。它们经常独来独往，偶见群体活动。

生殖细节不详，妊娠期约 2 个月，每次产 1～3 胎。母獭照顾幼仔 1 年以上。

3. 种群状况

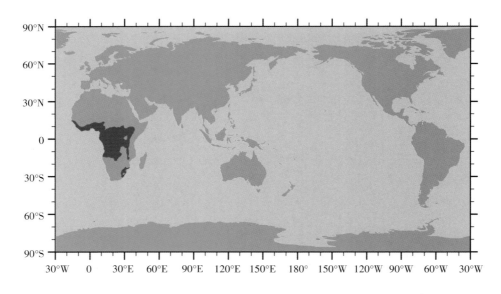

斑颈水獭在非洲中部鱼类丰富的湖泊相当常见，尤其是维多利亚湖和赞比亚，而在鱼类较少的其他地区较少见。

4. 主要威胁

斑颈水獭面临的主要威胁有栖息地的退化和丧失、偷猎等。由于农业活动加剧，导致其淡水栖息地品质退化，有机氯和其他生物污染物已被发现在斑颈水獭体内蓄积。

另外，在维多利亚湖引进外来鱼种，可能会导致较小的本土鱼类减少，而对该地区的斑颈水獭种群构成潜在威胁。

5. 物种保护

列入《濒危绝种野生动植物国际贸易公约》（CITES）附录Ⅱ；

列入世界自然保护联盟（IUCN）《2013年濒危物种红色名录》ver 3.1——无危（LC）；

列入中国《国家重点保护野生动物名录》：国家二级保护动物。

4.2.12　江獭

别名：滑獭、印度水獭、咸水獭、短毛獭

英文名：Smooth-coated Otter、Indian Smooth-coated Otter

学名：*Lutrogale perspicillata*

分类：食肉目 Carnivora 鼬科 Mustelidae 水獭亚科 Lutrinae 江獭属 *Lutrogale* 江獭种 *L. perspicillata*

1. 形态特征

江獭是亚洲体形最大的水獭，体长（不含尾长）65～79厘米，尾长40～50厘米，体重7～11千克。江獭有一身顺滑的短毛，背部呈棕红色，腹部呈浅棕色。其头型比其他水獭明显要圆滑很多，尾巴扁平。腿短粗，爪子强壮，趾间有蹼。

2. 生活习性

江獭是群居性动物，经常团体捕猎。主食鱼类，也捕食爬行动物、昆虫、青蛙、甲壳类动物和老鼠等小型哺乳动物，鱼类能够占到其食物组成的75%以上。一只成年江獭平均每天消耗食物1千克。

江獭性成熟年龄2～3岁，8～9月交配，11～12月产仔，每次产1～4胎，妊娠期约63天，哺乳期3～5个月。有记录的人工饲养条件下最长寿命为20年零5个月。

3. 种群状况

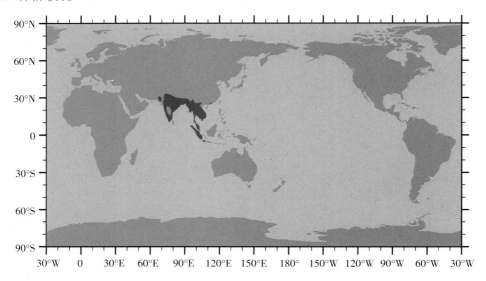

江獭主要分布在印度东部、马来半岛、尼泊尔、缅甸等东南亚地区，伊拉克有少量分布，中国的广东、云南等地也有发现。

4. 主要威胁

江獭面临的主要威胁来自于大型水电项目的建设、湿地的排干开垦导致的栖息地的丧失，以及食物匮乏、偷猎和水体污染等。在大多数亚洲国家，由于人口大规模增长、贫困问题，迫使人们更加依赖自然资源，湿地和水域的富营养化、氯化烃和有机磷等农药的积累，导致大多数的水域和湿地都难以承载江獭种群的生存和繁衍。

在整个南亚和东南亚，江獭和人类之间的冲突更为严重，江獭的许多重要栖息地几乎丧失殆尽。由于贫穷和水产养殖活动，导致针对江獭的非法狩猎活动有增无减，偷猎行为在印度、尼泊尔和孟加拉国等国尤为严重。

5. 物种保护

列入《濒危绝种野生动植物国际贸易公约》（CITES）附录Ⅱ；

列入世界自然保护联盟（IUCN）《2013 年濒危物种红色名录》ver 3.1——易危（VU）；

列入中国《国家重点保护野生动物名录》：国家二级保护动物；

列入《中国物种红色名录》：濒危（EN）。

4.2.13 巨獭

别名：大水獭、巨水獭、南美巨獭、巴西巨獭、巴西大水獭、亚马孙大水獭、南美大水獭

英文名：Giant Otter、Giant Brazilian Otter

学名：*Pteronura brasiliensis*

分类：食肉目 Carnivora 鼬科 Mustelidae 水獭亚科 Lutrinae 巨獭属 *Pteronura* 巨

獭 *P. brasiliensis*

1. 形态特征

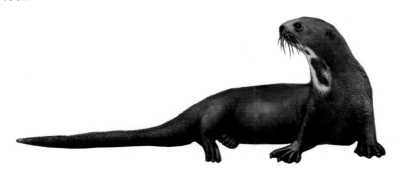

成年雄性巨獭体长 1.5～1.8 米，雌性 1.5～1.7 米，早期的毛皮标本和活体数据显示，最大的雄性个体体长甚至能达到 2.4 米，是世界上身体最长的水獭亚科动物。一般体重雄性 26～32 千克，雌性 22～26 千克。水獭亚科动物中可能只有海獭体重能大于巨獭。

巨獭头部扁平宽阔，眼睛和耳朵较小。鼻垫裸露部与皮毛交界处呈 W 形，鼻孔和耳内有小圆瓣，潜水时能关闭，防水侵入。四肢的爪长而锐利，趾间有蹼。巨獭体色一般呈巧克力色，有些个体可能呈红色或黄褐色，但在潮湿状态下近乎黑色。巨獭是水獭亚科动物中毛发最短的，外层针毛最长仅 8 毫米，内层绒毛长度还不及外层针毛的 1/2。外层针毛防水性极好，内层绒毛柔软致密，保暖性能佳。

巨獭下巴及喉部的白色或奶油色斑块有个体差异，这种独特的标记从出生起伴随它们一生。巨獭之间相遇时，通常会展示自己的喉部，借此来识别其他个体。

2. 生活习性

巨獭聪明、好奇，行踪诡秘，喜欢栖居在陡峭的岸边、河岸浅滩，以及水草少和附近林木繁茂的河湖溪沼之中，过着隐蔽的穴居生活。巨獭通常有好几处住所，经常迁居。一般以鲇、鲈和脂鲤科等较大鱼类为食，当食物缺乏时，也捕食蛇或小型鳄。巨獭的水性娴熟，不但能快速灵活地游泳，还能不动声色地贴身水面之下，做长距离潜泳，可以一口气潜游 6～8 分钟。

巨獭是极具社会性的动物，常以 5～9 只为家庭单元活动，很少单独活动。家庭成员一般包括一夫一妻制的配偶和它们的后代。家庭凝聚力强，成员间一起狩猎和御敌，一起休息，共同照顾新生儿。成员间互相梳理毛发也是巨獭必不可少的一项社交活动。巨獭可以发出 9 种不同的声音，用来联系其他个体或者作为捕食者出现时的预警信号。

巨獭在野生条件下的最长寿命记录是 8 年，人工养殖条件下为 17 年，性成熟年龄约为 2 岁。巨獭没有固定的繁殖季节，雌性全年都能生育，但在野生条件下，一般旱季为生育高峰。一年可繁殖两次，每次产 1～5 胎，通常 2 胎，妊娠期 65～70 天，哺乳期 9 个月。幼仔第四周开始睁开眼睛，第五周能够爬行，到第十二至十四周时便可独立游泳，一般在 2～3 岁时，便会离开，寻找新的领土并建立自己的家庭。

3. 种群状况

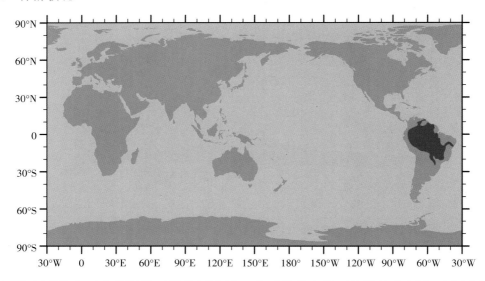

巨獭主要分布于南美洲的亚马孙河流域，由于其分布的不连续性和倾向于在远离人类活动的偏远地区生活的习性，难以对其种群数量进行全面估测。但该种群的分布范围正急剧萎缩，在乌拉圭和阿根廷都已绝迹。有数据显示，野生巨獭在2006年的数量在1 000～5 000。

4. 主要威胁及疾患

巨獭在自然界的天敌很少，未成年个体可能会被凯门鳄、美洲狮、美洲豹等捕食。其面临的传统威胁是遭到人类捕猎以获取其名贵的皮毛，在1959—1969年，每年仅来自巴西亚马孙的巨獭皮张就高达1 000～3 000张。当下的主要威胁是因人类不断地开发热带雨林并增加移民破坏了巨獭栖息环境，森林的砍伐使水土流失和生物多样性减少，造成巨獭的食物来源枯竭。其他威胁还包括过度捕鱼、农业及金矿开采导致的水污染等。

疾病方面，巨獭易患犬瘟热、犬细小病毒病等多种疾病，也容易感染多种肠道寄生虫。

5. 物种保护

列入《濒危绝种野生动植物国际贸易公约》（CITES）附录Ⅰ；

列入世界自然保护联盟（IUCN）《2013年濒危物种红色名录》ver 3.1——濒危（EN）；

列入中国《国家重点保护野生动物名录》：国家二级保护动物。

第 5 章　半水栖哺乳动物

除鲸目、海牛目、鳍足亚目等海洋哺乳动物被大家广泛认知外，河马、倭河马、河狸、鸭嘴兽等营半水栖的哺乳动物也各具特色，分别代表了生物进化的不同分支。

河马、倭河马虽然与猪等陆生偶蹄动物体形相像，但它们与鲸目的亲缘关系反而最近。河狸是啮齿目动物下少数营半水栖生活的物种。以欧亚河狸为例，它们是欧亚大陆最大的啮齿动物之一，性喜在寒温带针叶林或针阔混交林中的河边，在河边树根下面或水流缓慢的土质陡岸穴居。

单孔目下的鸭嘴兽则更为特别，被称为是最原始的哺乳动物，它们没有分开的尿道、肛门及产道，而是由统一的泄殖腔代替，而且与爬行动物及鸟类一样，靠产卵来繁殖下一代，但孵化出来的幼兽与其他哺乳类动物一样，由母乳养育而大。由于没有明显的乳头，幼兽会自行寻找母亲的乳腺吸食乳汁。

生物学分类如下：

偶蹄目 Artiodactyla

- 河马科 Hippopotamidae
  - 河马属 *Hippopotamus*
    - 河马 *Hippopotamus amphibius*
  - 倭河马属 *Choeropsis*
    - 倭河马 *Choeropsis liberiensis*

啮齿目 Rodentia

- 河狸科 Castoridae
  - 河狸属 *Castor*
    - 欧亚河狸 *Castor fiber*

单孔目 Monotremata

- 鸭嘴兽科 Ornithorhynchidae
  - 鸭嘴兽属 *Ornithorhynchus*
    - 鸭嘴兽 *Ornithorhynchus anatinus*

5.1 欧亚河狸

别名：河狸、海狸、欧洲河狸

英文名：Eurasian Beaver、European Beaver

学名：*Castor fiber*

分类：啮齿目 Rodentia 河狸科 Castoridae 河狸属 *Castor* 欧亚河狸种 *C. fiber*

1. 形态特征

欧亚河狸是欧亚大陆最大的啮齿动物之一，其体形肥硕，头短而钝、眼和耳较小、颈短。门齿锋利，咬肌尤为发达，一棵直径 40 厘米的树只需 2 小时就能咬断。前肢短而宽，无前蹼。后肢粗大，趾间有蹼，其第四趾十分特殊，具双爪甲，一为爪形，一为甲形。皮毛细密光亮，毛色随生活地域而不同，如生活在白俄罗斯的族群体色为浅栗色，俄罗斯索日河流域的族群为黑棕色，沃罗涅日保护区的族群则为褐色或黑棕色。尾大而扁平，无毛，覆盖有角质鳞片。肛门前有一对香腺，香腺分泌物为世界上四大名贵动物香料之一的"河狸香"。

欧亚河狸一般体长 80～100 厘米（不含尾长），尾长 25～50 厘米，体重在 11～30 千克。现存最大的标本，证实其体重可达 31.7 千克。而根据史密森学会的报道，该物种最大体重可以超过 40 千克。

2. 生活习性

欧亚河狸一般栖息在寒温带针叶林或针阔混交林中的河边，营半水栖生活，在河边树根下面或水流缓慢的土质陡岸穴居。喜食多种植物的嫩枝、树皮、树根，也食水生植物。多夜间活动，善游泳和潜水，不冬眠。

欧亚河狸被称为"野生动物世界中的建筑师"，因为除了人类，河狸是唯一能够因自己的建筑对环境产生影响的动物。河狸首先筑起小水坝，然后将水坝四周围起，作为自己的巢穴。巢穴除了供休息外，还是河狸觅食的场所。河狸对大片环境区域所做的改造，有助于维护沼泽地的生态和养护生活在其间的各种动物，例如鱼类、水獭、水禽、狐狸和獐等。

欧亚河狸寿命 12～20 年，性成熟年龄约 3 岁，约有 20％的雌性在 2 岁时就可繁殖。

其婚配制度为一夫一妻制，其中一方死亡后，另一方才再寻配偶。雄性和雌性共同承担营巢、储存食物、御敌、抚育后代等活动，和睦相处，配合默契。欧亚河狸的繁殖能力远不如其他大多数啮齿动物，每年只繁殖1次，一般每年1~2月交配，4~5月产仔，每次产1~6胎，多为2~4胎，妊娠期106天左右，哺乳期约2个月。幼仔出生后2天就会游泳。

3. 种群状况

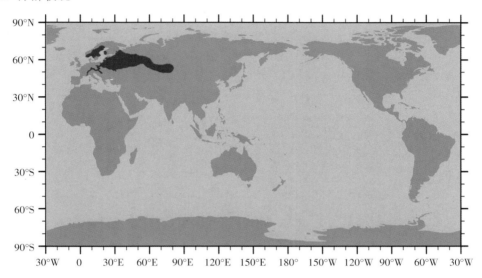

欧亚河狸曾经广泛分布在北半球欧亚大陆的森林地带的河流、湖泊、沼泽等地。人类出于对其皮毛、肉和"河狸香"的贪婪需求而过度狩猎，导致河狸的数量和分布范围大大减少，在20世纪初仅存约1 200只。现在欧亚河狸仅分布于欧亚大陆北部的少数地区，在欧洲，人们采取了一系列的保护措施，如在河狸之前的分布区域重新引入河狸等，使得河狸分布范围逐步扩大，目前已横跨欧洲中部和东部，2006年的最小估计值为63.9万只，如果按照目前的趋势发展下去，未来几十年，欧亚河狸将可见于欧洲大部分地区。

然而，欧亚河狸在亚洲的数量依然很少，蒙古国已经成功引进繁殖，现存约150只。我国仅见于新疆北部阿尔泰地区的青河县和福海县境内的布尔根河、青格里河和乌伦古河流域，数量在500~800只，其中以布尔根河最为集中，青格里河数量很少，乌伦古河更是少见。我国1981年在布尔根河流域建立了中国唯一的河狸自然保护区，但面积不大，仅约50千米长，500米宽。

4. 主要威胁与疾患

欧亚河狸目前在欧洲的数量和分布范围正在迅速扩大，没有重大威胁。在芬兰部分地区和俄罗斯西北部地区，欧亚河狸可能面临着其近亲北美河狸（*Castor canadensis*）的竞争排斥，但这种威胁并不严重。但某些地区欧亚河狸数量的迅速扩大可能会与人类活动发生冲突。

在蒙古国和中国，对欧亚河狸的非法狩猎仍时有发生。另外，栖息地破坏、环境污染等也对欧亚河狸的生存构成了威胁。在布尔根河上兴建的水利设施，阻断了河狸的迁徙路线，使中国和蒙古国的河狸不能上下迁徙，自由"通婚"，并且由于蓄水发电的原因使得上游水位不断加高，破坏了河狸的巢穴，导致河狸数量减少。

中国在1992年在保护区内开通与蒙古国通商的口岸，并在此建立了一个商镇，要求牧民在此定居，现保护区内常住人口已经接近20年前的2倍，并仍然在不断增加。人口的增加造成资源环境的恶化，仅收集柴草用以生火做饭一项就导致森林大量被砍伐，破坏了河狸的栖息地，减少了河狸的食物来源。

另外，在乌伦河水系两岸农牧活动逐年增加，河狸栖息地正在缩减。牲畜不仅与河狸争夺食物，还会破坏河狸的洞穴和地面巢。据统计，1989—1990年保护区的洞穴废弃率增加了1倍。废弃洞穴数已超过有效洞数，继续下去河狸难以再寻找到合适的地段修筑洞巢。

疫病方面，有资料显示河狸易患钩端螺旋体病、带绦虫病等。

5. 物种保护

列入世界自然保护联盟（IUCN）《2013年濒危物种红色名录》ver 3.1——无危（LC）；

列入中国《国家重点保护野生动物名录》：国家一级保护动物；

列入《中国物种红色名录》：濒危（EN）。

5.2 河马

英文名：Hippopotamus、Large Hippo、Common Hippopotamus

学名：*Hippopotamus amphibius*

分类：偶蹄目 Artiodactyla 河马科 Hippopotamidae 河马属 *Hippopotamus* 河马种 *H. amphibius*

1. 形态特征

河马是现存最大的偶蹄动物，也是第三大的陆生哺乳动物，仅次于大象和犀牛。虽然它们与猪等陆生偶蹄动物体形相像，但它们与鲸目的亲缘关系反而最近。

　　河马体躯庞大笨重，四肢短粗，呈圆筒状，一般体长 3.0～5.4 米，肩高只有 1.30～1.65 米，成年雄性体重 1 600～3 200 千克，成年雌性 655～2 344 千克。头粗硕，嘴宽大，颌关节位于较后方，双颚可撑开将近 180°。门齿和犬齿均呈獠牙状，下门齿不是向上生长，而是像铲子一样向前面平行伸出，长度可达 60～65 厘米，重量为 2～3 千克。犬齿的长度也达 60 厘米左右，硬度极高。其眼睛、鼻孔和耳朵都生在面部的上端，几乎在同一个水平面上。这种特点使得河马可以几乎全身都泡在水中，只露出眼睛、鼻孔、耳朵，以便呼吸和观察周围的环境。足上有大小几乎相等的 4 趾，趾间有蹼。

　　河马皮肤很厚，背部和体侧的厚度可达 4～5 厘米。背部呈灰色或褐色，腹部呈浅粉色，光滑无毛，仅在嘴端、耳内侧和尾巴上有一些毛。河马的皮上没有汗腺，黏液腺能够分泌一种类似防晒乳的微红色潮湿物质，并能防止昆虫叮咬。

2. 生活习性

　　河马几乎整个白天都呆在水里，夜晚才上岸觅食，甚至交配、产仔、哺乳均在水中进行。当河马暴露于空气中时，其皮上的水分蒸发量要比其他哺乳动物多得多，因此不能在水外待太长的时间，而必须待在水里或潮湿的栖息地，以防脱水。有研究表明，河马其实并不会游泳，只是沿着河底潜行，持续时间可达 5～10 分钟。

　　河马喜欢温暖的气候，一般生活于非洲热带水草丰盛的地区，有些栖息的海拔高度可以达到 2 400 米。虽然大部分时间都呆在水里，但河马却不吃任何水生植物，在夜间上岸觅食时会到离栖息地几千米之遥的草地进食陆生植物或农作物，有时也会吃动物尸体，甚至会主动捕食其他食草动物。

　　河马领地意识极强，处于优势地位的雄性会沿河或湖边建立自己的繁殖领域，一般长250 米，领域内一般会有 10 余只雌性共同生活。对首领卑躬屈膝的单身雄性也被允许生活在领地内。虽然同一领域内的河马每天都聚集在一起生活，但除了母女关系之外，它们并没有形成其他的社会关系。

　　河马外形看来十分温和，甚至有点滑稽，但事实上其性格与其外形完全相反，是世界上最危险的生物之一。河马不仅凶残而且十分暴躁，再加上领域性极强，任何动物接近，它都会主动攻击。虽然外形笨拙，但其在陆地上奔跑时速度可达 40 千米/小时，是非洲每年杀死人最多的动物。

　　河马一般寿命 40～50 年，性成熟年龄雌性 7～9 岁，雄性 9～11 岁。河马没有固定的繁殖季节，在交配季节，雄性间为争夺配偶会发生激烈争斗，处于优势地位的雄性可以和领地内的所有成年雌性交配。雌性河马每 2 年生产一次，妊娠期约 8 个月，每次产 1 胎。初生的幼仔体重为 40～50 千克，出生 4～6 个月以后，幼仔便可吃草，哺乳期一般 1 年，有的可延长至 18 个月。

3. 种群状况

　　历史上，河马曾广泛分布于非州南部，目前，主要分布在乌干达、苏丹及南苏丹、刚果盆地北部、埃塞俄比亚、冈比亚和南非、博茨瓦纳、津巴布韦、赞比亚和塞内加尔境内，有少数分布在坦桑尼亚和莫桑比克。河马现存估计在 125 000～148 000 头，种群数量呈下降趋势。东非国家（包括乌干达、肯尼亚、坦桑尼亚、莫桑比克和赞比亚）由于保护措施得力，是目前河马现存量最大的地区。

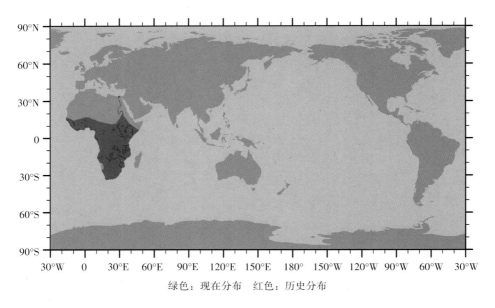

绿色：现在分布　红色：历史分布

4. 主要威胁与疾患

河马生存的主要威胁是非法狩猎和栖息地破坏。偷猎者们猎杀河马以获得肉食和其坚硬的犬齿。有报道称，自 1989 年国际象牙禁令颁布以来，河马犬齿的非法贸易急剧增加。1991—1992 年，河马犬齿的出口量达到约 27 000 千克，比 1989—1990 年的贸易量增加了 15 000 千克。

河马栖息地发生战乱期间，非法狩猎现象尤其严重，如在刚果（金）8 年多的内战中，当地河马种群数量就下降了 95％以上。布隆迪和科特迪瓦也有广泛偷猎河马的报道。实行河马种群保护区比例较高的国家，河马数量减少速度要低得多。

在疫病方面，有资料显示河马易患牛痘、结核、炭疽、巴氏杆菌、沙门氏菌、牛瘟、牛传染性鼻气管炎、布鲁氏菌病等疫病。

5. 物种保护

列入《濒危绝种野生动植物国际贸易公约》（CITES）附录Ⅱ；

列入世界自然保护联盟（IUCN）《2013 年濒危物种红色名录》ver3.1——易危（VU）。

5.3　倭河马

别名：侏儒河马

英文名：Pygmy Hippopotamus

学名：*Choeropsis liberiensis*

分类：偶蹄目 Artiodactyla 河马科 Hippopotamidae 倭河马属 *Choeropsis* 倭河马种 *C. liberiensis*

1. 形态特征

倭河马体形比其近亲河马要小得多，身高不及河马 1/2，体重不足河马的 1/5。倭河马两性体形相近，一般成年体长 1.50～1.75 米，肩高 75～100 厘米，体重 180～275 千克。

倭河马的头相对较小，较圆较短。与河马相比，倭河马的眼睛位置较偏向头部两侧，而且不像河马那样向外突出。其背部呈拱形，足较窄小，但脚趾分得很开，脚趾蹼小，适合在泥泞的雨林中行走。

倭河马的皮肤黑亮，不像河马那样带有明显的红褐色。与河马一样，倭河马也能分泌特殊的汗液来防止皮肤干裂，所以有时看上去也会呈粉红色。

2. 生活习性

倭河马对水栖生活的适应性不及河马，较多在陆地上活动。一般白天在水里休息，多在夜晚上岸活动，沿着比较固定的路线觅食。遇到危险时倭河马会躲进灌木丛，不像河马那样躲到水里。

倭河马喜欢单独活动，偶尔结成小群，生活在一起的多是伴侣或是母子。倭河马主食雨林中低矮的蕨类植物、阔叶植物和掉落在地上的水果等，食物种类要比以草为主食的河马丰富，一天大概花 6 个小时觅食。

倭河马寿命 30～42 年，圈养条件下最高寿命 55 年。性成熟年龄 4～5 岁，圈养条件下可能提前至 3 岁，每隔 3～4 年交配繁殖一次，妊娠期 196～210 天，分娩在水中或陆上进行，每次产 1 胎，偶有双胎，出生体重 5～7 千克，出生以后便可以下水活动。哺乳期为 6～8 个月，幼仔跟随母亲一起生活大约 3 年时间。

3. 种群状况

倭河马主要分布在西非热带雨林里的溪流和沼泽中，有两个亚种，其一（*C. l. liberiensis*）生活在塞拉利昂、几内亚、科特迪瓦、利比里亚，另外一个亚种（*C. l. heslopi*）生活在尼日利亚南部。据估计，野生倭河马可能只剩下不到 3 000 头。

目前，动物园饲养倭河马较常见。2003 年的统计记录显示，共有 178 头倭河马生活在世界各地 74 家动物园中。在中国，最早饲养展出倭河马的动物园是哈尔滨动物园，上海动物园、南昌动物园、广州香江野生动物世界也曾有饲养。香江野生动物世界的倭河马于 2003 年 6 月 23 日繁殖成功。

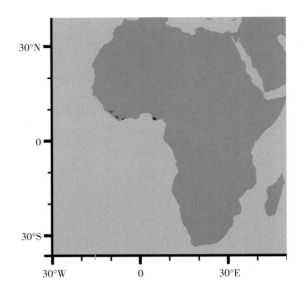

4. 主要威胁

目前，倭河马面临的最大威胁是森林乱砍滥伐及耕地面积不断扩大导致的栖息地丧失。它们赖以生存的林地减少，也使得它们越来越分散和孤立，将导致倭河马繁殖的遗传多样性降低。

此外，偷猎行为日益猖獗也是倭河马数量急剧减少的原因。在一些国家，动物保护法律不健全，执法水平落后，甚至在多个国家的倭河马保护区，法律保护已经失去效力，人们公开的捕杀倭河马以获取肉食。利比里亚、塞拉利昂的连年内战和科特迪瓦近几年动荡不安的政局，也使倭河马面临灭顶之灾。2007 年，倭河马被全球独特进化和濒危物种委员会［The Evolutionarily Distinct and Globally Endangered（EDGE）］列为全球十大焦点动物之一。

5. 物种保护

列入《濒危绝种野生动植物国际贸易公约》（CITES）附录Ⅱ；

列入世界自然保护联盟（IUCN）《2013 年濒危物种红色名录》ver3.1——濒危（EN）。

5.4 鸭嘴兽

别名：鸭獭

英文名：Platypus、Duck-billed Platypus

学名：*Ornithorhynchus anatinus*

分类：原兽亚纲 Prototheria 单孔目 Monotremata 鸭嘴兽科 Ornithorhynchidae 鸭嘴兽属 *Ornithorhynchus* 鸭嘴兽种 *O. anatinus*

1. 形态特征

鸭嘴兽的嘴和脚像鸭子，身体和尾部却又像海狸，成年体长 40～50 厘米，雌性体重 0.7～1.6 千克，雄性体重 1.0～2.4 千克。脑颅较小，大脑呈半球状，四肢很短，五趾具

钩爪，趾间有薄膜似的蹼，在行走或挖掘时，蹼反方向褶于掌部。

鸭嘴兽浑身长满柔软的皮毛，嘴巴宽扁，质地柔软，上面布满神经，能接受其他动物发出的电波，据此在水中寻找食物和辨明方向。嘴内有宽的角质牙龈，但没有牙齿。尾大而扁平，占体长的 1/4，在水里游泳时起舵的作用。体温很低，能够迅速波动。

鸭嘴兽是极少数用毒液自卫的哺乳动物之一。雄性鸭嘴兽后肢长有一根空心的刺，可分泌有毒物质。分泌毒液可能是为了显示它们在交配季节中的主导地位。鸭嘴兽身上有 3 种特有的毒素，这些毒素可引起炎症、神经损伤、肌肉收缩和血液凝固等症状，甚至会令人死亡。

2. 生活习性

鸭嘴兽常栖息在河流、湖泊中，平时喜穴居水畔。常把窝建造在沼泽或河流的岸边，洞口开在水下。除了哺乳期外，鸭嘴兽一生都过着独居的生活，大多时间都在水里，游泳时用前肢蹼足划水，靠后肢掌握方向。

鸭嘴兽是夜行生物，惯于白天睡觉，夜晚活动，冬季不活动或冬眠。鸭嘴兽的食物包括昆虫的幼卵、虾、蠕虫，以及甲壳类、蚯蚓等动物。鸭嘴兽没有尖利的牙齿，在水中捕到食物后先储于腮部，然后浮上水面，用嘴巴里的颌骨上下夹击后食用。鸭嘴兽食量很大，每天消耗的食物重量与自身体重相当。

鸭嘴兽虽然母体也分泌乳汁哺育幼仔成长，但却不是胎生而是卵生。即由母体产卵，像鸟类一样靠母体的温度孵化。春季是鸭嘴兽繁殖的季节。到了繁殖期，雌鸭嘴兽会挖相当于 16 米长的洞穴，用湿草铺好，里面有一个或多个巢穴。鸭嘴兽将卵产于巢内，每次产 2～3 卵，卵比麻雀卵还小，彼此粘在一起，孵化期 2 周。鸭嘴兽既无育儿袋也无乳头，成束的乳腺直接开口于腹部乳腺区，幼兽用能伸缩的舌头服食乳区的乳汁，哺乳期大约 5 个月，2 岁多便可成年，寿命一般为 10～15 年。

鸭嘴兽像爬行动物或鸟类般产卵，又能像哺乳动物般喂奶水给幼仔，这与已有的对哺乳动物和非哺乳动物的划分标准相违背。经过多番争议和研究，科学家们终于得出结论：这种奇异的生物属于卵生哺乳动物，代表着从爬行动物向哺乳动物进化的一个环节。

3. 种群状况

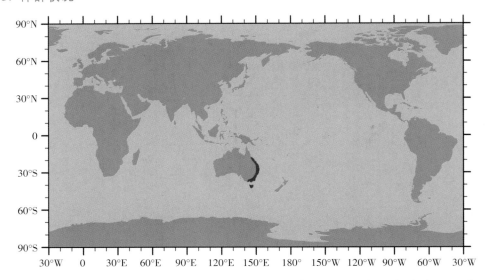

鸭嘴兽数量较少，仅分布于澳大利亚东部地区和塔斯马尼亚州，暂未发现亚种。除澳大利亚南部地区以外，其总体分布似乎没有什么变化。过去几十年间，一些地区的鸭嘴兽种群减少或者已经消失，但我们对其现存数量所知不多。

4. 主要威胁与疾患

鸭嘴兽是全世界范围内唯有澳大利亚独产的动物，因人类追求标本和珍贵毛皮，多年滥捕而使种群严重衰落，曾一度面临灭绝的危险。由于其特殊地位和稀少的数量，已列为国际保护动物。澳大利亚政府也制定了相关法规予以保护。

疫病方面，有资料显示鸭嘴兽易感染毛霉菌而患病。

5. 物种保护

列入世界自然保护联盟（IUCN）《2013 年濒危物种红色名录》ver 3.1——无危（LC）。

主要参考文献

陈万青，2005. 海豚是重要的水产资源［J］. 水产科技情报（7）：30 - 33.

冯国超，2002. 动物百科全书［M］. 北京：光明日报出版社.

劳拉·玛茜，2011. 美国国家地理野生动物大迁徙·鲸鱼的旅程［M］. 魏靖怡，译. 合肥：安徽少年儿童出版社.

刘瑞玉，2008. 中国海洋生物名录［M］. 北京：科学出版社.

马克·卡沃尔廷，2005. 鲸与海豚［M］. 台湾猎头鹰出版社，译. 北京：中国友谊出版公司.

王丕烈，韩家波，1995. 辽东湾发现的北海狮及海狮科动物在中国沿岸的分布［J］. 水产科学，14（002）：20 - 22.

王丕烈，2004. 几种海洋哺乳动物［J］. 生物学通报，39（7）：11 - 14.

王丕烈，2012. 中国鲸类［M］. 北京：化学工业出版社.

汪松，解焱，2009. 中国物种红色名录（第二卷）：脊椎动物［M］. 北京：高等教育出版社.

朱丽叶·克鲁顿-布罗克，2005. 哺乳动物：全世界450多种哺乳动物的彩色图鉴——自然珍藏图鉴丛书［M］. 王德华等，译. 北京：中国友谊出版公司.

Barlow J，2006. Cetacean abundance in Hawaiian waters estimated from a summer/fall survey in 2002［J］. Marine Mammal Science，22（2）：446 - 464.

Burnie D，Wilson D E，2005. Animal：The Definitive Visual Guide to the World's Wildlife［M］. New York：DK Adult.

D'Lima，Coralie，2008. Dolphin-human interactions［R］. Chilika：Whale and Dolphin Conservation Society.

Forcada J，Aguilar A，Hammond P，et al，1994. Distribution and numbers of striped dolphins in the western Mediterranean Sea after the 1990 epizootic outbreak［J］. Marine Mammal Science（10）：137 - 150.

Ford J K B，G M Ellis，L G Barrett-Lennard，et al，1998. Dietary specialization in two sympatric populations of killer whales（Orcinus orca）in coastal British Columbia and adjacent waters［J］. Canadian Journal Zoology（76）：1456 - 1471.

George A Feldhamer，Bruce C Thompson，Joseph A Chapman，et al，2003. Wild mammals of North America：biology，management，and conservation［M］. 2nd ed. Baltimore，Md：Johns Hopkins University Press.

Goujon M，1996. Captures accidentelles du filet maillant derivant et dynamique des populations de dauphins au large du Golfe de Gascogne［J］. ENSA Rennes，96（9）：239.

Hauer，Silek，2002. Reproductive performance of otters Lutra lutra（Linnaeus，1758）in Eastern Germany：Low reproduction in a long-term strategy［J］. Biological Journal of the Linnean Society，77（3）：329.

H C Rosenbaum，R L B Jr，M W Brown，et al. 2000. World-wide genetic differentiation of Eubalaena：Questioning the number of right whale species［J］. Molecular Ecology，9（11）：1793 - 1802.

Kasuya T, 1999. Review of the biology and exploitation of striped dolphins in Japan [J]. Journal of Cetacean Research and Management, 1 (1): 81 - 100.

Kenney, Robert D, 2008. Right Whales (Eubalaena glacialis, E. japonica, and E. australis) [M] // Perrin W F, Wursig B, Thewissen J G M. Encyclopedia of Marine Mammals. New York: Academic Press: 962 - 969.

Macdonald D, 2001. The New Encyclopaedia of Mammals [M]. Oxford: Oxford University Press.

Perrin W, 2002. "Common Dolphins" [M] //Perrin W F, Wursig B, Thewissen J G M. Encyclopedia of Marine Mammals. New York Academic Press: 245 - 248.

Richard Despard Estes, 1992. The Behavior Guide to African Mammals: Including Hoofed Mammals, Carnivores, Primates [M]. California: University of California Press: 437.

Schiermeier, Quirin, 2007. Climate change: a sea change [J]. Nature, 439 (7074): 256 - 260.

Sears R, Calambokidis J, 2002. Update COSEWIC status report on the blue whale Balaenoptera musculus in Canada [R]. Ottawa: Committee on the Status of Endangered Wildlife in Canada.

Shirihai H, Jarrett B, 2006. Whales, Dolphins and Other Marine Mammals of the World [M]. Princeton: Princeton University Press.

Stacey Pam J, Peter W Arnold, 1999. Orcaella brevirostris. Mammalian Species [J]. American Society of Mammalogists (616): 1 - 8.

T A Branch, K Matsuoka, T Miyashita, 2004. Evidence for increases in Antarctic blue whales based on Bayesian modelling [J]. Marine Mammal Science (20): 726 - 754.

Tromsø, 2011. Report of the Scientific Committee, Annex F: Sub-Committee on Bowhead, Right and Gray Whale [R]. Norway: IWC Office.

William F Perrin, Bernd Wursig, 2009. Encyclopedia of Marine Mammals [M]. 2nd ed. Burlington Ma. : Academic Press: 975.

Yablokov A V, 1994. Validity of whaling data [J]. Nature, 367 (6459): 108.

附　　录

附录1　濒危野生动植物种国际贸易公约

1973 年 3 月 3 日签订于华盛顿
1979 年 6 月 22 日修订于波恩

缔约各国：

认识到　许多美丽的、种类繁多的野生动物和植物是地球自然系统中无可代替的一部分，为了我们这一代和今后世世代代，必须加以保护；

意识到　从美学、科学、文化、娱乐和经济观点看，野生动植物的价值都在日益增长；

认识到　各国人民和国家是，而且应该是本国野生动植物的最好保护者；

并且认识到，为了保护某些野生动物和植物物种不致由于国际贸易而遭到过度开发利用，进行国际合作是必要的；

确信　为此目的迫切需要采取适当措施。

同意　下列各条款：

第一条　定义

除非内容另有所指，就本公约而言：

a) "物种"指任何的种、亚种，或其地理上隔离的种群；

b) "标本"指：

i) 任何活的或死的动物，或植物；

ii) 如系动物，指附录Ⅰ和附录Ⅱ所列物种，或其任何可辨认的部分，或其衍生物和附录Ⅲ所列物种及与附录Ⅲ所指有关物种的任何可辨认的部分，或其衍生物。

iii) 如系植物，指附录Ⅰ所列物种，或其任何可辨认的部分，或其衍生物和附录Ⅱ、附录Ⅲ所列物种及与附录Ⅱ、附录Ⅲ所指有关物种的任何可辨认的部分，或其衍生物。

c) "贸易"指出口、再出口、进口和从海上引进；

　　d) "再出口" 指原先进口的任何标本的出口；

　　e) "从海上引进" 指从不属任何国家管辖的海域中取得的任何物种标本输入某个国家；

　　f) "科学机构" 指依第九条所指定的全国性科学机构；

　　g) "管理机构" 指依第九条所指定的全国性管理机构；

　　h) "缔约国" 指本公约对之生效的国家。

第二条　基本原则

　　1. 附录 I 应包括所有受到和可能受到贸易的影响而有灭绝危险的物种。这些物种的标本的贸易必须加以特别严格的管理，以防止进一步危害其生存，并且只有在特殊的情况下才能允许进行贸易。

　　2. 附录 II 应包括：

　　（a) 所有那些目前虽未濒临灭绝，但如对其贸易不严加管理，以防止不利其生存的利用，就可能变成有灭绝危险的物种；

　　（b) 为了使本款第 a 项中指明的某些物种标本的贸易能得到有效的控制，而必须加以管理的其他物种。

　　3. 附录 III 应包括任一缔约国认为属其管辖范围内，应进行管理以防止或限制开发利用而需要其他缔约国合作控制贸易的物种。

　　4. 除遵守本公约各项规定外，各缔约国均不应允许就附录 I、附录 II、附录 III 所列物种标本进行贸易。

第三条　附录 I 所列物种标本的贸易规定

　　1. 附录 I 所列物种标本的贸易，均应遵守本条各项规定。

　　2. 附录 I 所列物种的任何标本的出口，应事先获得并交验出口许可证。只有符合下列各项条件时，方可发给出口许可证：

　　（a) 出口国的科学机构认为，此项出口不致危害该物种的生存；

　　（b) 出口国的管理机构确认，该标本的获得并不违反本国有关保护野生动植物的法律；

　　（c) 出口国的管理机构确认，任一出口的活标本会得到妥善装运，尽量减少伤亡、损害健康，或少遭虐待；

　　（d) 出口国的管理机构确认，该标本的进口许可证已经发给。

　　3. 附录 I 所列物种的任何标本的进口，均应事先获得并交验进口许可证和出口许可证，或再出口证明书。只有符合下列各项条件时，方可发给进口许可证：

　　（a) 进口国的科学机构认为，此项进口的意图不致危害有关物种的生存；

　　（b) 进口国的科学机构确认，该活标本的接受者在笼舍安置和照管方面是得当的；

　　（c) 进口国的管理机构确认，该标本的进口，不是以商业为根本目的。

　　4. 附录 I 所列物种的任何标本的再出口，均应事先获得并交验再出口证明书。只有符合下列各项条件时，方可发给再出口证明书：

　　（a) 再出口国的管理机构确认，该标本系遵照本公约的规定进口到本国的；

　　（b) 再出口国的管理机构确认，该项再出口的活标本会得到妥善装运，尽量减少伤亡、损害健康，或少遭虐待；

(c) 再出口国的管理机构确认，任一活标本的进口许可证已经发给。

5. 从海上引进附录 I 所列物种的任何标本，应事先获得引进国管理机构发给的证明书。只有符合下列各项条件时，方可发给证明书：

(a) 引进国的科学机构认为，此项引进不致危害有关物种的生存；

(b) 引进国的管理机构确认，该活标本的接受者在笼舍安置和照管方面是得当的；

(c) 引进国的管理机构确认，该标本的引进不是以商业为根本目的。

第四条　附录 II 所列物种标本的贸易规定

1. 附录 II 所列物种标本的贸易，均应遵守本条各项规定。

2. 附录 II 所列物种的任何标本的出口，应事先获得并交验出口许可证。只有符合下列各项条件时，方可发给出口许可证：

(a) 出口国的科学机构认为，此项出口不致危害该物种的生存；

(b) 出口国的管理机构确认，该标本的获得并不违反本国有关保护野生动植物的法律；

(c) 出口国的管理机构确认，任一出口的活标本会得到妥善装运，尽量减少伤亡、损害健康，或少遭虐待。

3. 各缔约国的科学机构应监督该国所发给的附录 II 所列物种标本的出口许可证及该物种标本出口的实际情况。当科学机构确定，此类物种标本的出口应受到限制，以便保持该物种在其分布区内的生态系中与它应有作用相一致的地位，或者大大超出该物种够格成为附录 I 所属范畴的标准时，该科学机构就应建议主管的管理机构采取适当措施，限制发给该物种标本出口许可证。

4. 附录 II 所列物种的任何标本的进口，应事先交验出口许可证或再出口证明书。

5. 附录 II 所列物种的任何标本的再出口，应事先获得并交验再出口证明书。只有符合下列各项条件时，方可发给再出口证明书：

(a) 再出口国的管理机构确认，该标本的进口符合本公约各项规定；

(b) 再出口国的管理机构确认，任一活标本会得到妥善装运，尽量减少伤亡、损害健康，或少遭虐待。

6. 从海上引进附录 II 所列物种的任何标本，应事先从引进国的管理机构获得发给的证明书。只有符合下列各项条件时，方可发给证明书：

(a) 引进国的科学机构认为，此项引进不致危害有关物种的生存；

(b) 引进国的管理机构确认，任一活标本会得到妥善处置，尽量减少伤亡、损害健康，或少遭虐待。

7. 本条第 6 款所提到的证明书，只有在科学机构与其他国家的科学机构或者必要时与国际科学机构进行磋商后，并在不超过一年的期限内将全部标本如期引进，才能签发。

第五条　附录 III 所列物种标本的贸易规定

1. 附录 III 所列物种标本的贸易，均应遵守本条各项规定。

2. 附录Ⅲ所列物种的任何标本，从将该物种列入附录Ⅲ的任何国家出口时，应事先获得并交验出口许可证。只有符合下列各项条件时，方可发给出口许可证：

（a）出口国的管理机构确认，该标本的获得并不违反该国保护野生动植物的法律；

（b）出口国的管理机构确认，任一活标本会得到妥善装运，尽量减少伤亡、损害健康，或少遭虐待。

3. 除本条第4款涉及的情况外，附录Ⅲ所列物种的任何标本的进口，应事先交验原产地证明书。如该出口国已将该物种列入附录Ⅲ，则应交验该国所发给的出口许可证。

4. 如系再出口，由再出口国的管理机构签发有关该标本曾在该国加工或正在进行再出口的证明书，以此向进口国证明有关该标本的再出口符合本公约的各项规定。

第六条　许可证和证明书

1. 根据第三条、第四条和第五条的各项规定签发的许可证和证明书必须符合本条各项规定。

2. 出口许可证应包括附录四规定的式样中所列的内容，出口许可证只用于出口，并自签发之日起半年内有效。

3. 每个出口许可证或证明书应载有本公约的名称、签发出口许可证或证明书的管理机构的名称和任何一种证明印鉴，以及管理机构编制的控制号码。

4. 管理机构发给的许可证或证明书的副本应清楚地注明其为副本。除经特许者外，该副本不得代替原本使用。

5. 交付每批标本，均应备有单独的许可证或证明书。

6. 任一标本的进口国管理机构，应注销并保存出口许可证或再出口证明书，以及有关该标本的进口许可证。

7. 在可行的适当地方，管理机构可在标本上盖上标记，以助识别。此类"标记"系指任何难以除去的印记、铅封或识别该标本的其他合适的办法，尽量防止无权发证者进行伪造。

第七条　豁免及与贸易有关的其他专门规定

1. 第三条、第四条和第五条的各项规定不适用于在缔约国领土内受海关控制的标本的过境或转运。

2. 出口国或再出口国的管理机构确认，某一标本是在本公约的规定对其生效前获得的，并具有该管理机构为此签发的证明书。则第三条、第四条和第五条的各项规定不适用于该标本。

3. 第三条、第四条和第五条的各项规定不适用于作为个人或家庭财产的标本，但这项豁免不得用于下列情况：

（a）附录Ⅰ所列物种的标本，是物主在其常住国以外获得并正在向常住国进口；

（b）附录Ⅱ所列物种的标本：

（i）它们是物主在常住国以外的国家从野生状态中获得；

（ii）它们正在向物主常住国进口；

（iii）在野生状态中获得的这些标本出口前，该国要求事先获得出口许可证。但管理机构确认，这些物种标本是在本公约的规定对其生效前获得的，则不在此限。

4. 附录Ⅰ所列的某一动物物种的标本，系为了商业目的而由人工饲养繁殖的，或附录Ⅰ所列的某一植物物种的标本，系为了商业目的，而由人工培植的，均应视为附录Ⅱ内所列的物种标本。

5. 当出口国管理机构确认，某一动物物种的任一标本是由圈养繁殖的，或某一植物物种的标本是由人工培植的，或确认它们是此类动物或植物的一部分，或是它们的衍生物，该管理机构出具的关于上述情况的证明书可以代替按第三条、第四条或第五条的各项规定所要求的许可证或证明书。

6. 第三条、第四条和第五条的各项规定不适用于在本国管理机构注册的科学家之间或科学机构之间进行非商业性的出借、馈赠或交换的植物标本或其他浸制的、干制的或埋置的博物馆标本，以及活的植物材料，但这些都必须附以管理机构出具的或批准的标签。

7. 任何国家的管理机构可不按照第三条、第四条和第五条的各项规定，允许用作巡回动物园、马戏团、动物展览、植物展览或其他巡回展览的标本，在没有许可证或证明书的情况下运送，但必须做到以下各点：

（a）出口者或进口者向管理机构登记有关该标本的全部详细情况；

（b）这些标本系属于本条第2款或第5款所规定的范围；

（c）管理机构已经确认，所有活的标本会得到妥善运输和照管，尽量减少伤亡、损害健康或少遭虐待。

第八条　缔约国应采取的措施

1. 缔约国应采取相应措施执行本公约的规定，并禁止违反本公约规定的标本贸易，包括下列各项措施：

（a）处罚对此类标本的贸易或占有，或对两者均予处罚；

（b）规定对此类标本进行没收或退还出口国。

2. 除本条第1款所规定的措施外，违反本公约规定措施的贸易标本，予以没收所用的费用，如缔约国认为必要，可采取任何办法内部补偿。

3. 缔约国应尽可能保证物种标本在贸易时尽快地通过一切必要手续。为便利通行，缔约国可指定一些进出口岸，以供对物种标本进行检验放行。各缔约国还须保证所有活标本，在过境、扣留或装运期间，得到妥善照管，尽量减少伤亡、损害健康，或少遭虐待。

4. 在某一活标本由于本条第1款规定而被没收时：

（a）该标本应委托给没收国的管理机构代管；

（b）该管理机构经与出口国协商后，应将标本退还该出口国，费用由该出口国负担，或将其送往管理机构认为合适并且符合本公约宗旨的拯救中心，或类似地方；

（c）管理机构可以征询科学机构的意见，或者，在其认为需要时，与秘书处磋商以加快实现根据本款第b项所规定的措施，包括选择拯救中心或其他地方。

5. 本条第4款所指的拯救中心，是指由管理机构指定的某一机构，负责照管活标本，特别是没收的标本。

6. 各缔约国应保存附录Ⅰ、附录Ⅱ、附录Ⅲ所列物种标本的贸易记录，内容包括：

（a）出口者与进口者的姓名、地址；

（b）所发许可证或证明书的号码、种类，进行这种贸易的国家，标本的数量、类别，根据附录Ⅰ、附录Ⅱ、附录Ⅲ所列物种的名称，如有要求，在可行的情况下，还包括标本的大小和性别。

7. 各缔约国应提出执行本公约情况的定期报告，递交秘书处：

（a）包括本条第 6 款第 b 项所要求的情况摘要的年度报告；

（b）为执行本公约各项规定而采取的立法、规章和行政措施的双年度报告。

8. 本条第 7 款提到的情况，只要不违反有关缔约国的法律，应予公布。

第九条　管理机构和科学机构

1. 各缔约国应为本公约指定：

（a）有资格代表该缔约国发给许可证或证明书的一个或若干个管理机构；

（b）一个或若干个科学机构。

2. 一国在将其批准、接受、核准或加入的文书交付保存时，应同时将授权与其他缔约国和秘书处联系的管理机构的名称、地址通知保存国政府。

3. 根据本条规定所指派的单位名称，或授予的权限，如有任何改动，应由该缔约国通知秘书处，以便转告其他缔约国。

4. 本条第 2 款提及的任何管理机构，在秘书处或其他缔约国的管理机构请求时，应将其图章、印记及其他用以核实许可证或证明书的标志的底样寄给对方。

第十条　与非公约缔约国贸易

向一个非公约缔约国出口或再出口，或从该国进口时，该国的权力机构所签发的类似文件，在实质上符合本公约对许可证和证明书的要求，就可代替任一缔约国出具的文件而予接受。

第十一条　缔约国大会

1. 在本公约生效两年后，秘书处应召集一次缔约国大会。

2. 此后，秘书处至少每隔两年召集一次例会，除非全会另有决定，如有三分之一以上的缔约国提出书面请求时，秘书处得随时召开特别会议。

3. 各缔约国在例会或特别会议上，应检查本公约执行情况，并可：

（a）做出必要的规定，使秘书处能履行其职责；

（b）根据第十五条，考虑并通过附录Ⅰ和附录Ⅱ的修正案；

（c）检查附录Ⅰ、附录Ⅱ、附录Ⅲ所列物种的恢复和保护情况的进展；

（d）接受并考虑秘书处，或任何缔约国提出的任何报告；

（e）在适当的情况下，提出提高公约效力的建议。

4. 在每次例会上，各缔约国可根据本条第 2 款的规定，确定下次例会召开的时间和地点。

5. 各缔约国在任何一次会议上，均可确定和通过本次会议议事规则。

6. 联合国及其专门机构和国际原子能总署以及非公约缔约国，可以观察员的身份参加大会的会议，但无表决权。

7. 凡属于如下各类在技术上有能力保护、保持或管理野生动植物的机构或组织，经通知秘书处愿以观察员身份参加大会者，应接受其参加会议，但有三分之一或以上缔约国反对者例外：

（a）政府或非政府的国际性机构或组织、国家政府机构和组织；

（b）为此目的所在国批准而设立的全国性非政府机构或组织。观察员经过同意后，有权参加会议，但无表决权。

第十二条　秘书处

1. 在本公约生效后，由联合国环境规划署执行主任筹组一秘书处。在他认为合适的方式和范围内，可取得在技术上有能力保护、保持和管理野生动植物方面的政府间的或非政府的，国际或国家的适当机构和组织的协助。

2. 秘书处的职责为：

（a）为缔约国的会议做出安排并提供服务；

（b）履行根据本公约第十五条和第十六条的规定委托给秘书处的职责；

（c）根据缔约国大会批准的计划，进行科学和技术研究，从而为执行本公约做出贡献，包括对活标本的妥善处置和装运的标准以及识别有关标本的方法；

（d）研究缔约国提出的报告，如认为必要，则要求他们提供进一步的情况，以保证本公约的执行；

（e）提请缔约国注意与本公约宗旨有关的任何事项；

（f）定期出版并向缔约国分发附录Ⅰ、附录Ⅱ、附录Ⅲ的最新版本，以及有助于识别这些附录中所列物种标本的任何情报；

（g）向缔约国会议提出有关工作报告和执行本公约情况的年度报告，以及会议上可能要求提供的其他报告；

（h）为执行本公约的宗旨和规定而提出建议，包括科学或技术性质情报的交流；

（i）执行缔约国委托秘书处的其他职责。

第十三条　国际措施

1. 秘书处根据其所获得的情报，认为附录Ⅰ、附录Ⅱ所列任一物种，由于该物种标本的贸易而正受到不利的影响，或本公约的规定没有被有效地执行时，秘书处应将这种情况通知有关的缔约国，或有关的缔约国所授权的管理机构。

2. 缔约国在接到本条第1款所指的通知后，应在其法律允许范围内，尽快将有关事实通知秘书处，并提出适当补救措施。缔约国认为需要调查时，可特别授权一人或若干人进行调查。

3. 缔约国提供的情况，或根据本条第2款规定进行调查所得到的情况，将由下届缔约国大会进行审议，大会可提出它认为合适的任何建议。

第十四条　对国内立法及各种国际公约的效力

1. 本公约的规定将不影响缔约国有权采取以下措施：

（a）附录Ⅰ、附录Ⅱ、附录Ⅲ所列物种标本的贸易、取得、占有和转运、在国内采取更加严格的措施或完全予以禁止；

（b）对附录Ⅰ、附录Ⅱ、附录Ⅲ未列入的物种标本的贸易、取得、占有和转运，在国内采取限制或禁止的措施。

2. 本公约的规定，将不影响缔约国在国内采取任何措施的规定，也不影响缔约国由于签署了已生效或即将生效的涉及贸易、取得、占有或转运各物种标本其他方面的条约、公约或国际协议而承担的义务，包括有关海关、公共卫生、兽医或动植物检疫等方面的任何措施。

3. 本公约的规定不影响各国间已缔结或可能缔结的建立同盟或区域贸易协议的条约、公约或国际协定中所做的规定或承担的义务，上述同盟或区域贸易协议是用来建立或维持该同盟各缔约国之间的共同对外关税管制或免除关税管制。

4. 本公约的缔约国，如果也是本公约生效时其他有效的条约、公约或国际协定的缔约国，而且根据这些条约、公约和协定的规定，对附录Ⅱ所列举的各种海洋物种应予保护，则应免除该国根据本公约的规定，对附录Ⅱ所列举的，由在该国注册的船只捕获的、并符合上述其他条约、公约或国际协定的规定而进行捕获的各种物种标本进行贸易所承担的义务。

5. 尽管有第三条、第四条和第五条的规定，凡出口依本条第 4 款捕获的标本，只需要引进国的管理机构出具证明书，说明该标本是依照其他条约、公约或国际协定规定取得的。

6. 本公约不应妨碍根据联合国大会 2750C 字（ⅩⅩⅤ）号决议而召开的联合国海洋法会议从事编纂和发展海洋法，也不应妨碍任何国家在目前或将来就海洋法以及就沿岸国和船旗国的管辖权的性质与范围提出的主张及法律观点。

第十五条　附录Ⅰ和附录Ⅱ的修改

1. 下列规定适用于在缔约国大会的会议上对附录Ⅰ和附录Ⅱ修改事宜：

（a）任何缔约国可就附录Ⅰ或附录Ⅱ的修改提出建议，供下次会议审议。所提修正案的文本至少应在会前一百五十天通知秘书处。秘书处应依据本条第 2 款第 b 项和第 c 项的规定，就修正案同其他缔约国和有关机构进行磋商，并不迟于会前三十天向各缔约国发出通知；

（b）修正案应经到会并参加投票的缔约国三分之二多数通过。此处所谓"到会并参加投票的缔约国"系指出席会议，并投了赞成票或反对票的缔约国。弃权的缔约国将不计入为通过修正案所需三分之二的总数内；

（c）在一次会议上通过的修正案，应在该次会议九十天后对所有缔约国开始生效，但依据本条第 3 款提出保留的缔约国除外。

2. 下列规定将适用于在缔约国大会闭会期间，对附录Ⅰ和附录Ⅱ的修改事宜：

（a）任何缔约国可在大会闭会期间按本款的规定，以邮政程序就附录Ⅰ和附录Ⅱ提出修改建议，要求审议；

（b）对各种海洋物种，秘书处在收到建议修正案文本后，应立即将修正案文本通知缔约国。秘书处还应与业务上和该物种有关的政府间机构进行磋商，以便取得这些机构有可能提供的科学资料，并使与这些机构实施的保护措施协调一致。秘书处应尽快将此类机构所表示的观点和提供的资料，以及秘书处的调查结果和建议，通知缔约国；

（c）对海洋物种以外的物种，秘书处应在收到建议的修正案文本后，立即将其通知缔约国，并随后尽快将秘书处的建议通知缔约国；

（d）任何缔约国于秘书处根据本款第 b 或第 c 项的规定，将其建议通知缔约国后的六十天内，应将其对所提的修正案的意见，连同有关的科学资料和情报送交秘书处；

（e）秘书处应将收到的答复连同它自己的建议，尽快通知缔约国；

（f）秘书处依据本款第 e 项规定将上述答复和建议通知缔约国后三十天内，如未收到对建议的修正案提出异议，修正案即应在随后九十天起，对所有缔约国开始生效，但依据本条第 3 款提出保留的缔约国除外；

（g）如秘书处收到任何缔约国提出的异议，修正案即按本款第 h、第 I 和第 j 项的规定，以邮政通信方式交付表决；

（h）秘书处应将收到异议的通知事先告知缔约国；

（i）秘书处按本款第 h 项的规定发出通知后六十天内，从各方收到赞成、反对或弃权票总数必须占缔约国总数一半以上，否则，修正案将提交缔约国大会的下一次会议上进行审议；

（j）如收到缔约国投票数已占一半，则修正案应由投赞成或反对票的缔约国的三分之二多数通过；

（k）秘书处将投票结果通知所有缔约国；

（l）如修正案获得通过，则自秘书处发出修正案被接受的通知之日起后九十天，对各缔约国开始生效。但按本条之第 3 款规定提出保留之缔约国除外。

3. 在本条第 1 款第 c 项，或第 2 款第 1 项规定的九十天期间，任何缔约国均可向公约保存国政府以书面通知形式，对修正案通知提出保留。在此保留撤销以前，进行有关该物种的贸易时，即不作为本公约的缔约国对待。

第十六条　附录Ⅲ及其修改

1. 按第二条第 3 款所述，任何缔约国可随时向秘书处提出它认为属其管辖范围内，并由其管理的物种的名单。附录Ⅲ应包括：提出将某些物种包括在内的缔约国的名称、提出的物种的学名，以及按第一条第 b 项所述，与该物种相联系的有关动物或植物的任何部分或衍生物。

2. 根据本条第 1 款规定提出的每一份名单，都应由秘书处在收到该名单后尽快通知缔约国。该名单作为附录Ⅲ的一部分，在发出此项通知之日起的九十天后生效。在该名单发出后，任何缔约国均可随时书面通知公约保存国政府，对任何物种，或其任何部分，或其衍生物持保留意见。在撤销此保留以前，进行有关该物种，或其一部分，或其衍生物的贸易时，该国即不作为本公约的缔约国对待。

3. 提出应将某一物种列入附录Ⅲ的缔约国，可以随时通知秘书处撤销该物种，秘书处应将此事通知所有缔约国，此项撤销应在秘书处发出通知之日起的三十天后生效。

4. 根据本条第1款的规定提出一份名单的任何缔约国，应向秘书处提交一份适用于此类物种保护的所有国内法律和规章的抄本，并同时提交缔约国对该法律规章的适当解释，或秘书处要求提供的解释。该缔约国在上述物种被列入在附录Ⅲ的期间内，应提交对上述法律和规章的任何修改或任何新的解释。

第十七条　公约的修改

1. 秘书处依至少三分之一缔约国提出的书面要求，可召开缔约国大会特别会议，审议和通过本公约的修正案。此项修正案应经到会并参加投票的缔约国三分之二多数通过。此处所谓"到会并参加投票的缔约国"系指出席会议并投了赞成票，或反对票的缔约国。弃权的缔约国将不计入为通过修正案所需三分之二的总数内。

2. 秘书处至少应在会前九十天将建议的修正案的案文通知所有缔约国。

3. 自三分之二的缔约国向公约保存国政府递交接受该项修正案之日起的六十天后，该项修正案即对接受的缔约国开始生效。此后，在任何其他缔约国递交接受该项修正案之日起的六十天后，该项修正案对该缔约国开始生效。

第十八条　争议的解决

1. 如两个或两个以上缔约国之间就本公约各项规定的解释或适用发生争议，则涉及争议的缔约国应进行磋商。

2. 如果争议不能依本条第1款获得解决，经缔约国相互同意，可将争议提交仲裁，特别是提交设在海牙的常设仲裁法院进行仲裁，提出争议的缔约国应受仲裁决定的约束。

第十九条　签署

本公约于一九七三年四月三十日以前在华盛顿开放签署，在此以后，则于一九七四年十二月三十一日以前在伯尔尼开放签署。

第二十条　批准、接受、核准

本公约需经批准、接受或核准，批准、接受或核准本公约的文书应交存公约保存国瑞士联邦政府。

第二十一条　加入

本公约将无限期地开放加入，加入书应交公约保存国保存。

第二十二条　生效

1. 本公约自第十份批准、接受、核准或加入本公约的文书交存公约保存国政府九十天后开始生效。

2. 在第十份批准、接受、核准或加入本公约的文书交存以后，批准、接受、核准或加入本公约的国家，自向公约保存国政府交存批准、接受、核准或加入的文书之日起九十天后对该国生效。

第二十三条　保留

1. 对本公约的各项规定不得提出一般保留。但根据本条或第十五条和第十六条的规定，可提出特殊保留。

2. 任何一国在将其批准、接受、核准或加入本公约的文书交托保存的同时，可就下述具体事项提出保留。

（a）附录Ⅰ、附录Ⅱ或附录Ⅲ中所列举的任何物种；

（b）附录Ⅲ中所指的各物种的任何部分或其衍生物。

3. 缔约国在未撤销其根据本条规定提出的保留前，在对该保留物种，或其一部分，或其衍生物进行贸易时，该国即不作为本公约的缔约国对待。

第二十四条　废约

任何缔约国均可随时以书面形式通知公约保存国政府废止本公约。废约自公约保存国政府收到书面通知之日起十二个月后生效。

第二十五条　保存国

1. 本公约正本以中、英、法、俄和西班牙文写成，各种文本都具有同等效力。正本应交存公约保存国政府，该政府应将核证无误的副本送致本公约的签字国，或加入本公约的国家。

2. 公约保存国政府应将批准、接受、核准或加入、本公约的生效和修改、表示保留和撤销保留以及废止的文书签署交存情况通知本公约所有签字国、加入国和秘书处。

3. 本公约生效后，公约保存国政府应立即将核证无误的文本根据联合国宪章第一百零二条，转送联合国秘书处登记和公布。

各全权代表受命在本公约上签字，以资证明。

公历一千九百七十三年三月三日签订于华盛顿

针对《公约》文本的波恩修正案

《公约》缔约国大会于 1979 年 6 月 22 日通过了一份针对《公约》文本的修正案。该修正案建议在《公约》第十一条第 3 款 a 项的末尾插入"并通过有关财政规定"的字词，并相应读作：

3. 各缔约国在例会或特别会议上，应检查本《公约》执行情况，并可：

（a）做出必要的规定，使秘书处能履行其职责，并通过有关财政规定；……

根据《公约》第十七条第 3 款，波恩修正案在 1979 年 6 月 22 日时已属《公约》缔约国的 50 个国家中的 34 个国家（即三分之二）递交其表示认可的法律文书后 60 天生效，即 1987 年 4 月 13 日。当时也只是对那些接受修正案的国家（不论其何时成为缔约国）生效。但是，现在修订后的《公约》文本则对在修正案生效后成为缔约国的任何国家自动适用。

针对《公约》文本的哈博罗内修正案

《公约》缔约国大会于 1983 年 4 月 30 日（第四届定期缔约国大会的最后一天）在博茨瓦纳的哈博罗内召开了其第二次特别会议，以对一份针对《公约》第二十一条而提议的修正案进行研究，该修正案提议允许地区性经济一体化组织加入《公约》。上述修正案和其他一些修正案一起，获得了批准，其文本内容如下：在《公约》第二十一条现有文字之后，插入以下五款内容：

1. 本《公约》应对由主权国家组成的经济一体化组织开放加入。此类经济一体化组织经其缔约国授权，拥有就国际条约中由其缔约国转交的事务及本《公约》所包含的事务开展谈判、决策和实施的权限。

2. 此类经济一体化组织应在加入《公约》的法律文书中声明其关于《公约》所辖事务的权限范围。这些经济一体化组织还应通知保存国政府任何关于其权限范围的实质性更改。保存国政府则应将此类经济一体化组织就其关于《公约》所辖事务的权限范围及相关更改情况所递交的通知转发给各缔约国。

3. 就其权限范围内的事务，此类经济一体化组织应行使相应的权力并履行《公约》赋予其各缔约国（均属本《公约》缔约国）的义务。在这种情况下，经济一体化组织的各缔约国必须统一（而非各自）行使此类权力。

4. 在其权限范围内，经济一体化可按拥有等同于其缔约国（也为本《公约》缔约国）数量的票数行使表决权。如果由其各缔约国行使表决权，则此类经济一体化组织不应再行使表决权，反之亦然。

5. 本《公约》第一条 h 项所用"缔约国"及本《公约》所指的"国家"/"各国"、"联邦下的缔约国"/"联邦下的各缔约国"等术语应被解释为包含任何地区性经济一体化组织（经其缔约国授权，拥有就国际条约中由其缔约国转交的事务及本《公约》所包含的事务开展谈判、决策和实施的权限）的含意在内。

根据《公约》第十七条第 3 款，哈博罗内修正案应在 1983 年 4 月 30 日时已属《公约》缔约国的 80 国家中的 54 个国家（即三分之二）递交其表示认可的法律文书后 60 天生效，但当时也只是对那些接受修正案的国家（不论其何时成为缔约国）生效。修订后的《公约》文本在修正案生效之日后将自动对在此之后成为缔约国的任何国家适用。但是，对在本修正案生效之日前成为缔约国而又未接受该修正案的国家，则只有在其接受修正案并再过 60 天后才能生效。

鉴于对本修正案的接受工作进展缓慢，第十二届缔约国大会（智利，圣地亚哥，2002 年 11 月）通过了下列决定：

12.1 敦促所有尚未接受哈博罗内修正案的缔约国，特别是其中在 1983 年 4 月 30 日时就已经是缔约国的国家，尽快并在第十三届缔约国大会之前接受针对《公约》第二十一条的哈博罗内修正案。

附录2 濒危野生动植物种国际贸易公约

附录Ⅰ、附录Ⅱ和附录Ⅲ

自 2005 年 1 月 12 日起生效

说明

1. 本附录所列的物种是指：

a）名称所示的物种；

b）一个高级分类单元所包括的全部物种或其特指的部分。

2. 缩写"spp."指一个高级分类单元所包括的全部物种。

3. 其他种以上的分类单元仅供资料查考或分类之用。科的学名后的俗名仅供参考（编者注：原文的俗名为英文名，中文翻译名绝大部分与其中文学名相同，故被省略）。它们是为表明此科中有物种被列入附录。在大多数情形下，并不是这个科中的所有种都被收入附录。

4. 以下缩写用于植物种以下的分类单元：

a）缩写"ssp."指亚种；

b）缩写"var（s）."指变种。

5. 鉴于未对列入附录Ⅰ的植物种或较高级分类单元做出注释说明其杂交种应当按照《公约》第三条有关规定进行管理，这表明来自一个或多个这些种或分类单元的杂交种如附有人工培植证明书便可进行贸易，同时这些杂交种源于体外培养、置于固体或液体介质中、以无菌容器运输的种子、花粉（包括花粉块）、切花、幼苗或组织培养物不受《公约》有关条款的限制。

6. 附录Ⅲ中物种名后括弧中的国家是提出将这些物种列入该附录的缔约国。

7. 根据《公约》第一条第 b 款第 iii 项的规定，列入附录Ⅱ或Ⅲ的一种或一较高级分类单元名称旁出现的符号（♯）及随之出现的数位，是表示按照《公约》的原则针对其规定的部分和衍生物所做的详细说明：

♯1　系指其所有部分和衍生物，但下列者除外：

a）种子、孢子和花粉（包括花粉块）；

b）体外培养的、置于固体或液体介质中、以无菌容器运输的幼苗或组织培养物；

c）人工培植植物的切花。

♯2　系指其所有部分和衍生物，但下列者除外：

a）种子和花粉；

b）体外培养的、置于固体或液体介质中、以无菌容器运输的幼苗或组织培养物；

c）人工培植植物的切花；

d）化学衍生物和医药制成品。

♯3　系指其根的整体、切片和部分，不包括经加工的部分及衍生物，如粉末、丸片、提取物、滋补品、茶类饮品及糕点制品。

♯4　系指其所有部分和衍生物，但下列者除外：

a）种子（原产墨西哥的墨西哥仙人掌除外）、花粉；

b）体外培养的、置于固体或液体介质中、以无菌容器运输的幼苗或组织培养物；

c）人工培植植物的切花；

d）移植或人工培植植物的果实、部分及其衍生物；

e）移植或人工培植的黄毛掌属 *Opuntia* 黄毛掌亚属 *Opuntia* 植物的茎节（叶枕）、部分和及其衍生物。

♯5　系指其原木、锯材和面板。

♯6　系指其原木、锯材、面板和胶合板。

♯7　系指其原木、木片和未加工的碎料。

♯8　系指其所有部分和衍生物，但下列者除外：

a）种子和花粉（包括花粉块）；

b）体外培养的、置于固体或液体介质中、以无菌容器运输的幼苗或组织培养物；

c）人工培植植物的切花；

d）人工培植的香果兰属 *Vanilla* 植物的果实、部分及其衍生物。

♯9　系指其所有部分和衍生物，但附有 "Produced from *Hoodia* spp. material obtained through controlled harvesting and production in collaboration with the CITES Management Authorities of Botswana/Namibia/South Africa under agreement no. BW/NA/ZA xxxxxx" 字样标签的除外；

♯10　系指其所有部分和衍生物，但下列者除外：

a）种子和花粉；

b）医药制成品。

编者注：★ 种或一较高分类单元的中文名前附有"★"者，系指该种或该高级分类单元所含物种在中国有分布记录。

附录Ⅰ	附录Ⅱ	附录Ⅲ
动物 FAUNA **脊索动物门 PHYLUM CHORDATA** **哺乳纲 MAMMALIA**		
鲸目 CETACEA		
	★鲸目所有种 CETACEA spp.（除被列入附录Ⅰ的物种。宽吻海豚 *Tursiops truncatus* 黑海种群野外获得活体标本的商业性年度出口限额为零）	
淡水豚科 Platanistidae		

（续）

附录 I	附录 II	附录 III
★白鳍豚 *Lipotes vexillifer* 恒河喙豚属所有种 *Platanista* spp.		
喙鲸科 Ziphiidae		
拜氏鲸属所有种 *Berardius* spp. 巨齿鲸属所有种 *Hyperoodon* spp.		
抹香鲸科 Physeteridae		
抹香鲸 *Physeter catodon*		
海豚科 Delphinidae		
★ 伊洛瓦底江豚 *Orcaella brevirostris*		
白海豚属所有种 *Sotalia* spp.		
★ 驼海豚属所有种 *Sousa* spp.		
鼠海豚科 Phocoenidae		
★江豚 *Neophocaena phocaenoides*		
海湾鼠海豚 *Phocoena sinus*		
灰鲸科 Eschrichtiidae		
★灰鲸 *Eschrichtius robustus*		
须鲸科 Balaenopteridae		
★ 小 鳁 鲸 *Balaenoptera acutorostrata* （除被列入附录 II 的西格陵兰种群） 南极须鲸 *Balaenoptera bonaerensis* ★ 鳁鲸 *Balaenoptera borealis* ★ 鳀鲸 *Balaenoptera edeni* ★ 蓝鲸 *Balaenoptera musculus* ★ 长须鲸 *Balaenoptera physalus* ★ 座头鲸 *Megaptera novaeangliae*		
露脊鲸科 Balaenidae		
北极露脊鲸 *Balaena mysticetus*		
★ 露脊鲸属所有种 *Eubalaena* spp.		
侏露脊鲸科 Neobalaenidae		
侏露脊鲸 *Caperea marginata*		
食肉目 CARNIVORA		
熊科 Ursidae		

（续）

附录 I	附录 II	附录 III
★大熊猫 *Ailuropoda melanoleuca* ★小熊猫 *Ailurus fulgens* ★马来熊 *Helarctos malayanus* 懒熊 *Melursus ursinus* 南美熊 *Tremarctos ornatus* ★棕熊 *Ursus arctos*（仅不丹、中国、墨西哥和蒙古种群；其他的所有种群都被列入附录 II） ★喜马拉雅棕熊 *Ursus arctos isabellinus* ★黑熊 *Ursus thibetanus*	熊科所有种 Ursidae spp.（除被列入附录 I 的物种）	
鼬科 Mustelidae		
水獭亚科 Lutrinae		
扎伊尔小爪水獭 *Aonyx congicus*（仅包括喀麦隆和尼日利亚种群；其他的所有种群都被列入附录 II） 海獭 *Enhydra lutris nereis* 秘鲁水獭 *Lontra felina* 长尾水獭 *Lontra longicaudis* 智利水獭 *Lontra provocax* ★水獭 *Lutra lutra* 大水獭 *Pteronura brasiliensis*	★水獭亚科所有种 Lutrinae spp.（除被列入附录 I 的物种）	
海狗科 Otariidae		
北美毛皮海狮 *Arctocephalus townsendi*	毛皮海狮属所有种 *Arctocephalus* spp.（除被列入附录 I 的物种）	
海象科 Odobenidae		
		海象 *Odobenus rosmarus*（加拿大）
海豹科 Phocidae		
僧海豹属所有种 *Monachus* spp.	象海豹 *Mirounga leonina*	
海牛目 SIRENIA		
儒艮科 Dugongidae		
★儒艮 *Dugong dugon*		
海牛科 Trichechidae		
亚马孙海牛 *Trichechus inunguis* 美洲海牛 *Trichechus manatus*	非洲海牛 *Trichechus senegalensis*	
偶蹄目 ARTIODACTYLA		
河马科 Hippopotamidae		
	倭河马 *Hexaprotodon liberiensis* 河马 *Hippopotamus amphibius*	

缔约国提出的特殊保留

自 2013 年 6 月 12 日起生效

附录 I Appendix I			
目/科 ORDER / Family	物种 Species	国家 Country	始自 Valid from
动物 FAUNA（ANIMALS） 脊索动物门 PHYLUM CHORDATA			
哺乳纲 CLASS MAMMALIA（MAMMALS）			
鲸目 CETACEA Dolphins，porpoises，whales			
须鲸科 Balaenopteridae Humpback whale，rorquals	小鳁鲸 *Balaenoptera acutorostrata*（被列入附录Ⅱ的西格陵兰种群除外）	冰岛	02/04/2000
		日本	01/01/1986
		挪威	01/01/1986
		帕劳	15/07/2004
	南极须鲸 *Balaenoptera bonaerensis*	冰岛	02/04/2000
		日本	01/01/1986
		挪威	01/01/1986
	鳁鲸 *Balaenoptera borealis*	冰岛	02/04/2000
	鳁鲸 *Balaenoptera borealis*	日本	06/06/1981
	［本保留不适用于下述种群：（a）北太平洋和（b）东经 0°～70°、赤道至南极大陆的区域］	挪威	06/06/1981
	鳀鲸 *Balaenoptera edeni*	日本	29/07/1983
	蓝鲸 *Balaenoptera musculus*	冰岛	02/04/2000
	大村鲸 *Balaenoptera omurai*	日本	29/07/1983
	长须鲸 *Balaenoptera physalus*	冰岛	02/04/2000
		日本	06/06/1981
	长须鲸 *Balaenoptera physalus* 适用以下种群： （a）冰岛离岸北大西洋； （b）纽芬兰岛离岸北大西洋； （c）南纬 40°至南极大陆、西经 120°～60°区域。	挪威	06/06/1981
	座头鲸 *Megaptera novaeangliae*	冰岛	02/04/2000
		圣文森特和格林纳丁斯	28/02/1989

（续）

附录 I Appendix I			
目/科 ORDER / Family	物种 Species	国家 Country	始自 Valid from
海豚科 Delphinidae Dolphins	伊洛瓦底江豚 *Orcaella brevirostris*	日本	12/01/2005
	矮鳍海豚 *Orcaella heinsohni*	日本	12/01/2005
抹香鲸科 Physeteridae Sperm whales	抹香鲸 *Physeter macrocephalus*	冰岛	02/04/2000
		日本	06/06/1981
		挪威	06/06/1981
		帕劳	15/07/2004
喙鲸科 Ziphiidae Beaked whales，bottle-nosed whales	拜氏鲸 *Berardius bairdii*	日本	29/07/1983
	巨齿槌鲸 *Hyperoodon ampullatus*	冰岛	02/04/2000
海牛目 SIRENIA			
儒艮科 Dugongidae Dugong	儒艮 *Dugong dugon*	帕劳	15/07/2004
海牛科 Trichechidae Manatees	非洲海牛 *Trichechus senegalensis*	加拿大	12/06/2013

附录 II Appendix II			
目/科 ORDER / Family	物种 Species	国家 Country	始自 Valid from
动物 FAUNA（ANIMALS） 脊索动物门 PHYLUM CHORDATA			
哺乳纲 CLASS MAMMALIA（MAMMALS）			
偶蹄目 ARTIODACTYLA			
鲸目 CETACEA Dolphins，porpoises，whales			
须鲸科 Balaenopteridae Humpback whale，rorquals	小鳁鲸 *Balaenoptera acutorostrata*（西格陵兰岛种群）	冰岛	02/04/2000
海豚科 Delphinidae Dolphins	长吻真海豚 *Delphinus capensis*	冰岛	02/04/2000
	真海豚 *Delphinus delphis*	冰岛	02/04/2000
	巨头鲸 *Globicephala melas*	冰岛	02/04/2000
	白腰斑纹海豚 *Lagenorhynchus acutus*	冰岛	02/04/2000
	白喙斑纹海豚 *Lagenorhynchus albirostris*	冰岛	02/04/2000
	逆戟鲸 *Orcinus orca*	冰岛	02/04/2000
	东方宽吻海豚 *Tursiops aduncus*	冰岛	02/04/2000
	宽吻海豚 *Tursiops truncatus*	冰岛	02/04/2000
鼠海豚科 Phocoenidae Porpoises	大西洋鼠海豚 *Phocoena phocoena*	冰岛	02/04/2000

附：关于特殊保留的说明：

任何缔约国（成员国）可提出单方面的陈述，表明本国将不受公约对附录所列特定物种（或被列入附录Ⅲ的部分或衍生物）的相关贸易规定的约束。这些陈述被称为"保留"，可依照公约条款第十五条、第十六条和第二十三条提出。

对于包含在附录Ⅰ或Ⅱ的物种，公约有提出保留的时间限制。保留的提出应是在一个国家成为缔约国时或是在附录有关修正案生效后的 90 天内。例如，如果缔约国大会在一次会议上同意将一物种由附录Ⅱ提升至附录Ⅰ，反对将其列入附录Ⅰ的保留陈述必须在该次会议结束后的 90 天内提出（见公约条款第十五条第 3 款和第二十三条）。

对于列在附录Ⅲ的物种（或其部分和衍生物），一个国家可在成为缔约国时或以后任何时候提出保留陈述（第十六条和第二十三条）。

提出保留陈述的国家可在任何时候撤销它。但是，当此保留在有效期内，凡涉及有关物种（或标本）的贸易时，该国在形式上被作为非缔约国对待。

虽然所有缔约国都有提出保留陈述的权利，但这些保留会导致执行上的问题。因此公约大会通过了 Conf. 4.26 号决议，建议对附录Ⅰ物种提出保留陈述的国家应将该物种视为被列入附录Ⅱ对待，并在年度报告中登记其贸易纪录。

附录 3　Convention on International Trade in Endangered Species of Wild Fauna and Flora

Contents

Convention on International Trade in Endangered Species of Wild Fauna and Flora

Signed at Washington, D. C., on 3 March 1973
Amended at Bonn, on 22 June 1979

The Contracting States,

Recognizing that wild fauna and flora in their many beautiful and varied forms are an irreplaceable part of the natural systems of the earth which must be protected for this and the generations to come;

Conscious of the ever-growing value of wild fauna and flora from aesthetic, scientific, cultural, recreational and economic points of view;

Recognizing that peoples and States are and should be the best protectors of their own wild fauna and flora;

Recognizing, in addition, that international co-operation is essential for the protection of certain species of wild fauna and flora against over-exploitation through international trade;

Convinced of the urgency of taking appropriate measures to this end;

Have agreed as follows:

Article Ⅰ　Definitions

For the purpose of the present Convention, unless the context otherwise requires:

(a) "Species" means any species, subspecies, or geographically separate population thereof;

(b) "Specimen" means:

(i) any animal or plant, whether alive or dead;

(ii) in the case of an animal: for species included in Appendices Ⅰ and Ⅱ, any readily recognizable part or derivative thereof; and for species included in Appendix Ⅲ, any readily recognizable part or derivative thereof specified in Appendix Ⅲ in relation to the species; and

(iii) in the case of a plant: for species included in Appendix Ⅰ, any readily recognizable part or derivative thereof; and for species included in Appendices Ⅱ and Ⅲ, any readily recognizable part or derivative thereof specified in Appendices Ⅱ and Ⅲ in relation to the species;

(c) "Trade" means export, re-export, import and introduction from the sea;

（d）"Re-export" means export of any specimen that has previously been imported；

（e）"Introduction from the sea" means transportation into a State of specimens of any species which were taken in the marine environment not under the jurisdiction of any State；

（f）"Scientific Authority" means a national scientific authority designated in accordance with Article Ⅸ；

（g）"Management Authority" means a national management authority designated in accordance with Article Ⅸ；

（h）"Party" means a State for which the present Convention has entered into force.

Article Ⅱ   Fundamental principles

1. Appendix Ⅰ shall include all species threatened with extinction which are or may be affected by trade. Trade in specimens of these species must be subject to particularly strict regulation in order not to endanger further their survival and must only be authorized in exceptional circumstances.

2. Appendix Ⅱ shall include：

（a）all species which although not necessarily now threatened with extinction may become so unless trade in specimens of such species is subject to strict regulation in order to avoid utilization incompatible with their survival；and

（b）other species which must be subject to regulation in order that trade in specimens of certain species referred to in sub-paragraph（a）of this paragraph may be brought under effective control.

3. Appendix Ⅲ shall include all species which any Party identifies as being subject to regulation within its jurisdiction for the purpose of preventing or restricting exploitation，and as needing the co-operation of other Parties in the control of trade.

4. The Parties shall not allow trade in specimens of species included in Appendices Ⅰ，Ⅱ and Ⅲ except in accordance with the provisions of the present Convention.

Article Ⅲ   Regulation of trade in specimens of species included in Appendix Ⅰ

1. All trade in specimens of species included in Appendix Ⅰ shall be in accordance with the provisions of this Article.

2. The export of any specimen of a species included in Appendix Ⅰ shall require the prior grant and presentation of an export permit. An export permit shall only be granted when the following conditions have been met：

（a）a Scientific Authority of the State of export has advised that such export will not be detrimental to the survival of that species；

（b）a Management Authority of the State of export is satisfied that the specimen was not obtained in contravention of the laws of that State for the protection of fauna and flora；

(c) a Management Authority of the State of export is satisfied that any living specimen will be so prepared and shipped as to minimize the risk of injury, damage to health or cruel treatment; and

(d) a Management Authority of the State of export is satisfied that an import permit has been granted for the specimen.

3. The import of any specimen of a species included in Appendix I shall require the prior grant and presentation of an import permit and either an export permit or a re-export certificate. An import permit shall only be granted when the following conditions have been met:

(a) a Scientific Authority of the State of import has advised that the import will be for purposes which are not detrimental to the survival of the species involved;

(b) a Scientific Authority of the State of import is satisfied that the proposed recipient of a living specimen is suitably equipped to house and care for it; and

(c) a Management Authority of the State of import is satisfied that the specimen is not to be used for primarily commercial purposes.

4. The re-export of any specimen of a species included in Appendix I shall require the prior grant and presentation of a re-export certificate. A re-export certificate shall only be granted when the following conditions have been met:

(a) a Management Authority of the State of re-export is satisfied that the specimen was imported into that State in accordance with the provisions of the present Convention;

(b) a Management Authority of the State of re-export is satisfied that any living specimen will be so prepared and shipped as to minimize the risk of injury, damage to health or cruel treatment; and

(c) a Management Authority of the State of re-export is satisfied that an import permit has been granted for any living specimen.

5. The introduction from the sea of any specimen of a species included in Appendix I shall require the prior grant of a certificate from a Management Authority of the State of introduction. A certificate shall only be granted when the following conditions have been met:

(a) a Scientific Authority of the State of introduction advises that the introduction will not be detrimental to the survival of the species involved;

(b) a Management Authority of the State of introduction is satisfied that the proposed recipient of a living specimen is suitably equipped to house and care for it; and

(c) a Management Authority of the State of introduction is satisfied that the specimen is not to be used for primarily commercial purposes.

Article IV　Regulation of trade in specimens of species included in Appendix II

1. All trade in specimens of species included in Appendix II shall be in accordance

with the provisions of this Article.

2. The export of any specimen of a species included in Appendix II shall require the prior grant and presentation of an export permit. An export permit shall only be granted when the following conditions have been met:

(a) a Scientific Authority of the State of export has advised that such export will not be detrimental to the survival of that species;

(b) a Management Authority of the State of export is satisfied that the specimen was not obtained in contravention of the laws of that State for the protection of fauna and flora; and

(c) a Management Authority of the State of export is satisfied that any living specimen will be so prepared and shipped as to minimize the risk of injury, damage to health or cruel treatment.

3. A Scientific Authority in each Party shall monitor both the export permits granted by that State for specimens of species included in Appendix II and the actual exports of such specimens. Whenever a Scientific Authority determines that the export of specimens of any such species should be limited in order to maintain that species throughout its range at a level consistent with its role in the ecosystems in which it occurs and well above the level at which that species might become eligible for inclusion in Appendix I, the Scientific Authority shall advise the appropriate Management Authority of suitable measures to be taken to limit the grant of export permits for specimens of that species.

4. The import of any specimen of a species included in Appendix II shall require the prior presentation of either an export permit or a re-export certificate.

5. The re-export of any specimen of a species included in Appendix II shall require the prior grant and presentation of a re-export certificate. A re-export certificate shall only be granted when the following conditions have been met:

(a) a Management Authority of the State of re-export is satisfied that the specimen was imported into that State in accordance with the provisions of the present Convention; and

(b) a Management Authority of the State of re-export is satisfied that any living specimen will be so prepared and shipped as to minimize the risk of injury, damage to health or cruel treatment.

6. The introduction from the sea of any specimen of a species included in Appendix II shall require the prior grant of a certificate from a Management Authority of the State of introduction. Acertificate shall only be granted when the following conditions have been met:

(a) a Scientific Authority of the State of introduction advises that the introduction will not be detrimental to the survival of the species involved; and

(b) a Management Authority of the State of introduction is satisfied that any living specimen will be so handled as to minimize the risk of injury, damage to health or cruel treatment.

7. Certificates referred to in paragraph 6 of this Article may be granted on the advice of a Scientific Authority, in consultation with other national scientific authorities or, when appropriate, international scientific authorities, in respect of periods not exceeding one year for total numbers of specimens to be introduced in such periods.

Article V　Regulation of trade in specimens of species included in Appendix Ⅲ

1. All trade in specimens of species included in Appendix Ⅲ shall be in accordance with the provisions of this Article.

2. The export of any specimen of a species included in Appendix Ⅲ from any State which has included that species in Appendix Ⅲ shall require the prior grant and presentation of an export permit. An export permit shall only be granted when the following conditions have been met:

（a）a Management Authority of the State of export is satisfied that the specimen was not obtained in contravention of the laws of that State for the protection of fauna and flora; and

（b）a Management Authority of the State of export is satisfied that any living specimen will be so prepared and shipped as to minimize the risk of injury, damage to health or cruel treatment.

3. The import of any specimen of a species included in Appendix Ⅲ shall require, except in circumstances to which paragraph 4 of this Article applies, the prior presentation of a certificate of origin and, where the import is from a State which has included that species in Appendix Ⅲ, an export permit.

4. In the case of re-export, a certificate granted by the Management Authority of the State of re-export that the specimen was processed in that State or is being re-exported shall be accepted by the State of import as evidence that the provisions of the present Convention have been complied with in respect of the specimen concerned.

Article Ⅵ　Permits and certificates

1. Permits and certificates granted under the provisions of Articles Ⅲ, Ⅳ, and Ⅴ shall be in accordance with the provisions of this Article.

2. An export permit shall contain the information specified in the model set forth in Appendix Ⅳ, and may only be used for export within a period of six months from the date on which it was granted.

3. Each permit or certificate shall contain the title of the present Convention, the name and any identifying stamp of the Management Authority granting it and a control number assigned by the Management Authority.

4. Any copies of a permit or certificate issued by a Management Authority shall be clearly marked as copies only and no such copy may be used in place of the original, except to the extent endorsed thereon.

5. A separate permit or certificate shall be required for each consignment of specimens.

6. A Management Authority of the State of import of any specimen shall cancel and retain the export permit or re-export certificate and any corresponding import permit presented in respect of the import of that specimen.

7. Where appropriate and feasible a Management Authority may affix a mark upon any specimen to assist in identifying the specimen. For these purposes "mark" means any indelible imprint, lead seal or other suitable means of identifying a specimen, designed in such a way as to render its imitation by unauthorized persons as difficult as possible.

Article Ⅶ Exemptions and other special provisions relating to trade

1. The provisions of Articles Ⅲ, Ⅳ and Ⅴ shall not apply to the transit or transhipment of specimens through or in the territory of a Party while the specimens remain in Customs control.

2. Where a Management Authority of the State of export or re-export is satisfied that a specimen was acquired before the provisions of the present Convention applied to that specimen, theprovisions of Articles Ⅲ, Ⅳ and Ⅴ shall not apply to that specimen where the Management Authority issues a certificate to that effect.

3. The provisions of Articles Ⅲ, Ⅳ and Ⅴ shall not apply to specimens that are personal or household effects. This exemption shall not apply where:

(a) in the case of specimens of a species included in Appendix Ⅰ, they were acquired by the owner outside his State of usual residence, and are being imported into that State; or

(b) in the case of specimens of species included in Appendix Ⅱ:

(i) they were acquired by the owner outside his State of usual residence and in a State where removal from the wild occurred;

(ii) they are being imported into the owner's State of usual residence; and

(iii) the State where removal from the wild occurred requires the prior grant of export permits before any export of such specimens;

unless a Management Authority is satisfied that the specimens were acquired before the provisions of the present Convention applied to such specimens.

4. Specimens of an animal species included in Appendix Ⅰ bred in captivity for commercial purposes, or of a plant species included in Appendix Ⅰ artificially propagated for commercial purposes, shall be deemed to be specimens of species included in Appendix Ⅱ.

5. Where a Management Authority of the State of export is satisfied that any specimen of an animal species was bred in captivity or any specimen of a plant species was artificially propagated, or is a part of such an animal or plant or was derived therefrom, a certificate by that Management Authority to that effect shall be accepted in lieu of any of the permits or certificates required under the provisions of Article Ⅲ, Ⅳ or Ⅴ.

6. The provisions of Articles Ⅲ, Ⅳ and Ⅴ shall not apply to the non-commercial loan, donation or exchange between scientists or scientific institutions registered by a Management Authority of their State, of herbarium specimens, other preserved, dried or embedded museum specimens, and live plant material which carry a label issued or approved by a Management Authority.

7. A Management Authority of any State may waive the requirements of Articles Ⅲ, Ⅳ and Ⅴ and allow the movement without permits or certificates of specimens which form part of a travelling zoo, circus, menagerie, plant exhibition or other travelling exhibition provided that:

（a）the exporter or importer registers full details of such specimens with that Management Authority;

（b）the specimens are in either of the categories specified in paragraph 2 or 5 of this Article; and

（c）the Management Authority is satisfied that any living specimen will be so transported and cared for as to minimize the risk of injury, damage to health or cruel treatment.

Article Ⅷ　Measures to be taken by the Parties

1. The Parties shall take appropriate measures to enforce the provisions of the present Convention and to prohibit trade in specimens in violation thereof. These shall include measures:

（a）to penalize trade in, or possession of, such specimens, or both; and

（b）to provide for the confiscation or return to the State of export of such specimens.

2. In addition to the measures taken under paragraph 1 of this Article, a Party may, when it deems it necessary, provide for any method of internal reimbursement for expenses incurred as a result of the confiscation of a specimen traded in violation of the measures taken in the application of the provisions of the present Convention.

3. As far as possible, the Parties shall ensure that specimens shall pass through any formalities required for trade with a minimum of delay. To facilitate such passage, a Party may designate ports of exit and ports of entry at which specimens must be presented for clearance. The Parties shall ensure further that all living specimens, during any period of transit, holding or shipment, are properly cared for so as to minimize the risk of injury, damage to health or cruel treatment.

4. Where a living specimen is confiscated as a result of measures referred to in paragraph 1 of this

Article:

(a) the specimen shall be entrusted to a Management Authority of the State of confiscation;

(b) the Management Authority shall, after consultation with the State of export, return the specimen to that State at the expense of that State, or to a rescue centre or such other place as the Management Authority deems appropriate and consistent with the purposes of the present Convention; and

(c) the Management Authority may obtain the advice of a Scientific Authority, or may, whenever it considers it desirable, consult the Secretariat in order to facilitate the decision under sub-paragraph (b) of this paragraph, including the choice of a rescue centre or other place.

5. A rescue centre as referred to in paragraph 4 of this Article means an institution designated by a Management Authority to look after the welfare of living specimens, particularly those that have been confiscated.

6. Each Party shall maintain records of trade in specimens of species included in Appendices Ⅰ, Ⅱ and Ⅲ which shall cover:

(a) the names and addresses of exporters and importers; and

(b) the number and type of permits and certificates granted; the States with which such trade occurred; the numbers or quantities and types of specimens, names of species as included in Appendices Ⅰ, Ⅱ and Ⅲ and, where applicable, the size and sex of the specimens in question.

7. Each Party shall prepare periodic reports on its implementation of the present Convention and shall transmit to the Secretariat:

(a) an annual report containing a summary of the information specified in sub-paragraph (b) of paragraph 6 of this Article; and

(b) a biennial report on legislative, regulatory and administrative measures taken to enforce the provisions of the present Convention.

8. The information referred to in paragraph 7 of this Article shall be available to the public where this is not inconsistent with the law of the Party concerned.

Article Ⅸ   Management and Scientific Authorities

1. Each Party shall designate for the purposes of the present Convention:

(a) one or more Management Authorities competent to grant permits or certificates on behalf of that Party; and

(b) one or more Scientific Authorities.

2. A State depositing an instrument of ratification, acceptance, approval or accession

shall at that time inform the Depositary Government of the name and address of the Management Authority authorized to communicate with other Parties and with the Secretariat.

3. Any changes in the designations or authorizations under the provisions of this Article shall be communicated by the Party concerned to the Secretariat for transmission to all other Parties.

4. Any Management Authority referred to in paragraph 2 of this Article shall, if so requested by the Secretariat or the Management Authority of another Party, communicate to it impression of stamps, seals or other devices used to authenticate permits or certificates.

Article X　Trade with States not party to the Convention

Where export or re-export is to, or import is from, a State not a Party to the present Convention, comparable documentation issued by the competent authorities in that State which substantially conforms with the requirements of the present Convention for permits and certificates may be accepted in lieu thereof by any Party.

Article XI　Conference of the Parties

1. The Secretariat shall call a meeting of the Conference of the Parties not later than two years after the entry into force of the present Convention.

2. Thereafter the Secretariat shall convene regular meetings at least once every two years, unless the Conference decides otherwise, and extraordinary meetings at any time on the written request of at least one-third of the Parties.

3. At meetings, whether regular or extraordinary, the Parties shall review the implementation of the present Convention and may:

(a) make such provision as may be necessary to enable the Secretariat to carry out its duties, and adopt financial provisions;

(b) consider and adopt amendments to Appendices I and II in accordance with Article XV;

(c) review the progress made towards the restoration and conservation of the species included in Appendices I, II and III;

(d) receive and consider any reports presented by the Secretariat or by any Party; and

(e) where appropriate, make recommendations for improving the effectiveness of the present Convention.

4. At each regular meeting, the Parties may determine the time and venue of the next regular meeting to be held in accordance with the provisions of paragraph 2 of this Article.

5. At any meeting, the Parties may determine and adopt rules of procedure for the meeting.

6. The United Nations, its Specialized Agencies and the International Atomic Energy

Agency, as well as any State not a Party to the present Convention, may be represented at meetings of the Conference by observers, who shall have the right to participate but not to vote.

7. Any body or agency technically qualified in protection, conservation or management of wild fauna and flora, in the following categories, which has informed the Secretariat of its desire to be represented at meetings of the Conference by observers, shall be admitted unless at least one-third of the Parties present object:

(a) international agencies or bodies, either governmental or non-governmental, and national governmental agencies and bodies; and

(b) national non-governmental agencies or bodies which have been approved for this purpose by the State in which they are located.

Once admitted, these observers shall have the right to participate but not to vote.

Article XII   The Secretariat

1. Upon entry into force of the present Convention, a Secretariat shall be provided by the Executive Director of the United Nations Environment Programme. To the extent and in the manner he considers appropriate, he may be assisted by suitable inter-governmental or non-governmental international or national agencies and bodies technically qualified in protection, conservation and management of wild fauna and flora.

2. The functions of the Secretariat shall be:

(a) to arrange for and service meetings of the Parties;

(b) to perform the functions entrusted to it under the provisions of Articles XV and XVI of the present Convention;

(c) to undertake scientific and technical studies in accordance with programmes authorized by the Conference of the Parties as will contribute to the implementation of the present Convention, including studies concerning standards for appropriate preparation and shipment of living specimens and the means of identifying specimens;

(d) to study the reports of Parties and to request from Parties such further information with respect thereto as it deems necessary to ensure implementation of the present Convention;

(e) to invite the attention of the Parties to any matter pertaining to the aims of the present Convention;

(f) to publish periodically and distribute to the Parties current editions of Appendices I, II and III together with any information which will facilitate identification of specimens of species included in those Appendices;

(g) to prepare annual reports to the Parties on its work and on the implementation of the present Convention and such other reports as meetings of the Parties may request;

(h) to make recommendations for the implementation of the aims and provisions of the present Convention, including the exchange of information of a scientific or technical nature;

(i) to perform any other function as may be entrusted to it by the Parties.

Article XIII　International measures

1. When the Secretariat in the light of information received is satisfied that any species included in Appendix Ⅰ or Ⅱ is being affected adversely by trade in specimens of that species or that the provisions of the present Convention are not being effectively implemented, it shall communicate such information to the authorized Management Authority of the Party or Parties concerned.

2. When any Party receives a communication as indicated in paragraph 1 of this Article, it shall, as soon as possible, inform the Secretariat of any relevant facts insofar as its laws permit and, where appropriate, propose remedial action. Where the Party considers that an inquiry is desirable, such inquiry may be carried out by one or more persons expressly authorized by the Party.

3. The information provided by the Party or resulting from any inquiry as specified in paragraph 2 of this Article shall be reviewed by the next Conference of the Parties which may make whatever recommendations it deems appropriate.

Article XIV　Effect on domestic legislation and international conventions

1. The provisions of the present Convention shall in no way affect the right of Parties to adopt:

(a) stricter domestic measures regarding the conditions for trade, taking, possession or transport of specimens of species included in Appendices Ⅰ, Ⅱ and Ⅲ, or the complete prohibition thereof; or

(b) domestic measures restricting or prohibiting trade, taking, possession or transport of species not included in Appendix Ⅰ, Ⅱ or Ⅲ.

2. The provisions of the present Convention shall in no way affect the provisions of any domestic measures or the obligations of Parties deriving from any treaty, convention, or international agreement relating to other aspects of trade, taking, possession or transport of specimens which is in force or subsequently may enter into force for any Party including any measure pertaining to the Customs, public health, veterinary or plant quarantine fields.

3. The provisions of the present Convention shall in no way affect the provisions of, or the obligations deriving from, any treaty, convention or international agreement concluded or which may be concluded between States creating a union or regional trade agreement establishing or maintaining a common external Customs control and removing Customs control between the parties thereto insofar as they relate to trade among the States

members of that union or agreement.

4. A State party to the present Convention, which is also a party to any other treaty, convention or international agreement which is in force at the time of the coming into force of the present Convention and under the provisions of which protection is afforded to marine species included in Appendix Ⅱ, shall be relieved of the obligations imposed on it under the provisions of the present Convention with respect to trade in specimens of species included in Appendix Ⅱ that are taken by ships registered in that State and in accordance with the provisions of such other treaty, convention or international agreement.

5. Notwithstanding the provisions of Articles Ⅲ, Ⅳ and Ⅴ, any export of a specimen taken in accordance with paragraph 4 of this Article shall only require a certificate from a Management Authority of the State of introduction to the effect that the specimen was taken in accordance with the provisions of the other treaty, convention or international agreement in question.

6. Nothing in the present Convention shall prejudice the codification and development of the law of the sea by the United Nations Conference on the Law of the Sea convened pursuant to Resolution 2750 C (ⅩⅩⅤ) of the General Assembly of the United Nations nor the present or future claims and legal views of any State concerning the law of the sea and the nature and extent of coastal and flag State jurisdiction.

Article ⅩⅤ   Amendments to Appendices Ⅰ and Ⅱ

1. The following provisions shall apply in relation to amendments to Appendices Ⅰ and Ⅱ at meetings of the Conference of the Parties:

(a) Any Party may propose an amendment to Appendix Ⅰ or Ⅱ for consideration at the next meeting. The text of the proposed amendment shall be communicated to the Secretariat at least 150 days before the meeting. The Secretariat shall consult the other Parties and interested bodies on the amendment in accordance with the provisions of sub-paragraphs (b) and (c) of paragraph 2 of this Article and shall communicate the response to all Parties not later than 30 days before the meeting.

(b) Amendments shall be adopted by a two-thirds majority of Parties present and voting. For these purposes "Parties present and voting" means Parties present and casting an affirmative or negative vote. Parties abstaining from voting shall not be counted among the two-thirds required for adopting an amendment.

(c) Amendments adopted at a meeting shall enter into force 90 days after that meeting for all Parties except those which make a reservation in accordance with paragraph 3 of this Article.

2. The following provisions shall apply in relation to amendments to Appendices Ⅰ and Ⅱ between meetings of the Conference of the Parties:

(a) Any Party may propose an amendment to Appendix Ⅰ or Ⅱ for consideration between meetings by the postal procedures set forth in this paragraph.

(b) For marine species, the Secretariat shall, upon receiving the text of the proposed amendment, immediately communicate it to the Parties. It shall also consult inter-governmental bodies having a function in relation to those species especially with a view to obtaining scientific data these bodies may be able to provide and to ensuring co-ordination with any conservation measures enforced by such bodies. The Secretariat shall communicate the views expressed and data provided by these bodies and its own findings and recommendations to the Parties as soon as possible.

(c) For species other than marine species, the Secretariat shall, upon receiving the text of the proposed amendment, immediately communicate it to the Parties, and, as soon as possible thereafter, its own recommendations.

(d) Any Party may, within 60 days of the date on which the Secretariat communicated its recommendations to the Parties under sub-paragraph (b) or (c) of this paragraph, transmit to the Secretariat any comments on the proposed amendment together with any relevant scientific data and information.

(e) The Secretariat shall communicate the replies received together with its own recommendations to the Parties as soon as possible.

(f) If no objection to the proposed amendment is received by the Secretariat within 30 days of the date the replies and recommendations were communicated under the provisions of sub-paragraph (e) of this paragraph, the amendment shall enter into force 90 days later for all Parties except those which make a reservation in accordance with paragraph 3 of this Article.

(g) If an objection by any Party is received by the Secretariat, the proposed amendment shall be submitted to a postal vote in accordance with the provisions of sub-paragraphs (h), (i) and (j) of this paragraph.

(h) The Secretariat shall notify the Parties that notification of objection has been received.

(i) Unless the Secretariat receives the votes for, against or in abstention from at least one-half of the Parties within 60 days of the date of notification under sub-paragraph (h) of this paragraph, the proposed amendment shall be referred to the next meeting of the Conference for further consideration.

(j) Provided that votes are received from one-half of the Parties, the amendment shall be adopted by a two-thirds majority of Parties casting an affirmative or negative vote.

(k) The Secretariat shall notify all Parties of the result of the vote.

(l) If the proposed amendment is adopted it shall enter into force 90 days after the date of the notification by the Secretariat of its acceptance for all Parties except those which make a reservation in accordance with paragraph 3 of this Article.

3. During the period of 90 days provided for by sub-paragraph (c) of paragraph 1 or

sub-paragraph (1) of paragraph 2 of this Article any Party may by notification in writing to the Depositary Government make a reservation with respect to the amendment.

Until such reservation is withdrawn the Party shall be treated as a State not a Party to the present Convention with respect to trade in the species concerned.

Article XVI   Appendix III and amendments thereto

1. Any Party may at any time submit to the Secretariat a list of species which it identifies as being subject to regulation within its jurisdiction for the purpose mentioned in paragraph 3 of Article II. Appendix III shall include the names of the Parties submitting the species for inclusion therein, the scientific names of the species so submitted, and any parts or derivatives of the animals or plants concerned that are specified in relation to the species for the purposes of sub-paragraph (b) of Article I.

2. Each list submitted under the provisions of paragraph 1 of this Article shall be communicated to the Parties by the Secretariat as soon as possible after receiving it. The list shall take effect as part of Appendix III 90 days after the date of such communication. At any time after the communication of such list, any Party may by notification in writing to the Depositary Government enter a reservation with respect to any species or any parts or derivatives, and until such reservation is withdrawn, the State shall be treated as a State not a Party to the present Convention with respect to trade in the species or part or derivative concerned.

3. A Party which has submitted a species for inclusion in Appendix III may withdraw it at any time by notification to the Secretariat which shall communicate the withdrawal to all Parties. The withdrawal shall take effect 30 days after the date of such communication.

4. Any Party submitting a list under the provisions of paragraph 1 of this Article shall submit to the Secretariat a copy of all domestic laws and regulations applicable to the protection of suchspecies, together with any interpretations which the Party may deem appropriate or the Secretariat may request. The Party shall, for as long as the species in question is included in Appendix III, submit any amendments of such laws and regulations or any interpretations as they are adopted.

Article XVII   Amendment of the Convention

1. An extraordinary meeting of the Conference of the Parties shall be convened by the Secretariat on the written request of at least one-third of the Parties to consider and adopt amendments to the present Convention. Such amendments shall be adopted by a two-thirds majority of Parties present and voting. For these purposes "Parties present and voting" means Parties present and casting an affirmative or negative vote. Parties abstaining from voting shall not be counted among the two-thirds required for adopting an amendment.

2. The text of any proposed amendment shall be communicated by the Secretariat to all Parties at least 90 days before the meeting.

3. An amendment shall enter into force for the Parties which have accepted it 60 days after two-thirds of the Parties have deposited an instrument of acceptance of the amendment with the Depositary Government. Thereafter, the amendment shall enter into force for any other Party 60 days after that Party deposits its instrument of acceptance of the amendment.

Article XIII Resolution of disputes

1. Any dispute which may arise between two or more Parties with respect to the interpretation or application of the provisions of the present Convention shall be subject to negotiation between the Parties involved in the dispute.

2. If the dispute can not be resolved in accordance with paragraph 1 of this Article, the Parties may, by mutual consent, submit the dispute to arbitration, in particular that of the Permanent Court of Arbitration at The Hague, and the Parties submitting the dispute shall be bound by the arbitral decision.

Article XIX Signature

The present Convention shall be open for signature at Washington until 30th April 1973 and thereafter at Berne until 31st December 1974.

Article XX Ratification, acceptance, approval

The present Convention shall be subject to ratification, acceptance or approval. Instruments of ratification, acceptance or approval shall be deposited with the Government of the Swiss Confederation which shall be the Depositary Government.

Article XXI Accession

The present Convention shall be open indefinitely for accession. Instruments of accession shall be deposited with the Depositary Government.

Article XXII Entry into force

1. The present Convention shall enter into force 90 days after the date of deposit of the tenth instrument of ratification, acceptance, approval or accession, with the Depositary Government.

2. For each State which ratifies, accepts or approves the present Convention or accedes thereto after the deposit of the tenth instrument of ratification, acceptance, approval or accession, the present Convention shall enter into force 90 days after the deposit by such State of its instrument of ratification, acceptance, approval or accession.

Article XⅢ   Reservations

1. The provisions of the present Convention shall not be subject to general reservations. Specific reservations may be entered in accordance with the provisions of this Article and Articles ⅩⅤ and ⅩⅥ.

2. Any State may, on depositing its instrument of ratification, acceptance, approval or accession, enter a specific reservation with regard to:

(a) any species included in Appendix Ⅰ, Ⅱ or Ⅲ; or

(b) any parts or derivatives specified in relation to a species included in Appendix Ⅲ.

3. Until a Party withdraws its reservation entered under the provisions of this Article, it shall be treated as a State not a Party to the present Convention with respect to trade in the particular species or parts or derivatives specified in such reservation.

Article ⅩⅥ   Denunciation

Any Party may denounce the present Convention by written notification to the Depositary Government at any time. The denunciation shall take effect twelve months after the Depositary Government has received the notification.

Article ⅩⅤ   Depositary

1. The original of the present Convention, in the Chinese, English, French, Russian and Spanish languages, each version being equally authentic, shall be deposited with the Depositary Government, which shall transmit certified copies thereof to all States that have signed it or deposited instruments of accession to it.

2. The Depositary Government shall inform all signatory and acceding States and the Secretariat of signatures, deposit of instruments of ratification, acceptance, approval or accession, entry into force of the present Convention, amendments thereto, entry and withdrawal of reservations and notifications of denunciation.

3. As soon as the present Convention enters into force, a certified copy thereof shall be transmitted by the Depositary Government to the Secretariat of the United Nations.

in witness where of the undersigned Plenipotentiaries, being duly authorized to that effect, have signed the present Convention.

Done at Washington this third day of March, One Thousand Nine Hundred and Seventy-three.

附录4　世界自然保护联盟（IUCN）《2013年濒危物种红色名录》简介

世界自然保护联盟濒危物种红色名录（IUCN Red List of Threatened Species 或称 IUCN 红色名录）是全球动植物物种保护现状最全面的名录，也被认为是生物多样性状况最具权威的指标。该名录由世界自然保护联盟（International Union for Conservation of Nature，IUCN）于1963年开始编制及维护。50年多来，IUCN 红色名录已经评估了73 686个物种，其中22 103个物种受到灭绝威胁。

IUCN 红色名录主要的物种评估机构有国际鸟盟、世界保护监测中心，以及 IUCN 下辖的物种存续委员会（Species Survival Commission，SSC）内的专家团体。该名录是按照严格准则对数以千计物种及亚种的绝种风险去评估所编制而成的，准则是根据物种及地区厘定，旨在向公众及决策者反映保育工作的迫切性，并协助国际社会避免物种灭绝。

IUCN 红色名录每年评估数以千计物种的绝种风险，将物种编入9个不同的保护级别：

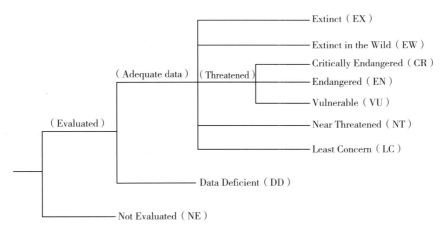

灭绝（EX，Extinct）：如果没有理由怀疑一分类单元的最后一个个体已经死亡，即认为该分类单元已经绝灭。于适当时间（日、季、年），对已知和可能的栖息地进行彻底调查，如果没有发现任何一个个体，即认为该分类单元属于灭绝。但必须根据该分类单元的生活史和生活形式来选择适当的调查时间。如已灭绝的物种有袋狼、渡渡鸟、台湾云豹。

野外绝灭（EW，Extinct in the Wild）：如果已知一分类单元只生活在栽培、圈养条件下或者只作为自然化种群（或种群）生活在远离其过去的栖息地时，即认为该分类单元属于野外绝灭。于适当时间（日、季、年），对已知的和可能的栖息地进行彻底调查，如果没有发现任何一个个体，即认为该分类单元属于野外绝灭。但必须根据该分类单元的生活史和生活形式来选择适当的调查时间。物种有单峰骆驼、台湾梅花鹿。

　　极危（CR，Critically Endangered）：当一分类单元的野生种群面临即将绝灭的概率非常高，即符合极危标准中的任何一条标准（A～E）时（见第Ⅴ部分），该分类单元即列为极危。如台湾鲑。

　　濒危（EN，Endangered）：当一分类单元未达到极危标准，但是其野生种群在不久的将来面临绝灭的概率很高，即符合濒危标准中的任何一条标准（A～E）时（见第Ⅴ部分），该分类单元即列为濒危。例如蓝鲸、麋鹿、熊猫。

　　易危（VU，Vulnerable）：当一分类单元未达到极危或者濒危标准，但是在未来一段时间后，其野生种群面临绝灭的概率较高，即符合易危标准中的任何一条标准（A～E）时（见第Ⅴ部分），该分类单元即列为易危。例如环尾狐猴、大白鲨、北极熊。

　　近危（NT，Near Threatened）：当一分类单元未达到极危、濒危或者易危标准，但是在未来一段时间后，接近符合或可能符合受威胁等级，该分类单元即列为近危。例如小头睡鲨、兔狲。

　　无危（LC，Least Concern）：当一分类单元被评估未达到极危、濒危、易危或者近危标准，该分类单元即列为无危。广泛分布和种类丰富的分类单元都属于该等级。例如台湾蓝鹊、狼。

　　数据缺乏（DD，Data Deficient）：如果没有足够的资料来直接或者间接地根据一分类单元的分布或种群状况来评估其绝灭的危险程度时，即认为该分类单元属于数据缺乏。属于该等级的分类单元也可能已经做过大量研究，有关生物学资料比较丰富，但有关其丰富度和/或分布的资料却很缺乏。因此，数据缺乏不属于受威胁等级。列在该等级的分类单元需要更多的信息资料，而且通过进一步的研究，可以将其划分到适当的等级中。重要的是能够正确地使用可以使用的所有数据资料。多数情况下，确定一分类单元属于数据缺乏还是受威胁状态时应当十分谨慎。如果推测一分类单元的生活范围相对地受到限制，或者对一分类单元的最后一次记录发生在很长时间以前，那么可以认为该分类单元处于受威胁状态。

　　未评估（NE，Not Evaluated）：如果一分类单元未经应用本标准进行评估，则可将该分类单元列为未予评估。

　　过去50年中，IUCN红色名录对进一步认识世界物种，以更好地了解我们所面临的挑战，开展实实在在的保护行动，真正化解生物多样性危机发挥了指导作用，对于实现一个重视和保护自然的平衡世界（a just world that values and conserves nature），影响、鼓励和帮助全世界的社团来保护自然的完整性和多样性，起到了积极地推动作用。

附录 5   保护野生动物迁徙物种公约

本公约各缔约国

认识到地球上种类繁多的野生动物是自然界一个不可替换的组成部分，为了人类的利益，这个组成部分必须得到保护；

认为人类的每一代都要把地球上的资源留给下一代，他们有义务保护并在利用时合理地利用这份遗产；

意识到从环境保护、生态学、遗传学、科学、美学、娱乐、文化、教育、社会和经济的观点来看，野生动物的价值都在不断增长；

特别关注那些在迁徙时要穿过或越过国家管辖范围的野生动物的物种；

认识到有关各国是而且必须是野生动物迁徙物种的保护者，无论这些物种是生活在这个国家的管辖范围之内，还是中途通过这个国家的管辖范围；

坚信野生动物迁徙物种的保护和有效的管理，要求所有有关的国家采取一致的行动，不管这些物种在哪个国家的管辖范围内度过其生活周期的哪一部分；

认识到一九七二年联合国在斯德哥尔摩举行的人类环境会议上通过的并使联合国大会第二十七届会议满意地注意到的行动计划第三十二条建议；

达成协议如下：

第一条   定义

一、根据本公约的宗旨：

1. "迁徙物种"是指野生动物的任何物种或者较低分类单元的全部种群，或者种群由于地理分隔的任何部分，而且这个种群或种群中的重要部分周期性地和可预见地要穿越一国或几国的管辖范围；

2. "迁徙物种的保护状况"是指影响迁徙物种长期分布和数量的因素的总和；

3. 在下列情况下，"保护状况"可认为"良好"：

（1）种群动态资料表明，迁徙物种在生态系统中具有长期的生存基础；

（2）迁徙物种的分布区域不仅目前没有被缩小，而且长期也不会被缩小；

（3）为了长期保存迁徙物种的种群，不仅目前而且在可预见的将来有足够的栖息场所；

（4）要有足够适宜的生态系统并要对野生动物进行长期的有效管理，以使迁徙物种的分布和数量接近历史最高水平。

4. 凡不符合本款第 3 项中的任何一项者，"保护状况"就被认为是"不佳的"；

5. 所谓某一具体迁徙物种"濒危"，是指这种迁徙物种在所有的分布区域或主要部分分布区域内面临灭绝的威胁；

6. "分布区域"是指某种迁徙物种长期栖息，临时停留，或在其正常的迁徙路线上随

225

时可能穿越或飞越的地面或水域;

7. "栖息场所"是指某种迁徙物种分布区域内可以为这类物种提供适宜生存条件的区域;

8. 某种迁徙物种的"分布区域国",是指对这类迁徙物种分布区域的一部分拥有管辖权的任一国家(以及本款第 11 项所列任何其他成员国)或在任何国家管辖范围以外从事捕捉迁徙物种的船只悬挂其国旗的国家;

9. "捕捉"是指捕捉、狩猎、捕捞、捕获、扰乱、蓄意杀害或类似的行为;

10. "协定"是指依本公约第四条和第五条的规定,有关保护一种或多种迁徙物种的国际协定;

11. "成员国"是指一个国家或由若干个主权国家组成的任一区域性经济一体化组织,这些组织有参加谈判、缔结并且实施本公约所涉及并生效的有关事宜的国际协定的权限。

二、作为本公约成员国的区域性经济一体化组织对其权限范围之内的事宜,以自己的名义承担本公约向其成员国赋予的各项权利和义务,在这种情况下,这些成员国不能单独行使其权利。

三、本公约规定"出席并参加投票的成员国"三分之二多数或一致同意的表决原则是指"出席并投赞成票或反对票的成员国",弃权者在计算票数时不得计入"出席并参加投票的成员国"之数。

第二条　基本原则

一、成员国承认保护迁徙物种和分布区域国应在可能与适应的时候为此目的采取行动的重要性,对保护状况不佳的迁徙物种应给予特殊照顾,这也适用于单独或联合采取的适当与必要的步骤,来保护该类物种及其栖息场所。

二、成员国承认有必要采取行动,防止迁徙物种濒临灭绝的危险。

三、成员国应特别重视:

1. 促进和支持有关迁徙物种的研究或在这方面进行合作;

2. 立即采取行动,保护附件一中所列的迁徙物种;

3. 应为缔结有关保护和管理附件二中所列的迁徙物种的协定而努力。

第三条　濒危迁徙物种:附件一

一、附件一所列为濒危迁徙物种。

二、凡有可靠的证据,包括现有最完善的科学依据,说明某迁徙物种已濒于灭绝危险,这一物种就可列入附件一中。

三、如果成员国会议决定,凡符合下列情况的迁徙物种可从附件一中删去;

1. 有可靠的证据,包括目前可以得到的最完善的科学依据,说明该物种已不再濒于灭绝;

2. 该物种可能不至因从附件一中删去,失去保护而再度濒于灭绝。

四、对附件一中所列的迁徙物种,凡属分布区域国的成员国应努力做到:

1. 保护并在可能和适宜的情况下，恢复对防止此物种濒于灭绝有重要作用的栖息场所；

2. 对物种的迁徙会产生严重妨碍作用的行为和障碍物，在适当的情况下应予防止、排除、补救或缩小其影响；

3. 在可能和适当的情况下防止、减少或控制那些目前或将来对物种有危害的因素，包括严格控制引进外来物种，控制或消灭已引进的外来物种。

五、凡属于其分布区域国的成员国应禁止捕捉附件一所列的迁徙物种。唯有下列情况不在禁止之列：

1. 为了科研目的；

2. 为了提高该物种的繁殖率和生存机会；

3. 为了满足这类物种传统食用者生活的需要；

4. 特殊情况下必须捕捉。

但是，上述这类例外的先决条件是：情况必须确切，时间和空间要有限制，同时这类捕捉不应给此类物种带来不良影响。

六、成员国大会可向属于附件一中所列迁徙物种分布区域国的成员国提出建议，要求他们采取大会认为对该物种有利的进一步措施。

七、成员国根据本条第五款的规定采取一切例外行动时，应尽早通知秘书处。

第四条　应列入协定的迁徙物种：附件二

一、附件二中所列的迁徙物种有两类：一类是保护状况不佳，需要签订国际协定来加强保护和管理者；第二类是需要通过签订国际协定来加强国际合作，从而改善其保护状况者。

二、必要时，同一种迁徙物种可以同时列入附件一和附件二。

三、属于附件二所列的迁徙物种的分布区域国的成员国，应设法签订有利于这类物种的协定，并且应优先考虑那些保护状况不佳的物种。

四、应鼓励各成员国为就那些定期穿越一国或几国管辖范围的野生动物的一个物种或属于较低级分类单元的种群或任何由地理分隔的部分种群签订协定而采取措施。

五、凡是根据本条规定签订的各项协定都应抄送秘书处。

第五条　签订协定的指导原则

一、每项协定的目的均在于使有关迁徙物种拥有或保持良好的保护状况。每项协定均应涉及有助于达到此目的的保护和管理有关迁徙物种的各方面的问题。

二、每项协定均应适用于某些迁徙物种的整个分布区域，而且凡属于该物种分布区域的国家，不论其是否本公约的成员国，随时都可以加入此协定。

三、只要有可能，每项协定均应涉及两种以上的迁徙物种。

四、每项协定均应：

1. 标明所涉及的迁徙物种；

2. 将所涉及迁徙物种的分布区域和迁徙路线做详细的叙述；

3. 规定各成员国各自指定执行该协定的有关权力机构；

4. 必要时，建立合适的机构以协助和检查协定执行情况，并为成员国大会准备报告；

5. 规定解决各成员国之间发生争议的程序；

6. 对鲸目中的任何迁徙物种，如任何其他涉及有关迁徙物种的多边协定未予允许，应至少禁止任何捕捉，并设法使不属于这类物种分布区域的国家能加入该协定。

五、在适应和可行的情况下，每项协定对下列事项既要做出规定，但又不要局限于这些规定：

1. 对有关的迁徙物种的保护状况做定期检查并找出可能有害于保护的各种因素；

2. 协调保护和管理方案；

3. 对有关迁徙物种的生态和种群动态进行研究，特别要注意其迁徙；

4. 交换有关迁徙物种的情报，特别要重视研究成果和有关的统计数字的交换；

5. 保护并在必要和可行的情况下恢复对维持良好保护状况有重要作用的栖息场所，保证这些栖息场所不受侵扰，其中包括严格控制引进有害于这些迁徙物种的外来物种或对已经引进的要严加控制；

6. 在迁徙路线上要保持布局合理、条件适宜的栖息地网；

7. 如有需要，可以为迁徙物种提供新的良好的栖息场所或者把迁徙物种再引入良好的栖息场所；

8. 要尽最大可能排除有碍于动物迁徙的活动和障碍物，或设法抵消其影响；

9. 防止、减少或控制在迁徙物种的栖息场所排放各种有害于迁徙物种的物质；

10. 根据合理的生态学原理，采取措施控制和管理迁徙物种的捕捉；

11. 采取协调行动，制止非法捕捉迁徙物种的行为；

12. 交换有关对迁徙物种有重大威胁的情报；

13. 一旦某种迁徙物种的保护状况受到严重威胁时，应采取紧急措施，以便迅速大力加强保护；

14. 使公众了解协定的内容和目的。

第六条　分布区域国家

一、秘书处应保存一份用成员国所报的编制列入附件一和附件二的迁徙物种分布区域国家的最新情况一览表。

二、各成员国应将下列情况通知秘书处：

各成员国认为本国属于附件一和附件二中哪些迁徙物种的分布区域国，包括他们在任何国家管辖范围之外从事捕捉迁徙物种的挂旗船只，在可能的情况下并包括今后捕捉计划。

三、属于附件一和附件二中所列迁徙物种分布区域国家的成员国，至迟应于召开成员国大会会议的六个月之前，将执行本公约而采取的措施通过秘书处告知成员国大会。

第七条　成员国大会

一、成员国大会是本公约的决议机构。

二、本公约生效后两年内，秘书处应召集成员国大会会议。

三、尔后，成员国大会如未做出其他决议，秘书处应定期召开成员国大会例会，而两届会议之间的时间间隔不得超过三年。如有三分之一以上的成员国提出书面请求，应随时召开成员国大会特别会议。

四、成员国大会应制定本公约的财政制度，并经常进行审议。每届成员国例会上应通过下一届财政预算，各成员国根据大会商定的比例交纳会费。财政制度，包括预算和会费率的有关规定及其变更情况都应得到出席并参加投票的成员国一致通过。

五、成员国每届大会都应审议本公约的执行情况，尤其可以：

1. 审议并评价迁徙物种的保护状况；

2. 审议保护迁徙物种特别是附件一与附件二所列物种的进展情况；

3. 必要时为了便于科学理事会和秘书处履行职责，制订出规章并提供指导；

4. 接受并审议由科学理事会、秘书处，任何成员国或根据协定设立的任何常设机构提交的报告；

5. 向各成员国提出建议，改善迁徙物种的保护状况，并检查在各协定指导下所取得的进展；

6. 在没有达成协定的情况下，建议属于一种或几种迁徙物种分布区域国的成员国召开会议，讨论改善这些物种的保护状况的措施；

7. 向各成员国提出建议，以改善本公约的效能；

8. 决定附加措施，以实现本公约的各项目标。

六、每届成员国大会应确定下一届会议的开会时间和地点。

七、每一届成员国大会都应决定并通过本届大会的程序规则。除本公约另有规定以外，成员国大会的决议都应经出席并参加投票的成员国的三分之二多数赞成才能通过。

八、联合国及其所属的专门机构、国际原子能机构、本公约的非成员国与各协定成员国指定的团体均可派观察员列席成员国大会会议。

九、凡具有保护和管理迁徙物种的专门知识，并且已经向秘书处表示要派观察员列席成员国大会的下列类型的机构，如没有三分之一以上的成员国反对，应准许他们参加：

1. 政府的或非政府的国际性机构或团体，国家政府机构或团体；

2. 为此目的经本国政府批准的非政府机构或团体。

获准参加会议的观察员有权列席会议，但无投票权。

第八条　科学理事会

一、在成员国大会首次会议上，应成立科学理事会，以提供关于科学事务的咨询意见。

二、任何成员国都可以任命一名合格的专家作为科学理事会的成员。此外，科学理事会也应包括由成员国大会挑选任命的作为合格专家的理事。这些合格专家的人数、挑选的标准以及任命的期限应由成员国大会决定。

三、秘书处应根据成员国大会的要求，随时请科学理事会举行会议。

四、经成员国大会的同意，科学理事会应制订自己的程序规则。

五、成员国大会决定科学理事会的职权范围可如下列：

1. 为成员国大会、秘书处，为在成员国大会同意下根据本公约或某协定而成立的团体和各成员国提供科学咨询意见；

2. 建议开展并协调对迁徙物种的研究工作，评价研究成果，以便核实迁徙物种的保护状况，并向成员国大会报告其保护状况并提出改善保护状况的措施；

3. 向成员国大会建议哪些迁徙物种应该列入附件一或附件二，并标明这些物种的分布区；

4. 向成员国大会建议，哪些具体的保护和管理措施应该写入有关迁徙物种的各项协定；

5. 向成员国大会建议，在执行本公约时应该如何解决有关科学方面的问题，特别是迁徙物种的栖息场所的问题。

第九条　秘书处

一、为了实施本公约的需要，应设立秘书处。

二、本公约一经生效，联合国环境规划署执行主任应立即为秘书处提供一切物质条件。如果他认为有必要，他还可以接受具备保护和管理野生动物专门知识的合适的政府间或非政府、国际或国家机构和团体的援助。

三、如果联合国环境规划署无力为秘书处提供物质条件，成员国大会应采取措施，为秘书处另做安排。

四、秘书处的职责是：

1. 为下列组织安排召开会议并为会议提供服务：

（1）成员国大会；

（2）科学理事会。

2. 保持和促进成员国之间，根据协定设立的常设机构之间以及有关迁徙物种的其他国际组织之间的联系；

3. 通过各种适宜途径，取得能够推动本公约的实施并加速实现其目标的报告和情况，并将这些情报分发给有关机构；

4. 提请成员国大会关注有关本公约目标的一切问题；

5. 为成员国大会起草秘书处的工作报告以及本公约实施情况的报告；

6. 编制并公布附件一与附件二所列迁徙物种分布区域国一览表；

7. 在成员国大会的指导下，促进协定的缔结；

8. 编制并向各成员国提供各项协定一览表，并根据成员国大会提出的要求，提供有关这些协定的一切情况；

9. 编制并公布成员国大会根据第七条第五款第5、6、7项所做建议的记录以及根据该款第8项所做决议的记录；

10. 向公众提供有关本公约及其目标的情报；

11. 根据本公约的规定以及成员国大会的委托，履行任何其他方面的职责。

第十条　本公约的修订

一、成员国大会的任何一届例会或特别会议都可以对本公约进行修订。

二、任何成员国都可以对本公约提出修订案。

三、任何修订案的文本及其理由至迟应在召开审议会议之前一百五十天送交秘书处。秘书处应将此修订案立即分送给各成员国。各成员国对修订案提出的意见至迟应在开会前六十天送达秘书处。秘书处应在收文截止后的第一天立即把收到的意见转送给各成员国。

四、修订案应得到出席并参加投票的成员国三分之二多数同意才能通过。

五、自通过修订案的三分之二的成员国把他们的接受书全部送交保存国之日起的第三个月的第一天，修订案就开始对所有接受修订案的成员国生效。对于在此以后才递交接受书的每一成员国，则以它递交接受书的日期后的第三个月的第一天起开始生效。

第十一条　附件的修订

一、成员国大会的例会或者特别会议都可以修订附件一与附件二。

二、任何成员国都可以提出修订案。

三、根据最完善的科学依据提出的修订案的文本及其修订理由至迟应在召开审议会议前一百五十天送交秘书处。秘书处应将修订案立即分送各成员国。各成员国对修订案提出的意见至迟应在开会前六十天送达秘书处。秘书处应在收文截止后的第一天立即把收到的意见转给各成员国。

四、修订案应得到出席并参加投票成员国的三分之二多数同意才能通过。

五、除根据本条第六款规定持保留意见的成员国之外，附件的修订案经成员国大会通过九十天后开始对各成员国生效。

六、在本条第五款规定的九十天内，任何成员国都可以用书面形式向保存国提出对修订案的保留。成员国也可以用书面形式通知保存国撤回保留。该修订案于撤回保留九十天后开始对该成员国生效。

第十二条　对国际公约以及其他法规的影响

一、本公约中的任何条款，不得妨碍根据联合国大会第 2750 C 号决议（第二十五届大会）召开的海洋法会议上制定的海洋法的编纂和发展，也不应妨碍任何国家关于海洋法的当前和今后的权利主张和法律观点，以及海岸管辖和船旗国管辖的性质和范围。

二、本公约的条款不应影响各成员国依据现行的条约、公约以及协定所产生的权利和义务。

三、本公约的条款不影响各成员国对列入附件一与附件二迁徙物种的保护采取更严格的国内措施，也不影响对没有列入附件一与附件二的物种的保护所采取的国内措施。

第十三条　争端的解决

一、凡是两个或者两个以上的成员国之间对本公约的解释和执行发生争端时，有关各方应通过谈判加以解决。

二、如果争端不能按本条第一款规定的方式解决，经有关成员国共同协商同意，可以通过仲裁——特别是通过海牙仲裁法院来解决。请求仲裁解决争议的成员国应遵守仲裁裁决。

第十四条　保留

一、对本公约的条款不能提出一般性的保留，根据本条和第十一条各款的规定可以提出特别保留。

二、任何国家或区域性经济一体化组织将其批准书、接受书、核准书，或者加入书交给保存国时，对于某迁徙物种列入附件一或附件二，或者同时列入两附件，可提出特别保留，从而不成为该项保留所指的项目的成员国。保存国向各成员国发出某项保留业已撤回的通知后的第九十天后，该国或该组织才重新成为此项目的成员国。

第十五条　签字

本公约在 1980 年 6 月 22 日以前在波恩向各国家及区域性经济一体化组织开放签字。

第十六条　批准、接受、核准

本公约须经批准、接受，或核准后才能生效。成员国应将批准书、接受书或核准书委托保存国即德意志联邦共和国政府保存。

第十七条　加入

1980 年 6 月 22 日以后，本公约对所有的非签约国家或区域性经济一体化组织开放加入，加入书应交保存国保存。

第十八条　生效

一、本公约从第十五份批准书、接受书、核准书或加入书交存保存国之日起的第三个月的第一天开始生效。

二、自第十五份批准书、接受书、核准书或加入书交存以后，再批准、接受、核准或加入本公约的国家或区域性经济一体化组织，本公约在有关国家或组织交存其批准书、接受书、核准书或加入书后第三个月的第一天开始生效。

第十九条　废止

各成员国随时都可以用书面形式通知保存国废止本公约。保存国收到废约通知十二个月后，废约书开始生效。

第二十条　保存国

一、本公约的正本系用德文、英文、法文、俄文和西班牙文书写，每种文本具有同等效力。本公约的正本交保存国保存。保存国必须把经过核证无误的副本分发给所有签过字或已递交过加入书的国家或区域性经济一体化组织。

二、保存国与有关国家的政府协商后，应准备本公约的阿拉伯文和中文的正文。

三、保存国应把本公约的签字、批准、接受、核准和加入文字的交存，本公约的生效，本公约的修订，特别保留和废止等事宜，通知所有的签字国和加入公约的国家和区域性经济一体化组织和秘书处。

四、本公约一经生效，保存国即应遵照联合国宪章第 102 条的规定，将一份经核证的公约副本送交联合国秘书处登记和公布。

为此下列各全权代表在本公约上签字以昭信守。

一九七九年六月二十三日签于波恩

签署者：

附录6　保护野生动物迁徙物种公约

附录一、二

（公约各方于 1985、1988、1991、1994、1997、1999、
2002、2005、2008、2011 年修正）

二〇一二年二月二十三日生效

附录一

说明

一、本附录所列迁移物种系指：

1. 种或亚种；

2. 一较高级分类单元所包括的全部迁移物种或经指定的部分。

二、其他高于种的分类单元的类别，仅供参考和分类之用。

三、缩写 "（s.l.）" 是指学名用于广泛的含义。

四、物种名旁的星号（*）表示该物种或其某一分隔的种群或包括该种在内的一较高级分类单元已列入附录二。

Mammalia

CETACEA

Physeteridae	*Physeter macrocephalus* *
Platanistidae	*Platanista gangetica gangetica* *
Pontoporiidae	*Pontoporia blainvillei* *
Delphinidae	*Delphinus delphis* * （仅地中海种群）
	Tursiops truncatus ponticus *
	Orcaella brevirostris *
	Sousa teuszii *
Balaenopteridae	*Balaenoptera borealis* *
	Balaenoptera physalus *
	Balaenoptera musculus
	Megaptera novaeangliae
Balaenidae	*Balaena mysticetus*
	Eubalaena glacialis[3] （北大西洋）
	Eubalaena japonica[3] （北太平洋）
	Eubalaena australis[4]

CARNIVORA

Mustelidae	*Lontra felina*[5]
	Lontra provocax[6]
Felidae	*Uncia uncia*[7]
	Acinonyx jubatus（博茨瓦纳、纳米比亚和津巴布韦各种群除外）
Phocidae[8]	*Monachus monachus* *

SIRENIA

Trichechidae	*Trichechus manatus* * （洪都拉斯和巴拿马之间的各种群）
	Trichechus senegalensis *

附录二

说明

一、本附录所列迁徙物种系指：

1. 种或亚种；

2. 一较高级分类单元所包括的全部迁徙物种或经指定的部分。

除非另有说明，如对一个高于物种的分类单元标出参照，其含义在于所有属于该分类单元的迁徙物种都可能因被列入协议的结论而明显受益。

二、在科或属名后的"spp."缩写，系指该科或该属所包括的全部迁徙物种。

三、其他高于种的分类单元的类别，仅供参考和分类之用。

四、缩写"（s. l. ）"是指学名用于广泛的含义。

五、物种名或包括该种在内的较高级分类单元旁的星号（ * ）表示该物种或其某一分隔的种群或其较高级分类单元所包括的某一或某些物种已列入附录一。

Mammalia

CETACEA

Physeteridae	*Physeter macrocephalus* *
Platanistidae	*Platanista gangetica gangetica* [20]*
Pontoporiidae	*Pontoporia blainvillei* *
Iniidae	*Inia geoffrensis*
Monodontidae	*Delphinapterus leucas*
	Monodon monoceros
Phocoenidae	*Phocoena phocoena*（北海及波罗的海、北大西洋西部和黑海各种群及西北非洲种群）
	Phocoena spinipinnis
	Phocoena dioptrica
	Neophocaena phocaenoides
	Neophocaena asiaeorientalis[21]
	Phocoenoides dalli

Delphinidae	*Sousa chinensis*
	*Sousa teuszii**
	Sotalia fluviatilis
	Sotalia guianensis[22]
	Lagenorhynchus albirostris（仅北海和波罗的海各种群）
	Lagenorhynchus acutus（仅北海和波罗的海各种群）
	Lagenorhynchus obscurus
	Lagenorhynchus australis
	Grampus griseus（仅北海和波罗的海及地中海各种群）
	Tursiops aduncus（阿拉佛拉海各种群、帝汶岛海域各种群）
	*Tursiops truncatus**（北海和波罗的海及地中海和黑海各种群）*
	Stenella attenuata（东热带太平洋各种群、东南亚地区各种群）
	Stenella longirostris（东热带太平洋各种群、东南亚地区各种群）
	Stenella coeruleoalba（东热带太平洋各种群、地中海各种群）
	Stenella clymene（西非洲种群）
	*Delphinus delphis**（北海和波罗的海各种群、地中海种群、黑海各种群、东热带太平洋种群）
	Lagenodelphis hosei（东南亚地区各种群）
	*Orcaella brevirostris**
	Orcaella heinsohni[23]
	Cephalorhynchus commersonii（南美洲种群）
	Cephalorhynchus eutropia
	Cephalorhynchus heavisidii
	Orcinus orca
	Globicephala melas（仅北海与波罗的海各种群）
Ziphiidae	*Berardius bairdii*
	Hyperoodon ampullatus
Balaenopteridae	*Balaenoptera bonaerensis*
	Balaenoptera edeni
	*Balaenoptera borealis**
	Balaenoptera omurai[24]
	*Balaenoptera physalus**
Neobalaenidae	*Caperea marginata*

CARNIVORA

Otariidae	*Arctocephalus australis*
	Otaria flavescens
Phocidae	*Phoca vitulina*（仅波罗的海与瓦登海各种群）
	Halichoerus grypus（仅波罗的海各种群）

Monachus monachus [*]

Canidae   *Lycaon pictus*

SIRENIA

Dugongidae   *Dugong dugon*

Trichechidae   *Trichechus manatus* [*] （洪都拉斯和巴那马之间各种群）

Trichechus senegalensis [*]

Trichechus inunguis

---

3 以前列入 Balaena glacialis glacialis；

4 以前列为 Balaena glacialis australis；

5 以前列为 Lutra felina；

6 以前列为 Lutra provocax；

7 以前列为 Panthera uncial；

20 以前列为 Platanista gangetica；

21 以前列入 Neophocaena phocaenoides；

22 以前列入 Sotalia fluviatilis；

23 以前列入 Orcaella brevirostris；

24 以前列入 Balaenoptera edeni。

附录 7　Convention on the Conservation of Migratory Species of Wild Animals

THE CONTRACTING PARTIES,

RECOGNIZING that wild animals in their innumerable forms are an irreplaceable part of the earth's natural system which must be conserved for the good of mankind;

AWARE that each generation of man holds the resources of the earth for future generations and has an obligation to ensure that this legacy is conserved and, where utilized, is used wisely;

CONSCIOUS of the ever-growing value of wild animals from environmental, ecological, genetic, scientific, aesthetic, recreational, cultural, educational, social and economic points of view;

CONCERNED particularly with those species of wild animals that migrate across or outside national jurisdictional boundaries;

RECOGNIZING that the States are and must be the protectors of the migratory species of wild animals that live within or pass through their national jurisdictional boundaries;

CONVINCED that conservation and effective management of migratory species of wild animals require the concerted action of all States within the national jurisdictional boundaries of which such species spend any part of their life cycle;

RECALLING Recommendation 32 of the Action Plan adopted by the United Nations Conference on the Human Environment (Stockholm, 1972) and noted with satisfaction at the Twenty-seventh Session of the General Assembly of the United Nations,

HAVE AGREED as follows:

Article Ⅰ　Interpretation

1. For the purpose of this Convention:

a) "Migratory species" means the entire population or any geographically separate part of the population of any species or lower taxon of wild animals, a signifi-cant proportion of whose members cyclically and predictably cross one or more national jurisdictional boundaries;

b) "Conservation status of a migratory species" means the sum of the influences acting on the migratory species that may affect its long-term distribution and abundance;

c) "Conservation status" will be taken as "favourable" when:

(1) population dynamics data indicate that the migratory species is maintaining itself on a long-term basis as a viable component of its ecosystems;

(2) the range of the migratory species is neither currently being reduced, nor is likely to be reduced, on a long-term basis;

(3) there is, and will be in the foreseeable future, sufficient habitat to maintain the population of the migratory species on a long-term basis; and

(4) the distribution and abundance of the migratory species approach historic coverage and levels to the extent that potentially suitable ecosystems exist and to the extent consistent with wise wildlife management;

d) "Conservation status" will be taken as "unfavourable" if any of the conditions set out in sub-paragraph (c) of this paragraph is not met;

e) "Endangered" in relation to a particular migratory species means that the migratory species is in danger of extinction throughout all or a significant portion of its range;

f) "Range" means all the areas of land or water that a migratory species inhabits, stays in temporarily, crosses or overflies at any time on its normal migration route;

g) "Habitat" means any area in the range of a migratory species which contains suitable living conditions for that species;

h) "Range State" in relation to a particular migratory species means any State (and where appropriate any other Party referred to under sub-paragraph (k) of this paragraph) that exercises jurisdiction over any part of the range of that migratory species, or a State, flag vessels of which are engaged outside national jurisdictional limits in taking that migratory species;

i) "Taking" means taking, hunting, fishing, capturing, harassing, deliberate killing, or attempting to engage in any such conduct;

j) "AGREEMENT" means an international agreement relating to the conservation of one or more migratory species as provided for in Articles Ⅳ and Ⅴ of this Convention; and

k) "Party" means a State or any regional economic integration organization constituted by sovereign States which has competence in respect of the ne-gotiation, conclusion and application of international agreements in matters covered by this Convention for which this Convention is in force.

2. In matters within their competence, the regional economic integration organizations which are Parties to this Convention shall in their own name exercise the rights and fulfil the responsibilities which this Convention attributes to their member States. In such cases the member States of these organizations shall not be entitled to exercise such rights individually.

3. Where this Convention provides for a decision to be taken by either a two-thirds majority or a unanimous decision of "the Parties present and voting" this shall mean "the Parties present and casting an affirmative or negative vote". Those abstaining from voting

shall not be counted amongst "the Parties present and voting" in determining the majority.

Article Ⅱ   Fundamental Principles

1. The Parties acknowledge the importance of migratory species being conserved and of Range States agreeing to take action to this end whenever possible and appropriate, paying special attention to migratory species the conservation status of which is unfavourable, and taking individually or in co-operation appropriate and necessary steps to conserve such species and their habitat.

2. The Parties acknowledge the need to take action to avoid any migratory species becoming endangered.

3. In particular, the Parties:

a) should promote, co-operate in and support research relating to migratory species;

b) shall endeavour to provide immediate protection for migratory species included in Appendix Ⅰ; and

c) shall endeavour to conclude AGREEMENTS covering the conservation and management of migratory species included in Appendix Ⅱ.

Article Ⅲ   Endangered Migratory Species: Appendix Ⅰ

1. Appendix I shall list migratory species which are endangered.

2. A migratory species may be listed in Appendix Ⅰ provided that reliable evidence, including the best scientific evidence available, indicates that the species is endangered.

3. A migratory species may be removed from Appendix Ⅰ when the Conference of the Parties determines that:

a) reliable evidence, including the best scientific evidence available, indicates that the species is no longer endangered, and

b) the species is not likely to become endangered again because of loss of protection due to its removal from Appendix Ⅰ.

4. Parties that are Range States of a migratory species listed in Appendix I shall endeavour:

a) to conserve and, where feasible and appropriate, restore those habitats of the species which are of importance in removing the species from danger of extinction;

b) to prevent, remove, compensate for or minimize, as appropriate, the adverse effects of activities or obstacles that seriously impede or prevent the migration of the species; and

c) to the extent feasible and appropriate, to prevent, reduce or control factors that are endangering or are likely to further endanger the species, including strictly controlling the introduction of, or controlling or eliminating, already introduced exotic species.

5. Parties that are Range States of a migratory species listed in Appendix Ⅰ shall pro-

hibit the taking of animals belonging to such species. Exceptions may be made to this pro-hibition only if:

a) the taking is for scientific purposes;

b) the taking is for the purpose of enhancing the propagation or survival of the affect-ed species;

c) the taking is to accommodate the needs of traditional subsistence users of such spe-cies; or

d) extraordinary circumstances so require;

provided that such exceptions are precise as to content and limited in space and time. Such taking should not operate to the disadvantage of the species.

6. The Conference of the Parties may recommend to the Parties that are Range States of a migratory species listed in Appendix I that they take further measures considered ap-propriate to benefit the species.

7. The Parties shall as soon as possible inform the Secretariat of any exceptions made pursuant to paragraph 5 of this Article.

Article Ⅳ　Migratory Species to Be the Subject of AGREEMENTS: Appendix Ⅱ

1. Appendix Ⅱ shall list migratory species which have an unfavourable conservation status and which require international agreements for their conservation and man-agement, as well as those which have a conservation status which would significantly benefit from the inter-national co-operation that could be achieved by an international agreement.

2. If the circumstances so warrant, a migratory species may be listed both in Appen-dix I and Appendix Ⅱ.

3. Parties that are Range States of migratory species listed in Appendix Ⅱ shall en-deavour to conclude AGREEMENTS where these would benefit the species and should give priority to those species in an unfavourable conservation status.

4. Parties are encouraged to take action with a view to concluding agreements for any population or any geographically separate part of the population of any species or lower taxon of wild animals, members of which periodically cross one or more national jurisdic-tional boundaries.

5. The Secretariat shall be provided with a copy of each AGREEMENT concluded pur-suant to the provisions of this Article.

Article Ⅴ　Guidelines for AGREEMENTS

1. The object of each AGREEMENT shall be to restore the migratory species con-cerned to a favourable conservation status or to maintain it in such a status. Each AGREEMENT should deal with those aspects of the conservation and management of the migratory species concerned which serve to achieve that object.

2. Each AGREEMENT should cover the whole of the range of the migratory species concerned and should be open to accession by all Range States of that species, whether or not they are Parties to this Convention.

3. An AGREEMENT should, wherever possible, deal with more than one migratory species.

4. Each AGREEMENT should:

a) identify the migratory species covered;

b) describe the range and migration route of the migratory species;

c) provide for each Party to designate its national authority concerned with the implementation of the AGREEMENT;

d) establish, if necessary, appropriate machinery to assist in carrying out the aims of the AGREEMENT, to monitor its effectiveness, and to prepare reports for the Conference of the Parties;

e) provide for procedures for the settlement of disputes between Parties to the AGREEMENT; and

f) at a minimum, prohibit, in relation to a migratory species of the Order Cetacea, any taking that is not permitted for that migratory species under any other multilateral agreement and provide for accession to the AGREEMENT by States that are not Range States of that migratory species.

5. Where appropriate and feasible, each AGREEMENT should provide for, but not be limited to:

a) periodic review of the conservation status of the migratory species concerned and the identification of the factors which may be harmful to that status;

b) co-ordinated conservation and management plans;

c) research into the ecology and population dynamics of the migratory species concerned, with special regard to migration;

d) the exchange of information on the migratory species concerned, special regard being paid to the exchange of the results of research and of relevant statistics;

e) conservation and, where required and feasible, res-toration of the habitats of importance in maintaining a favourable conservation status, and protection of such habitats from disturbances, including strict control of the introduction of, or control of already introduced, exotic species detrimental to the migratory species;

f) maintenance of a network of suitable habitats appropriately disposed in relation to the migration routes;

g) where it appears desirable, the provision of new habitats favourable to the migratory species or reintroduction of the migratory species into favourable habitats;

h) elimination of, to the maximum extent possible, or compensation for activities and obstacles which hinder or impede migration;

i) prevention, reduction or control of the release into the habitat of the migratory species of substances harmful to that migratory species;

j) measures based on sound ecological principles to control and manage the taking of the migratory species;

k) procedures for co-ordinating action to suppress illegal taking;

l) exchange of information on substantial threats to the migratory species;

m) emergency procedures whereby conservation action would be considerably and rapidly strengthened when the conservation status of the migratory species is seriously affected; and

n) making the general public aware of the contents and aims of the AGREEMENT.

Article VI   Range States

1. A list of the Range States of migratory species listed in Appendices I and II shall be kept up to date by the Secretariat using information it has received from the Parties.

2. The Parties shall keep the Secretariat informed in regard to which of the migratory species listed in Appendices I and II they consider themselves to be Range States, including provision of information on their flag vessels engaged outside national jurisdictional limits in taking the migratory species concerned and, where possible, future plans in respect of such taking.

3. The Parties which are Range States for migratory species listed in Appendix I or Appendix II should inform the Conference of the Parties through the Secretariat, at least six months prior to each ordinary meeting of the Conference, on measures that they are taking to implement the provisions of this Convention for these species.

Article VII   The Conference of the Parties

1. The Conference of the Parties shall be the decisionmaking organ of this Convention.

2. The Secretariat shall call a meeting of the Conference of the Parties not later than two years after the entry into force of this Convention.

3. Thereafter the Secretariat shall convene ordinary meetings of the Conference of the Parties at intervals of not more than three years, unless the Conference decides otherwise, and extraordinary meetings at any time on the written request of at least one-third of the Parties.

4. The Conference of the Parties shall establish and keep under review the financial regulations of this Convention. The Conference of the Parties shall, at each of its ordinary meetings, adopt the budget for the next financial period. Each Party shall contribute to this budget according to a scale to be agreed upon by the Conference. Financial regulations, including the provisions on the budget and the scale of contributions as well as their modifications, shall be adopted by unanimous vote of the Parties present and voting.

5. At each of its meetings the Conference of the Parties shall review the implementa-

tion of this Convention and may in particular:

a) review and assess the conservation status of migratory species;

b) review the progress made towards the conservation of migratory species, especially those listed in Appendices Ⅰ and Ⅱ;

c) make such provision and provide such guidance as may be necessary to enable the Scientific Council and the Secretariat to carry out their duties;

d) receive and consider any reports presented by the Scientific Council, the Secretariat, any Party or any standing body established pursuant to an AGREEMENT;

e) make recommendations to the Parties for improving the conservation status of migratory species and review the progress being made under AGREEMENTS;

f) in those cases where an AGREEMENT has not been concluded, make recommendations for the convening of meetings of the Parties that are Range States of a migratory species or group of migratory species to discuss measures to improve the conservation status of the species;

g) make recommendations to the Parties for improving the effectiveness of this Convention; and

h) decide on any additional measure that should be taken to implement the objectives of this Convention.

6. Each meeting of the Conference of the Parties should determine the time and venue of the next meeting.

7. Any meeting of the Conference of the Parties shall determine and adopt rules of procedure for that meeting. Decisions at a meeting of the Conference of the Parties shall require a two-thirds majority of the Parties present and voting, except where otherwise provided for by this Convention.

8. The United Nations, its Specialized Agencies, the International Atomic Energy Agency, as well as any State not a party to this Convention and, for each AGREEMENT, the body designated by the parties to that AGREEMENT, may be represented by observers at meetings of the Conference of the Parties.

9. Any agency or body technically qualified in protection, conservation and management of migratory species, in the following categories, which has informed the Secretariat of its desire to be represented at meetings of the Conference of the Parties by observers, shall be admitted unless at least one-third of the Parties present object:

a) international agencies or bodies, either governmental or non-governmental, and national governmental agencies and bodies; and

b) national non-governmental agencies or bodies which have been approved for this purpose by the State in which they are located.

Once admitted, these observers shall have the right to participate but not to vote.

Article Ⅷ   The Scientific Council

1. At its first meeting, the Conference of the Parties shallestablish a Scientific Council to provide advice on scientific matters.

2. Any Party may appoint a qualified expert as a member of the Scientific Council. In addition, the Scientific Council shall include as members qualified experts selected and appointed by the Conference of the Parties; the number of these experts, the criteria for their selection and the terms of their appointments shall be as determined by the Conference of the Parties.

3. The Scientific Council shall meet at the request of the Secretariat as required by the Conference of the Parties.

4. Subject to the approval of the Conference of the Parties, the Scientific Council shall establish its own rules of procedure.

5. The Conference of the Parties shall determine the functions of the Scientific Council, which may include:

a) providing scientific advice to the Conference of the Parties, to the Secretariat, and, if approved by the Conference of the Parties, to any body set up under this Convention or an AGREEMENT or to any Party;

b) recommending research and the co-ordination of research on migratory species, evaluating the results of such research in order to ascertain the conservation status of migratory species and reporting to the Conference of the Parties on such status and measures for its improvement;

c) making recommendations to the Conference of the Parties as to the migratory species to be included in Appendices Ⅰ or Ⅱ, together with an indication of the range of such migratory species;

d) making recommendations to the Conference of the Parties as to specific conservation and management measures to be included in AGREEMENTS on migratory species; and

e) recommending to the Conference of the Parties solutions to problems relating to the scientific aspects of the implementation of this Convention, in particular with regard to the habitats of migratory species.

Article Ⅸ   The Secretariat

1. For the purposes of this Convention a Secretariat shall be established.

2. Upon entry into force of this Convention, the Secretariat is provided by the Executive Director of the United Nations Environment Programme. To the extent and in the manner he considers appropriate, he may be assisted by suitable intergovernmental or non-governmental, international or national agencies and bodies technically qualified in protection, conservation and management of wild animals.

3. If the United Nations Environment Programme is no longer able to provide the Secretariat, the Conference of the Parties shall make alternative arrangements for the Secretariat.

4. The functions of the Secretariat shall be:

a) to arrange for and service meetings:

i) of the Conference of the Parties, and

ii) of the Scientific Council;

b) to maintain liaison with and promote liaison between the Parties, the standing bodies set up under AGREEMENTS and other international organizations concerned with migratory species;

c) to obtain from any appropriate source reports and other information which will further the objectives and implementation of this Convention and to arrange for the appropriate dissemination of such information;

d) to invite the attention of the Conference of the Parties to any matter pertaining to the objectives of this Convention;

e) to prepare for the Conference of the Parties reports on the work of the Secretariat and on the implementation of this Convention;

f) to maintain and publish a list of Range States of all migratory species included in Appendices Ⅰ and Ⅱ;

g) to promote, under the direction of the Conference of the Parties, the conclusion of AGREEMENTS;

h) to maintain and make available to the Parties a list of AGREEMENTS and, if so required by the Conference of the Parties, to provide any information on such AGREEMENTS;

i) to maintain and publish a list of the recommendations made by the Conference of the Parties pursuant to subparagraphs (e), (f) and (g) of paragraph 5 of Article Ⅶ or of decisions made pursuant to subparagraph (h) of that paragraph;

j) to provide for the general public informationcon cerning this Convention and its objectives; and

k) to perform any other function entrusted to it under this Convention or by the Conference of the Parties.

Article Ⅹ   Amendment of the Convention

1. This Convention may be amended at any ordinary or extraordinary meeting of the Conference of the Parties.

2. Proposals for amendment may be made by any Party.

3. The text of any proposed amendment and the reasons for it shall be communicated to the Secretariat at least one hundred and fifty days before the meeting at which it is to be considered and shall promptly be communicated by the Secretariat to all Parties. Any com-

ments on the text by the Parties shall be communicated to the Secretariat not less than sixty days before the meeting begins. The Secretariat shall, immediately after the lastday for submission of comments, communicate to the Parties all comments submitted by that day.

4. Amendments shall be adopted by a two-thirds majority of Parties present and voting.

5. An amendment adopted shall enter into force for all Parties which have accepted it on the first day of the third month following the date on which two-thirds of the Parties have deposited an instrument of acceptance with the Depositary. For each Party which deposits an instrument of acceptance after the date on which two-thirds of the Parties have deposited an instrument of acceptance, the amendment shall enter into force for that Party on the first day of the third month following the deposit of its instrument of acceptance.

Article Ⅺ　Amendment of the Appendices

1. Appendices Ⅰ and Ⅱ may be amended at any ordinary or extraordinary meeting of the Conference of the Parties.

2. Proposals for amendment may be made by any Party.

3. The text of any proposed amendment and the reasons for it, based on the best scientific evidence available, shall be communicated to the Secretariat at least one hundred and fifty days before the meeting and shall promptly be communicated by the Secretariat to all Parties. Any comments on the text by the Parties shall be communicated to the Secretariat not less than sixty days before the meeting begins. The Secretariat shall, immediately after the last day for submission of comments, communicate to the Parties all comments submitted by that day.

4. Amendments shall be adopted by a two-thirds majority of Parties present and voting.

5. An amendment to the Appendices shall enter into force for all Parties ninety days after the meeting of the Conference of the Parties at which it was adopted, except for those Parties which make a reservation in accordance with paragraph 6 of this Article.

6. During the period of ninety days provided for in para graph 5 of this Article, any Party may by notification in writing to the Depositary make a reservation with respect to the amendment. A reservation to an amendment may be withdrawn by written notification to the Depositary and thereupon the amendment shall enter into force for that Party ninety days after the reservation is withdrawn.

Article Ⅻ　Effect on International Conventions and Other Legislation

1. Nothing in this Convention shall prejudice the codification and development of the law of the sea by the United Nations Conference on the Law of the Sea convened pursuant to Resolution 2750 C (Ⅻ) of the General Assembly of the United Nations nor the present or future claims and legal views of any State concerning the law of the sea and the nature and extent of coastal and flag State jurisdiction.

2. The provisions of this Convention shall in no way affect the rights or obligations of any Party deriving from any existing treaty, convention or agreement.

3. The provisions of this Convention shall in no way affect the right of Parties to adopt stricter domestic measures concerning the conservation of migratory species listed in Appendices Ⅰ and Ⅱ or to adopt domestic measures concerning the conservation of species not listed in Appendices Ⅰ and Ⅱ.

Article ⅩⅢ   Settlement of Disputes

1. Any dispute which may arise between two or more Parties with respect to the interpretation or application of the provisions of this Convention shall be subject to negotiation between the Parties involved in the dispute.

2. If the dispute cannot be resolved in accordance with paragraph 1 of this Article, the Parties may, by mutual consent, submit the dispute to arbitration, in particular that of the Permanent Court of Arbitration at The Hague, and the Parties submitting the dispute shall be bound by the arbitral decision.

Article ⅩⅣ   Reservations

1. The provisions of this Convention shall not be subject to general reservations. Specific reservations may be entered in accordance with the provisions of this Article and Article Ⅺ.

2. Any State or any regional economic integration organization may, on depositing its instrument of ratification, acceptance, approval or accession, enter a specific reservation with regard to the presence on either Appendix Ⅰ or Appendix Ⅱ or both, of any migratory species and shall then not be regarded as a Party in regard to the subject of that reservation until ninety days after the Depositary has transmitted to the Parties notification that such reservation has been withdrawn.

Article ⅩⅤ   Signature

This Convention shall be open for signature at Bonn for all States and any regional economic integration organization until the twenty-second day of June 1980.

Article ⅩⅥ   Ratification, Acceptance, Approval

This Convention shall be subject to ratification, acceptance or approval. Instruments of ratification, acceptance or approval shall be deposited with the Government of the Federal Republic of Germany, which shall be the Depositary.

Article ⅩⅦ   Accession

After the twenty-second day of June 1980 this Convention shall be open for accession by all non-signatory States and any regional economic integration organization. Instruments of accession shall be deposited with the Depositary.

Article XVIII　Entry into Force

1. This Convention shall enter into force on the first day of the third month following the date of deposit of the fifteenth instrument of ratification, acceptance, approval or accession with the Depositary.

2. For each State or each regional economic integration organization which ratifies, accepts or approves this Convention or accedes thereto after the deposit of the fifteenth instrument of ratification, acceptance, approval or accession, this Convention shall enter into force on the first day of the third month following the deposit by such State or such organization of its instrument of ratification, acceptance, approval or accession.

Article XIX　Denunciation

Any Party may denounce this Convention by written notification to the Depositary at any time. The denunciation shall take effect twelve months after the Depositary has received the notification.

Article XX　Depositary

1. The original of this Convention, in the English, French, German, Russian and Spanish languages, each version being equally authentic, shall be deposited with the Depositary. The Depositary shall transmit certified copies of each of these versions to all States and all regional economic integration organizations that have signed the Convention or deposited instruments of accession to it.

2. The Depositary shall, after consultation with the Governments concerned, prepare official versions of the text of this Convention in the Arabic and Chinese languages.

3. The Depositary shall inform all signatory and acceding States and all signatory and acceding regional economic integration organizations and the Secretariat of signatures, deposit of instruments of ratification, acceptance, approval or accession, entry into force of this Convention, amendments thereto, specific reservations and notifications of denunciation.

4. As soon as this Convention enters into force, a certified copy thereof shall be transmitted by the Depositary to the Secretariat of the United Nations for registration and publication in accordance with Article 102 of the Charter of the United Nations.

IN WITNESS WHEREOF the undersigned, being duly authorized to that effect, have signed this Convention.

DONE at Bonn on 23 June 1979

附录 8 国际捕鲸公约

各国政府通过各自正式委派的代表签订本公约。

认为，为了保护鲸类及其后代丰富的天然资源，是全世界各国的利益；

鉴于捕鲸历史表明，由于一区接着一区、一种鲸接着一种鲸地滥捕，因而有必要保护一切种类的鲸，以免继续滥捕；

认为，如果适当地管理捕鲸渔业，自然就能增加鲸类资源，并认为增大了鲸类资源，能增加捕鲸数量而不致损害天然资源；

认为，在不致引起广泛的经济上或营养上的不良影响下，尽速实现鲸类资源达到最适当的水平，是共同的利益；

认为，在达到上述目的时期内，为了现已减少的对某种鲸类给予恢复时期，必须将捕鲸作业只限于可进行捕捞的那些种类；

希望，根据 1937 年 6 月 8 日在伦敦签订的国际捕鲸管理协定和 1938 年 6 月 24 日和 1945 年 11 月 26 日在伦敦签订的该协定的议定书中所规定的原则为基础，建立国际捕鲸管理制度，以保证鲸类适当的、有效的保护和鲸类资源的发展；

决定签订关于谋求适当地保护鲸类并能使捕鲸渔业有秩序地发展的公约。

兹协议如下：

第一条

一、本公约包括其不可分割组成部分的附表。所称"公约"应理解为包括本附件的现有条款或根据第五条规定做出的修正条款。

二、本公约适用于各缔约政府管辖下的捕鲸母船、沿岸加工站和捕鲸船，以及这些捕鲸母船、沿岸加工站或捕鲸船进行作业的全部水域。

第二条

本公约使用的专词：

一、"捕鲸母船"指在船舱内或船舱面上对鲸进行全部或部分加工处理的船舶。

二、"沿岸加工站"指设于岸上的工厂，对鲸进行全部或部分加工处理。

三、"捕鲸船"指用作追踪、捕获、拖曳、系缚或探察鲸为目的的船舶。

四、"缔约政府"指已提交本公约批准书或已通知参加本公约的任何政府。

第三条

一、缔约政府同意设立国际捕鲸委员会（以下简称"委员会"），由各缔约政府各派一名委员组成。每一委员有一个投票权，并可配备一人或一人以上的专家和顾问。

国际捕鲸委员会于 1949 年成立。

二、委员会从委员中选出主席一人和副主席一人，并制定委员会的程序规则。

委员会的决定，经有投票权的委员多数同意即算通过；但履行第五条的规定，则须经有投票权的委员四分之三的多数同意；程序规则可在委员会会议上通过，也可采取其他方式通过。

三、委员会需任命秘书长和工作人员。

四、委员会为了执行其职权范围内的任务，可设立其所希望设立的小委员会，并由委员会的委员和专家或顾问组成。

五、委员会的委员、专家和顾问的费用，由各自政府来决定并支付。

六、认为联合国专门机构也关心保护和发展捕鲸业及其产品，并希望避免其任务的重复，缔约政府为了决定是否需要使委员会参加联合国的一个专门机构，待本公约生效后两年内将相互协商。

七、在上述期间内，大不列颠及北爱尔兰联合王国政府和其他缔约政府协商，商定召集委员会的第一条会议，并磋商上述第六款的协议。

八、委员会以后的会议，根据委员会决定而召集。

第四条

一、委员会可会同或通过缔约政府的独立机关或其他公私机关、组织或团体共同或单独进行下列工作：

1. 鼓励、建议或在必要时组织有关鲸和捕鲸的研究和调查；

2. 收集和分析有关鲸类资源的现状和趋势，以及关于捕鲸活动对其影响等方面的统计资料；

3. 研究、审查和推广有关维持和增加鲸类资源的数量的方法的资料。

二、委员会应出版工作报告。委员会认为适当的报告以及有关鲸和捕鲸的统计方面、科学方面及其他适当资料，可由委员会单独出版或与设在挪威散纳菲尤尔（Sandefjord）的国际捕鲸统计局合作出版，或与其他团体、机关合作出版。

第五条

一、委员会应依据通过关于鲸类资源的保护和利用规则，就以下各点随时修改附件的规定：

1. 受保护的和不受保护的鲸的种类；

2. 解禁期和禁渔期；

3. 解禁水域和禁渔水域（包括保护区的指定）；

4. 各种鲸的准捕大小的限制；

5. 捕鲸的时期、方法和强度（包括一个渔期内鲸的最大产量）；

6. 所使用渔具、仪器和设备的类型和规格说明书；

7. 测定方法；

8. 捕鲸报告及其他统计方面和生物学方面的记录。

二、附件的上述修正为：

1. 应该是为了执行本公约目的和任务，并为了谋求鲸类资源的保护、发展和最适当的利用上所必需者；

2. 应该以科学的判断为基础；

3. 不应导致限制捕鲸母船或沿岸加工站的数量或对国籍的限制，或者对任何某艘捕鲸母船或沿岸加工站，或者任何若干捕鲸母船或沿岸加工站规定特殊的限额；

4. 应考虑到捕鲸业者和鲸类产品消费者的利益。

三、上述各项修正，在委员会将此修正通知各缔约政府后的九十天即对缔约政府生效，但：

1. 如果任何政府在满九十天的时期之前，对委员会的修正提出异议时，则此项修正在延长的九十天内对任何缔约政府不生效；

2. 因此，任何其他缔约政府在延长的九十天期满之前，或在延长的九十天期内收到最后一个异议之日起满三十天期中（最后一天之前）均得对此修正提出异议；

3. 此后，该修正对未提出异议的一切缔约政府即行生效，而对提出异议的任何政府在未撤消其异议之前不生效。委员会在接到每一个异议或撤消异议的意见后，应立即通知各缔约政府，各缔约政府应表示已收到关于修正、异议和撤消异议的一切通知。

四、任何修正，在1949年7月1日之前均不生效。

第六条

委员会可以对有关鲸或捕鲸和有关本公约目的和任务方面的事项，随时向任何或所有缔约政府提出建议。

第七条

各缔约政府应保证将本公约所要求的通告、统计资料和其他资料，按委员会规定的格式和方法，迅速送交挪威散纳菲尤尔的国际捕鲸统计局或委员会指定的其他团体。

第八条

一、尽管有本公约的规定，缔约政府对本国国民为科学研究的目的而对鲸进行捕获、击杀和加工处理，可按该政府认为适当的限制数量，发给特别许可证。按本条款的规定对鲸的捕获、击杀和加工处理，均不受本公约的约束。各缔约政府应将所有发出的上述的特别许可证迅速通知委员会。各缔约政府可在任何时期取消其发出的上述特别许可证。

二、根据上述特别许可证而捕获的鲸，应按实际可能尽量予以加工一切操作工序按照发给许可证政府的规定进行。

三、各缔约政府应尽可能将该政府收到的有关鲸和捕鲸的科学资料，包括本条第一款和第四条进行的调查研究结果，寄送委员会指定的机构，各次寄送的间隔时间不应超过一年。

四、缔约政府认为，为了捕鲸业的健全和合理的管理，必须不断地收集并分析有关母船和沿岸加工站作业的生物学资料，并应采取一切可能的措施以获得这种资料。

第九条

一、各缔约政府应采取适当措施，以保证贯彻本公约的规定，并对该缔约政府管辖下的人员或船舶在作业中违反本公约规定时给予处罚。

二、对本公约禁止捕获的鲸，不得计算为捕鲸船炮手或船员的工作成绩以支付奖金或其他报酬。

三、对侵犯或违反本公约者，由其所属管辖权的政府加以追究起诉。

四、各缔约政府应将其管辖下的人员或违反本公约规定的各次完全而详尽情况，正确地按照该政府监察员的报告向委员会提出详尽的报告，此项报告应包括因违反公约而采取的措施和处罚情况。

第十条

一、本公约须经批准，批准书交由美利坚合众国政府保存。

二、凡未参加签订本公约的政府，在本公约生效后，得以书面通知美利坚合众国政府而参加本公约。

三、美利坚合众国政府应将所有收到的批准书和参加公约的通知书，通知所有签订公约的政府和参加公约的政府。

四、本公约应在收到至少六个签约政府的批准书时，其中包括荷兰、挪威、苏维埃社会主义共和国联盟、大不列颠及北爱尔兰联合王国和美利坚合众国，即对各国政府生效。对以后批准或参加的各政府，在提交此项批准书之日起或收到参加公约通知书之日起生效。

五、附件的规则，在1948年7月1日之前无效。按照第五条规定而对附件的修正，在1949年7月1日之前无效。

第十一条

任何缔约政府可于任何一年的6月30日退出本公约，但应于同年1月1日以前向保存批准书的政府提出声明。保存批准书政府收到此项声明后，应立即通知其他缔约政府。其他缔约政府在收到保存批准书政府转达上项声明的副本后一个月以内，也可提出退出公约的声明。在这种场合下，则公约对后者提出退约声明的政府也在同年6月30日起失效。

本公约应注明开始签字的日期，并在签字后的十四天内仍可签字。

下列经正式授权的各全权代表在本公约上签字，以资证明。

本公约于1946年12月2日在华盛顿用英文写成。正本由美利坚合众国政府档案库保存。美利坚合众国政府应将验证的副本分送所有签字的政府和参加公约的政府。

以下为各政府全权代表的签字：（略）

附件　国际捕鲸公约修正（本附件历经第一次至第九次各次国际捕鲸委员会全体会议修正并经通过后生效）

一、1. 每艘捕鲸母船至少必须设捕鲸监督员二人，以便昼夜进行监督。监督员应由对捕鲸母船有管辖权的政府任命并负担其费用。

2. 各沿岸加工站也应进行充分的监督，在沿岸加工站工作的监督员也应由对该加工站有管辖权的政府任命并负担其费用。

二、禁止捕获或击杀克鲸或脊美鲸；但以此种鲸肉及其产品仅用作当地居民消费者，则不在此限。

三、禁止捕获或击杀幼鲸或乳鲸，或伴随幼鲸和乳鲸的母鲸。

四、1. 在五年内禁止在大西洋北部捕获或企图捕获白长须鲸（对本条以 1954 年 11 月 7 日为期的规定，冰岛和丹麦先后提出反对意见。所有此提案均未撤消。此条已于 1955 年 2 月 24 日开始生效，但对冰岛和丹麦无约束力。此条有效期于 1960 年 2 月 24 日终止）。

2. 下列区域禁止使用捕鲸母船或其所属的捕鲸船捕获或加工处理须鲸类：

（1）北纬六十六度以北水域，但从东经一百五十度向东至西经一百四十度，在此区域内的北纬六十六度和七十二度之间，得以母船或捕鲸船捕获须鲸；

（2）在南纬四十度以北的大西洋及其附属水域；

（3）在南纬四十度和北纬三十五度之间、西经一百五十度以东的太平洋及其附属水域；

（4）在南纬四十度和北纬二十度之间、西经一百五十度以西的太平洋及其附属水域；

（5）在南纬四十度以北的印度洋及其附属水域。

五、禁止使用母船或其所属捕鲸船在西经七十度起向西至西经一百六十度止的南纬四十度以南的水域内捕获或加工处理须鲸（莫斯科第七次会议将本条删除，即从 1955 年 11 月 8 日起停止生效三年；伦敦第九次会议仍维持原议，即从 1958 年 11 月 8 日起继续停止生效，失效期过后即从 1959 年 11 月 8 日起，本条自动开始生效）。

六、1. 禁止在大西洋北部捕获或加工处理座头鲸为期五年（至 1959 年 11 月 8 日为五年期终）；

2. 禁止在南纬四十度以南、西经零度至西经七十度之间水域内捕获或加工处理座头鲸为期五年（至 1959 年 11 月 8 日为五年期终）；

3. 除每年 2 月 1、2、3、4 各日外，禁止使用母船所属的捕鲸船在南纬四十度以南的所有水域内捕获或处理座头鲸。

七、1. 禁止使用母船及其所属的捕鲸船在南纬四十度以南各水域内捕获或处理须鲸（但明克鲸除外），但从 1 月 2 日起至 4 月 7 日（包括头尾两天）止则不在此限。任何捕鲸船每年均不得早于 2 月 1 日捕获或处理白长须鲸；

2. 除根据本条 3、4、5 各项规定已由缔约政府核准的期间外，禁止使用母船及其所属捕鲸船捕获或处理抹香鲸和明克鲸；

3. 各缔约政府应对其管辖下的一切母船和其所属捕鲸船宣布一个解禁期，即在十二个月中不超过连续八个月可在此期内捕获或击杀抹香鲸。但也可单独对每艘母船和其所属捕鲸船宣布单独的解禁期。

4. 各缔约政府应向其所属的母船和其所属的捕鲸船宣布一个解禁期，即在十二个月中不超过连续六个月可在此期内捕获或击杀明克鲸。在此情况下对每艘母船和其所属捕鲸船可宣布以下两项：

（1）单独的解禁期；

（2）根据本款第 1 项所宣布的捕获长须鲸的解禁期可不必将整个捕鲸期包括在内。

5. 各缔约政府应向本国所属不与母船或加工站在一起作业的所有捕鲸船宣布一个解禁期，即在十二个月中不超过连续六个月，可在此期内捕获或击杀明克鲸。

八、1. 缔约政府管辖下捕鲸母船所属的捕鲸船于解禁期在南纬四十度以南水域所捕长须鲸数量不得超过一万五千头白长须鲸单位，在 1957—1959 年解禁期内所捕的长须鲸头数，如上所述，不得超过一万四千五百头白长须鲸单位。

2. 本款第 1 项所规定的一头白长须鲸单位，等于两头长须鲸，或两头半座头鲸，或六头虎鲸。（注：1964 年 6 月 22 日在挪威散纳菲尤尔举行的第十六届国际捕鲸会议上，提出了科学分组会的报告，自 1964 年至 1965 年度起决定废除以换算白长须鲸头数的计算方式）。

3. 根据本公约第七条的规定，各缔约政府至迟应于每周末以后两天内，报送捕鲸母船所属一切捕鲸船在南纬四十度以南水域内捕获的鲸的头数（换算白长须鲸单位）。同时，国际捕鲸统计局规定所捕白长须鲸单位达一万三千五百头（1957 至 1958 年捕鲸期内为一万三千头），则上述所捕白长须鲸头数应于每天终了后报送。

4. 按本款第 1 项规定每年的捕鲸限额如可能于每年 4 月 7 日前完成，则国际捕鲸统计局应根据所获得的资料，定出预定达到捕鲸限额的日期，并在此日之前四天通知每艘母船船长和缔约国政府。如母船所属的捕鲸船在规定日期的下午十二时以后仍在南纬四十度以南任何水域内进行捕获或企图捕获须鲸者，即认为违法。

5. 凡在南纬四十度以南各水域内，行将开始捕鲸作业的各捕鲸母船，应按本公约第七条的规定通知委员会（注：本项原为第 6 项，现改为第 5 项。原第 5 项在 1952 年第四次委员会全体会议所删除，此项修改自 1952 年 9 月 12 日开始生效）。

九、1. 白长须鲸、虎鲸或座头鲸未达以下长度者，禁止捕获或击杀：

白长须鲸 70 英尺（21.3 米）；

虎鲸 40 英尺（12.2 米）；

座头鲸 35 英尺（10.7 米）。

但长度在 65 英尺（19.8 米）以上的白长须鲸和长度在 35 英尺（10.7 米）以上的虎鲸，以此种鲸肉仅使用于当地消费作居民食用或饲料时，可捕获送入沿岸加工站。

2. 禁止捕获或击杀长度在 57 英尺（17.4 米）以下的长须鲸并将其运往南半球的母船或沿岸加工站。禁止捕获或击杀长度在 55 英尺（16.8 米）以下的长须鲸并将其运往北半球的母船或沿岸加工站。但此种鲸肉仅使用于当地消费作居民食用或饲料等，则长度在 55 英尺（16.8 米）以上的长须鲸可捕获并将其运往南半球的沿岸加工站；长度在 50 英尺（15.2 米）以上的长须鲸可捕获并将其运往北半球沿岸加工站。

3. 禁止捕获或击杀长度在 38 英尺（11.6 米）以下的抹香鲸，但长度在 35 英尺（10.7 米）以上的抹香鲸则可捕获并运往沿岸加工站。

4. 将捕获的鲸静置于甲板或解剖台时，应用钢卷尺尽可能进行正确的测量；钢卷尺一端有一尖棒可插于鲸的一端甲板上，然后将尺顺着鲸体平行拉直，拉至鲸的另一端，读出其长度；鲸体长度应自上颌骨的顶端到尾鳍分叉点为止。测定的数值应四舍五入以英尺记录。如长度在 75 英尺 6 英寸（23 米）和 76 英尺 6 英寸（23.3 米）之间的鲸，应记为 76 英尺（23.1 米）；正好在二分之一英尺者，应进位，如正好为 76 英尺 6 英寸（23.3 米）则进位为 77 英尺。

十、1. 禁止使用沿岸加工站所属的捕鲸船捕获或处理须鲸和抹香鲸。但按本款第 2、3、4 项的规定，经缔约政府许可者不在此限。

2. 各缔约政府应对其管辖下的一切沿岸加工站及其所属的捕鲸船公布准许捕获或加工处理须鲸（不包括明克鲸）的解禁期。此项解禁期在任何十二个月内不得连续超过六个月。如缔约政府为捕获和加工须鲸（不包括明克鲸）而设立的沿岸加工站和用于捕获或加工须鲸（不包括明克鲸）的最近沿岸加工站，其距离超过 1 000 英里（1 609.3 千米）者，可为其单独宣布个别解禁期。

3. 各缔约政府应对其管辖下的一切沿岸加工站及其所属捕鲸船公布准许捕获或加工处理抹香鲸的解禁期，即在任何十二个月中不得连续超过八个月。此八个月解禁期应包括上述第 2 项对须鲸所规定的六个月解禁期在内（不包括明克鲸）。如缔约政府为捕获和加工抹香鲸（不包括明克鲸）而设立的沿岸加工站远离该国政府的最近沿岸加工站超过 1 000 英里（1 609.3 千米）者，可为其单独宣布个别解禁期（注：第十款第 3 项于 1952 年 2 月 21 日生效；本款除澳大利亚外，对所有缔约政府均有约束力。因澳大利亚在审议此款时曾提出反对意见，以后又未撤消此意见，故对澳大利亚无约束力）。

4. 各缔约政府对其管辖下的一切沿岸加工站及其所属捕鲸船公布捕获或击杀明克鲸的解禁期，即在任何十二个月中不得连续超过六个月，此项解禁期也不一定和本款第 2 项对须鲸所规定的时期一致。如缔约政府为捕获和加工明克鲸而设的沿岸加工站远离该国政府的最近沿岸加工站超过 1 000 英里（1 609.3 千米）者，可为其单独宣布个别解禁期。

此外，如捕获和加工明克鲸的加工站位于和同一缔约国所属其他加工站的海洋条件完全不同者，也可为其单独宣布个别解禁期，但根据本项规定的个别解禁期，不得超过任何十二个月中的九个月。

5. 本款所列的禁止事项，适用于 1946 年国际捕鲸公约第二条各项规定的一切沿岸加工站及本附件第十七款各项规定的受捕鲸规章约束的一切捕鲸母船。

十一、禁止捕鲸母船在南纬四十度以南任何水域内全季捕获和加工须鲸。从捕鲸期终起，禁止整年在任何其他地区进行上述的加工，但专为冷冻和腌制鲸肉或内脏供人食用或作动物饲料者，不适用本项规定。

十二、1. 按附件第二、四、五、六、七、八、十款的规定，禁止各缔约政府所属捕鲸船击杀此等鲸类，并禁止使用捕鲸母船或沿岸加工站加工处理此等鲸类（为任何缔约政府所属捕鲸船所捕获的或击杀的）。

2. 所有捕获的鲸（除明克鲸外）均应送往捕鲸母船或沿岸加工站。鲸的一切部分均应蒸煮或用其他方法加工。但一切鲸的内脏、鲸须、胸鳍、抹香鲸肉和专供人食用或作动物饲料的鲸的各部分，则不在此限。

3. "漂流死鲸"和用作护舷的鲸的尸体，不一定在此类鲸的肉或骨已变质时才进行完全加工处理。

十三、1. 向母船运送所捕的鲸，应由母船的船长或母船负责人加以调整或限制，其作用在于使鲸的死体（用作护舷的鲸的死体除外，此种死鲸应尽可能迅速地合理加工处理）自击杀时起至送到甲板时止，在海中停留时间不超过三十三个小时。

2．一切捕鲸船所捕的鲸，不论是作母船用的或作沿岸加工站用的，应明确标明，便于识别捕鲸船名和捕获的顺序。

3．所有随同母船作业的捕鲸船，应以无线电向母船报告下列事项：

（1）每头鲸的捕获时间；

（2）其种类；

（3）根据本款第2项规定所做的标记。

4．根据本款第3项规定以无线电报告的资料，应记入永久的登记簿上，以备捕鲸监督员随时检查。此外，还应将下列事项随时记入永久的登记簿上：

（1）为加工处理而送到的时间；

（2）按第九款第4项规定所测定的长度；

（3）鲸的性别；

（4）如为雌鲸，乳汁是否充满或是否分泌乳汁；

（5）如有胎儿，应记录其长度和性别；

（6）详细说明每次违章情况。

5．沿岸加工站应备有按本款第4项所规定的相同登记簿，并应将第4项所列一切资料尽速记入登记簿。

十四、母船、沿岸加工站和捕鲸船的炮手及船员，其报酬在雇佣条件上应相当程度上根据所捕鲸的种类、大小和产量，而不单单根据所捕鲸的头数。对捕鲸船的炮手或船员所捕的充满乳汁的鲸或正分泌乳汁的鲸时，则不得给予任何奖金或其他报酬。

十五、有关鲸和捕鲸的一切正式法令和规则以及这些法令、规则修改的副本，应寄交委员会。

十六、一切母船和沿岸加工站应按照本公约第七条的规定，报送以下统计资料：

1．有关所捕各种鲸的头数，其中包括丢失的头数和各母船或沿岸加工站加工处理鲸的头数。

2．从这些鲸所得的各种等级的鲸油合计数量及鱼粉、鱼肥和其他产品的数量；

3．特别应报送在母船或沿岸加工站所加工处理的每头鲸的捕获时期、大致经纬度、种类、性别、长度，如确认有胎儿时，尽可能详细说明其长度和性别。关于上述第1、2项所列资料，应在现场检数时检查。此外，凡能收集或取得有关鲸的繁殖场所和洄游路线的资料，均应报送委员会。在报送这些资料时必须说明以下事项：（1）各捕鲸母船的船名和总吨数；（2）捕鲸船的艘数和合计总吨数；（3）进行本期作业的沿岸加工站的名单。

十七、1．仅在本款第3项所列地区任何领海内作业的母船，根据对该领海有管辖权政府的许可，并悬有该政府的国旗者，在进行此作业期间，应遵守沿岸加工站作业管理规则的规定，而不按母船作业管理规则的规定。

2．这些母船在上述作业的捕鲸期结束起一年以内，不得在本款第3项所列区域以外任何水域或南纬四十度以南加工处理须鲸。

3．第1、2项所规定的区域如下：

（1）马达加斯加沿岸及其属地沿岸；

（2）法属非洲西岸；

（3）澳大利亚沿岸，即全部东岸和沙克湾、包括向北至爱克斯茅斯湾的西北角岬区域，以及包括澳尔巴尼港的乔治王海峡的西岸。

［注：第十七款系委员会于1949年第一次会议上提出，1950年1月11日生效。本款除法国外，适用于所有国家。对法国当时仍适用原十七款条文，其内容为：凡在以下领海范围内活动的缔约政府的捕鲸船，不论公约第二条对沿岸加工站所规定的定义如何，均应遵守以下地区沿岸加工站所遵守的规则，即①马达加斯加岛沿岸及法属非洲西岸，马达加斯加所属各岛屿；②澳大利亚西岸沙克湾和西北角岬以北地区（包括爱克斯茅斯湾和乔治王海峡、沃尔巴尼港及澳大利亚东岸一带）和都福尔特湾及德纳尔维斯湾］

十八、下列名词有以下解释：

"须鲸"为口腔内有须或鲸骨的鲸，即齿鲸以外的鲸类；

"白长须鲸"（*Balaenoptera* 或 *Sibbaldus musculus*）通常称兰鲸，也称剃刀鲸、尖鼻鲸、西巴德鲸、黄腹鲸；

"漂流死鲸"为发现漂流中的死鲸而无主者；

"长须鲸"（*Balaenoptera physalus*）也称普通纹鲸、普通尖鼻鲸、皱纹鲸、鳍鲸、真皱纹鲸；

"克鲸"（*Rhachianectes glaucus*）通常称克鲸、儿鲸、灰鲸，也称加利福尼亚鲸、鬼鲸、硬头鲸、蚌鲸、灰背鲸；

"座头鲸"（*Megaptera nodosa* 或 *Novaengliae*）也称驼背鲸、露脊鲸；

"明克鲸"（*Balaenoptera acutorata*，*B. davidsoni*，*B. huttoni*）也称小尖鼻鲸、小尖鲸、尖头鲸、尖鳍鲸；

"脊美鲸"（*Balaena mysticetus*，*Eubalaena glacialis*，*E. australis*，*Neobalaena marginata*）也称大西洋脊美鲸、北极脊美鲸、比斯开脊美鲸、北极鲸、无脊鳍鲸、格陵兰鲸、钝头鲸、北大西洋脊美鲸、太平洋脊美鲸、矮鲸、南矮鲸、南脊美鲸；

"虎鲸"（*Balaenoptera borealis*）也称鲁多菲氏长鼻鲸、鳕鲸，并包括布来德氏鲸（B. Brydei）；

"抹香鲸"（*Phyester catodon*）也称龙涎香鲸、真甲鲸、大头鲸；

"齿鲸"为颚上具有齿的鲸类；

"捕获的鲸"为已捕获的鲸或带有标旗的死鲸或为捕鲸船拖带的鲸。

程序规则

选派代表

规则一　参加国际捕鲸管理公约（以下简称《公约》）的政府有权委派全权代表一人，该代表可随带专家和顾问一人或数人。

规则二　各缔约国政府可指定专家或顾问一人为全权代表的副职或助理。各缔约国政府应及时将全权代表的姓名和随从代表的专家及顾问的姓名通知委员会秘书，委员会秘书应负责将所委派的代表等通知其他全权代表。

规则三　非公约参加国政府和任何其他国际组织，如经委员会通过决议时，得以观察员身份列席委员会各种会议。

表决

规则四　每个全权代表在委员会全会上有表决权，如果全权代表缺席，则具有此项表决权者应为其副职或助理。专家和顾问可以在全会上发言，但没有表决权。专家和顾问被委派参加委员会各种专业会议时有表决权，但在这些会议表决时，每个缔约国政府代表享有一个表决权。

规则五　委员会无论表决任何问题，经多数同意或反对即算通过，但公约第五条规定的情形则为例外，根据该条规定必须有四分之三的多数通过方能成立。委员会下设各种专业委员会会议的表决，经过多数同意或反对即算通过，但各种专业委员会应将每次表决通过的决议通知委员会。表决可用举手方式或点名方式，使用何者为宜，由主席决定。

规则六　在委员会例会休会期间或在极其必要时，可通过信件或其他通信办法进行表决。在这种情况下，应有全权代表总数中必要的多数或四分之三的多数票通过。

规则七　委员会主席由全权代表中选举产生。主席三年选举一次，不经过下届三年后不能重新当选为主席。但是在下届主席没有选出之前，主席应继续履行其职务。

规则八　主席职权

1. 主持委员会各次例会；

2. 任何全权代表均有权要求把主席的任何规定提交委员会表决，凡在委员会例会上发生了这样的问题，主席应予以解决；

3. 把问题提付表决和向委员会宣布表决结果；

经与全权代表们协商后，确定初步的议事日程，以便秘书能在会前六十天发出通知；

4. 代表委员会签署委员会每年一次例会或其他会议的议定书，并将其送达缔约各国政府和其他有关机构，以作为正式文件；

5. 根据委员会的决议做出决定，并向秘书做出指示，以保证委员会的工作，特别是在大会休会期间得以有效的进行。

副主席

规则九　委员会副主席由全权代表中选举产生。如主席缺席或生病时，副主席应主持委员会例会或休会期间的会议。在上述情况下，他具有主席的权力和义务。副主席三年选举一次，不经过下届三年后不能重新当选为副主席（即不能连任两届副主席）。但是在下届副主席没有选出之前，副主席应继续履行其职务。

秘书

规则十　委员会任命秘书一人和必要数量的工作人员，并规定其薪金和旅费。

规则十一　秘书是委员会执行事务的负责人。委员会收发的一切文件，均得迳寄给秘书或由秘书寄出。秘书对委员会负责，领导委员会的日常工作，负责财务委员会收到的经费。秘书保证委员会和它的各种专业委员会各次例会时办公处的工作。秘书负责编制并向主席提出委员会每年年度预算草案和执行委员会或主席委托他的职务。

工作制度

规则十二　如在例会上应加讨论的问题，包括对本公约附件的修改或根据本公约第六条所提的建议等问题，未被列入于会前六十天发给各全权代表的议程草案内者，则不能作为委员会的决议对象。

财务制度

规则十三 委员会的财务年度自 6 月 1 日起至下年 5 月 31 日止。

规则十四 缴纳会费的通知书应同委员会有关年度的实际的或估计的开支决算一并送达各缔约国政府。

规则十五 缔约国政府的会费应以英镑向委员会缴纳。

办公处

规则十六 委员会办公处设在英国伦敦。

例会

规则十七 委员会每年的例会应在伦敦举行，但委员会每隔三年决定在委员会所定的其他地方召开一次。如某一缔约国政府愿邀请委员会不在伦敦召开第三年度的例会，则此种正式邀请必须在开会前六十天发出。委员会多数成员出席时，即构成法定人数。委员会的特别会议，可先由主席与各缔约国政府协商，然后由主席决定召开。

专业委员会

规则十八 委员会下设科学委员会、技术委员会和财务管理委员会。主席应在每次全会上征求全权代表的意见，了解他们是否希望委派本国代表出席科学委员会和技术委员会。全权代表可以委派自己的代表参加上述委员会。财务管理委员会应由主席委派三个委员组成。

主席可以随时组织有必要的非常专业委员会。每个专业委员会应选出自己的主席。秘书应为每个专业委员会准备相应的办公设备。

科学委员会负责审查有关鲸鱼和捕鲸的现行科学和统计资料，了解各国政府、各国际组织或私人组织的研究计划，讨论委员会或委员会主席可能向专业委员会提出的各项补充问题，向委员会提出自己的看法和建议。

技术委员会应审查和讨论各国政府的法令和决议、关于缔约国政府违反规章的每年度总结报告、有关捕鲸作业强度、种类和期限的问题、委员会或委员会主席可能委托给它的问题，并向委员会提出自己的看法和建议。

财务管理委员会应就开支、预算、会费金额、财务管理、人员定额问题，以及委员会随时可能委托给它的各项问题提出自己的看法和建议。

委员会的语言

规则十九 委员会的正式语言和工作语言是英语。全权代表们也可用法语、俄语或其他任何一种语言发言，但应自带译员。委员会的一切正式文件和往来信件一律用英文书写。

例会记录

规则二十 委员会各次例会发言记录应逐字逐句地记录，但专业委员会的记录则可概括地记述。

报告

规则二十一 各全权代表应设法将本国出版的有关捕鲸作业的所有报导寄给委员会，以便统计。

程序规则的修改

　　规则二十二　本程序规则可随时经过全权代表的多数表决加以修改，但委员会秘书至迟应于六十天前将修改草案通知各全权代表。

附录 9　International Convention for the Regulation of Whaling

Washington, 2ⁿᵈ December, 1946

The Governments whose duly authorised representatives have subscribed hereto,

Recognizing the interest of the nations of the world in safeguarding for future generations the great natural resources represented by the whale stocks;

Considering that the history of whaling has seen over-fishing of one area after another and of one species of whale after another to such a degree that it is essential to protect all species of whales from further over-fishing;

Recognizing that the whale stocks are susceptible of natural increases if whaling is properly regulated, and that increases in the size of whale stocks will permit increases in the number of whales which may be captured without endangering these natural resources;

Recognizing that it is in the common interest to achieve the optimum level of whale stocks as rapidly as possible without causing widespread economic and nutritional distress;

Recognizing that in the course of achieving these objectives, whaling operations should be confined to those species best able to sustain exploitation in order to give an interval for recovery to certain species of whales now depleted in numbers;

Desiring to establish a system of international regulation for the whale fisheries to ensure proper and effective conservation and development of whale stocks on the basis of the principles embodied in the provisions of the International Agreement for the Regulation of Whaling, signed in London on 8th June, 1937, and the protocols to that Agreement signed in London on 24th June, 1938, and 26th November, 1945; and

Having decided to conclude a convention to provide for the proper conservation of whale stocks and thus make possible the orderly development of the whaling industry; Have agreed as follows:

Article Ⅰ

1. This Convention includes the Schedule attached thereto which forms an integral part thereof. All references to "Convention" shall be understood as including the said Schedule either in its present terms or as amended in accordance with the provisions of Article Ⅴ.

2. This Convention applies to factory ships, land stations, and whale catchers under the jurisdiction of the Contracting Governments and to all waters in which whaling is pros-

ecuted by such factory ships, land stations, and whale catchers.

Article Ⅱ

As used in this Convention:

1. "Factory ship" means a ship in which or on which whales are treated either wholly or in part;

2. "Land station" means a factory on the land at which whales are treated either wholly or in part;

3. "Whale catcher" means a ship used for the purpose of hunting, taking, towing, holding on to, or scouting for whales;

4. "Contracting Government" means any Government which has deposited an instrument of ratification or has given notice of adherence to this Convention.

Article Ⅲ

1. The Contracting Governments agree to establish an International Whaling Commission, hereinafter referred to as the Commission, to be composed of one member from each Contracting Government. Each member shall have one vote and may be accompanied by one or more experts and advisers.

2. The Commission shall elect from its own members a Chairman and Vice-Chairman and shall determine its own Rules of Procedure. Decisions of the Commission shall be taken by a simple majority of those members voting except that a three-fourths majority of those members voting shall be required for action in pursuance of Article Ⅴ. The Rules of Procedure may provide for decisions otherwise than at meetings of the Commission.

3. The Commission may appoint its own Secretary and staff.

4. The Commission may set up, from among its own members and experts or advisers, such committees as it considers desirable to perform such functions as it may authorize.

5. The expenses of each member of the Commission and of his experts and advisers shall be determined and paid by his own Government.

6. Recognizing that specialized agencies related to the United Nations will be concerned with the conservation and development of whale fisheries and the products arising therefrom and desiring to avoid duplication of functions, the Contracting Governments will consult among themselves within two years after the coming into force of this Convention to decide whether the Commission shall be brought within the framework of a specialized agency related to the United Nations.

7. In the meantime the Government of the United Kingdom of Great Britain and Northern Ireland shall arrange, in consultation with the other Contracting Governments, to convene the first meeting of the Commission, and shall initiate the consultation referred to in paragraph 6 above.

8. Subsequent meetings of the Commission shall be convened as the Commission may determine.

Article Ⅳ

1. The Commission may either in collaboration with or through independent agencies of the Contracting Governments or other public or private agencies, establishments, or organizations, or independently:

(a) encourage, recommend, or if necessary, organize studies and investigations relating to whales and whaling;

(b) collect and analyze statistical information concerning the current condition and trend of the whale stocks and the effects of whaling activities thereon;

(c) study, appraise, and disseminate information concerning methods of maintaining and increasing the populations of whale stocks.

2. The Commission shall arrange for the publication of reports of its activities, and it may publish independently or in collaboration with the International Bureau for Whaling Statistics at Sandefjord in Norway and other organizations and agencies such reports as it deems appropriate, as well as statistical, scientific, and other pertinent information relating to whales and whaling.

Article Ⅴ

1. The Commission may amend from time to time the provisions of the Schedule by adopting regulations with respect to the conservation and utilization of whale resources, fixing (a) protected and unprotected species; (b) open and closed seasons; (c) open and closed waters, including the designation of sanctuary areas; (d) size limits for each species; (e) time, methods, and intensity of whaling (including the maximum catch of whales to be taken in any one season); (f) types and specifications of gear and apparatus and appliances which may be used; (g) methods of measurement; and (h) catch returns and other statistical and biological records.

2. These amendments of the Schedule (a) shall be such as are necessary to carry out the objectives and purposes of this Convention and to provide for the conservation, development, and optimum utilization of the whale resources; (b) shall be based on scientific findings; (c) shall not involve restrictions on the number or nationality of factory ships or land stations, nor allocate specific quotas to any factory ship or land station or to any group of factory ships or land stations; and (d) shall take into consideration the interests of the consumers of whale products and the whaling industry.

3. Each of such amendments shall become effective with respect to the Contracting Governments ninety days following notification of the amendment by the Commission to each of the Contracting Governments, except that (a) if any Government presents to the

Commission objection to any amendment prior to the expiration of this ninety-day period, the amendment shall not become effective with respect to any of the Governments for an additional ninety days; (*b*) thereupon, any other Contracting Government may present objection to the amendment at any time prior to the expiration of the additional ninety-day period, or before the expiration of thirty days from the date of receipt of the last objection received during such additional ninety-day period, whichever date shall be the later; and (*c*) thereafter, the amendment shall become effective with respect to all Contracting Governments which have not presented objection but shall not become effective with respect to any Government which has so objected until such date as the objection is withdrawn. The Commission shall notify each Contracting Government immediately upon receipt of each objection and withdrawal and each Contracting Government shall acknowledge receipt of all notifications of amendments, objections, and withdrawals.

4. No amendments shall become effective before 1st July, 1949.

Article Ⅵ

The Commission may from time to time make recommendations to any or all Contracting Governments on any matters which relate to whales or whaling and to the objectives and purposes of this Convention.

Article Ⅶ

The Contracting Government shall ensure prompt transmission to the International Bureau for Whaling Statistics at Sandefjord in Norway, or to such other body as the Commission may designate, of notifications and statistical and other information required by this Convention in such form and manner as may be prescribed by the Commission.

Article Ⅷ

1. Notwithstanding anything contained in this Convention any Contracting Government may grant to any of its nationals a special permit authorizing that national to kill, take and treat whales for purposes of scientific research subject to such restrictions as to number and subject to such other conditions as the Contracting Government thinks fit, and the killing, taking, and treating of whales in accordance with the provisions of this Article shall be exempt from the operation of this Convention. Each Contracting Government shall report at once to the Commission all such authorizations which it has granted. Each Contracting Government may at any time revoke any such special permit which it has granted.

2. Any whales taken under these special permits shall so far as practicable be processed and the proceeds shall be dealt with in accordance with directions issued by the Government by which the permit was granted.

3. Each Contracting Government shall transmit to such body as may be designated by

the Commission, in so far as practicable, and at intervals of not more than one year, scientific information available to that Government with respect to whales and whaling, including the results of research conducted pursuant to paragraph 1 of this Article and to Article IV.

4. Recognizing that continuous collection and analysis of biological data in connection with the operations of factory ships and land stations are indispensable to sound and constructive management of the whale fisheries, the Contracting Governments will take all practicable measures to obtain such data.

Article IX

1. Each Contracting Government shall take appropriate measures to ensure the application of the provisions of this Convention and the punishment of infractions against the said provisions in operations carried out by persons or by vessels under its jurisdiction.

2. No bonus or other remuneration calculated with relation to the results of their work shall be paid to the gunners and crews of whale catchers in respect of any whales the taking of which is forbidden by this Convention.

3. Prosecution for infractions against or contraventions of this Convention shall be instituted by the Government having jurisdiction over the offence.

4. Each Contracting Government shall transmit to the Commission full details of each infraction of the provisions of this Convention by persons or vessels under the jurisdiction of that Government as reported by its inspectors. This information shall include a statement of measures taken for dealing with the infraction and of penalties imposed.

Article X

1. This Convention shall be ratified and the instruments of ratifications shall be deposited with the Government of the United States of America.

2. Any Government which has not signed this Convention may adhere thereto after it enters into force by a notification in writing to the Government of the United States of America.

3. The Government of the United States of America shall inform all other signatory Governments and all adhering Governments of all ratifications deposited and adherences received.

4. This Convention shall, when instruments of ratification have been deposited by at least six signatory Governments, which shall include the Governments of the Netherlands, Norway, the Union of Soviet Socialist Republics, the United Kingdom of Great Britain and Northern Ireland, and the United States of America, enter into force with respect to those Governments and shall enter into force with respect to each Government which subsequently ratifies or adheres on the date of the deposit of its instrument of ratification or

the receipt of its notification of adherence.

　　5. The provisions of the Schedule shall not apply prior to 1st July, 1948. Amendments to the Schedule adopted pursuant to Article V shall not apply prior to 1st July, 1949.

Article Ⅺ

　　Any Contracting Government may withdraw from this Convention on 30th June, of any year by giving notice on or before 1st January, of the same year to the depository Government, which upon receipt of such a notice shall at once communicate it to the other Contracting Governments. Any other Contracting Government may, in like manner, within one month of the receipt of a copy of such a notice from the depository Government give notice of withdrawal, so that the Convention shall cease to be in force on 30th June, of the same year with respect to the Government giving such notice of withdrawal.

　　The Convention shall bear the date on which it is opened for signature and shall remain open for signature for a period of fourteen days thereafter.

　　In witness whereof the undersigned, being duly authorized, have signed this Convention.

　　Done in Washington this second day of December, 1946, in the English language, the original of which shall be deposited in the archives of the Government of the United States of America. The Government of the United States of America shall transmit certified copies thereof to all the other signatory and adhering Governments.

Protocol

to the International Convention for the Regulation of Whaling, Signed at Washington Under Date of December 2, 1946

　　The Contracting Governments to the International Convention for the Regulation of Whaling signed at Washington under date of 2nd December, 1946 which Convention is hereinafter referred to as the 1946 Whaling Convention, desiring to extend the application of that Convention to helicopters and other aircraft and to include provisions on methods of inspection among those Schedule provisions which may be amended by the Commission, agree as follows:

Article Ⅰ

　　Subparagraph 3 of the Article Ⅱ of the 1946 Whaling Convention shall be amended to read as follows:

　　"3. 'whale catcher' means a helicopter, or other aircraft, or a ship, used for the purpose of hunting, taking, killing, towing, holding on to, or scouting for whales. "

Article II

Paragraph 1 of Article V of the 1946 Whaling Convention shall be amended by deleting the word "and" preceding clause (h), substituting a semicolon for the period at the end of the paragraph, and adding the following language: "and (i) methods of inspection".

Article III

1. This Protocol shall be open for signature and ratification or for adherence on behalf of any Contracting Government to the 1946 Whaling Convention.

2. This Protocol shall enter into force on the date upon which instruments of ratification have been deposited with, or written notifications of adherence have been received by, the Government of the United States of America on behalf of all the Contracting Governments to the 1946 Whaling Convention.

3. The Government of the United States of America shall inform all Governments signatory or adhering to the 1946 Whaling Convention of all ratifications deposited and adherences received.

4. This Protocol shall bear the date on which it is opened for signature and shall remain open for signature for a period of fourteen days thereafter, following which period it shall be open for adherence.

IN WITNESS WHEREOF the undersigned, being duly authorized, have signed this Protocol.

DONE in Washington this nineteenth day of November, 1956, in the English Language, the original of which shall be deposited in the archives of the Government of the United States of America. The Government of the United States of America shall transmit certified copies thereof to all Governments signatory or adhering to the 1946 Whaling Convention.

附录 10　中华人民共和国野生动物保护法

(1988 年 11 月 8 日第七届全国人民代表大会常务委员会第四次会议通过；自 1989 年 3 月 1 日起施行；根据 2004 年 8 月 28 日第十届全国人民代表大会常务委员会第十一次会议《关于修改〈中华人民共和国野生动物保护法〉的决定》修正)

目　　录

第一章　总　　则

第一条　为保护、拯救珍贵、濒危野生动物，保护、发展和合理利用野生动物资源，维护生态平衡，制定本法。

第二条　在中华人民共和国境内从事野生动物的保护、驯养繁殖、开发利用活动，必须遵守本法。

本法规定保护的野生动物，是指珍贵、濒危的陆生、水生野生动物和有益的或者有重要经济、科学研究价值的陆生野生动物。

本法各条款所提野生动物，均系指前款规定的受保护的野生动物。

珍贵、濒危的水生野生动物以外的其他水生野生动物的保护，适用渔业法的规定。

第三条　野生动物资源属于国家所有。

国家保护依法开发利用野生动物资源的单位和个人的合法权益。

第四条　国家对野生动物实行加强资源保护、积极驯养繁殖、合理开发利用的方针，鼓励开展野生动物科学研究。

在野生动物资源保护、科学研究和驯养繁殖方面成绩显著的单位和个人，由政府给予奖励。

第五条　中华人民共和国公民有保护野生动物资源的义务，对侵占或者破坏野生动物资源的行为有权检举和控告。

第六条　各级政府应当加强对野生动物资源的管理，制定保护、发展和合理利用野生动物资源的规划和措施。

第七条　国务院林业、渔业行政主管部门分别主管全国陆生、水生野生动物管理工作。

省、自治区、直辖市政府林业行政主管部门主管本行政区域内陆生野生动物管理工作。自治州、县和市政府陆生野生动物管理工作的行政主管部门，由省、自治区、直辖市政府确定。

县级以上地方政府渔业行政主管部门主管本行政区域内水生野生动物管理工作。

第二章　野生动物保护

第八条　国家保护野生动物及其生存环境，禁止任何单位和个人非法猎捕或者破坏。

第九条　国家对珍贵、濒危的野生动物实行重点保护。国家重点保护的野生动物分为一级保护野生动物和二级保护野生动物。国家重点保护的野生动物名录及其调整，由国务院野生动物行政主管部门制定，报国务院批准公布。

地方重点保护野生动物，是指国家重点保护野生动物以外，由省、自治区、直辖市重点保护的野生动物。地方重点保护的野生动物名录，由省、自治区、直辖市政府制定并公布，报国务院备案。

国家保护的有益的或者有重要经济、科学研究价值的陆生野生动物名录及其调整，由国务院野生动物行政主管部门制定并公布。

第十条　国务院野生动物行政主管部门和省、自治区、直辖市政府，应当在国家和地方重点保护野生动物的主要生息繁衍的地区和水域，划定自然保护区，加强对国家和地方重点保护野生动物及其生存环境的保护管理。

自然保护区的划定和管理，按照国务院有关规定办理。

第十一条　各级野生动物行政主管部门应当监视、监测环境对野生动物的影响。由于环境影响对野生动物造成危害时，野生动物行政主管部门应当会同有关部门进行调查处理。

第十二条　建设项目对国家或者地方重点保护野生动物的生存环境产生不利影响的，建设单位应当提交环境影响报告书；环境保护部门在审批时，应当征求同级野生动物行政主管部门的意见。

第十三条　国家和地方重点保护野生动物受到自然灾害威胁时，当地政府应当及时采取拯救措施。

第十四条　因保护国家和地方重点保护野生动物，造成农作物或者其他损失的，由当地政府给予补偿。补偿办法由省、自治区、直辖市政府制定。

第三章　野生动物管理

第十五条　野生动物行政主管部门应当定期组织对野生动物资源的调查，建立野生动物资源档案。

第十六条　禁止猎捕、杀害国家重点保护野生动物。因科学研究、驯养繁殖、展览或者其他特殊情况，需要捕捉、捕捞国家一级保护野生动物的，必须向国务院野生动物行政主管部门申请特许猎捕证；猎捕国家二级保护野生动物的，必须向省、自治区、直辖市政府野生动物行政主管部门申请特许猎捕证。

第十七条　国家鼓励驯养繁殖野生动物。

　　驯养繁殖国家重点保护野生动物的，应当持有许可证。许可证的管理办法由国务院野生动物行政主管部门制定。

　　第十八条　猎捕非国家重点保护野生动物的，必须取得狩猎证，并且服从猎捕量限额管理。

　　持枪猎捕的，必须取得县、市公安机关核发的持枪证。

　　第十九条　猎捕者应当按照特许猎捕证、狩猎证规定的种类、数量、地点和期限进行猎捕。

　　第二十条　在自然保护区、禁猎区和禁猎期内，禁止猎捕和其他妨碍野生动物生息繁衍的活动。

　　禁猎区和禁猎期以及禁止使用的猎捕工具和方法，由县级以上政府或者其野生动物行政主管部门规定。

　　第二十一条　禁止使用军用武器、毒药、炸药进行猎捕。

　　猎枪及弹具的生产、销售和使用管理办法，由国务院林业行政主管部门会同公安部门制定，报国务院批准施行。

　　第二十二条　禁止出售、收购国家重点保护野生动物或者其产品。因科学研究、驯养繁殖、展览等特殊情况，需要出售、收购、利用国家一级保护野生动物或者其产品的，必须经国务院野生动物行政主管部门或者其授权的单位批准；需要出售、收购、利用国家二级保护野生动物或者其产品的，必须经省、自治区、直辖市政府野生动物行政主管部门或者其授权的单位批准。

　　驯养繁殖国家重点保护野生动物的单位和个人可以凭驯养繁殖许可证向政府指定的收购单位，按照规定出售国家重点保护野生动物或者其产品。

　　工商行政管理部门对进入市场的野生动物或者其产品，应当进行监督管理。

　　第二十三条　运输、携带国家重点保护野生动物或者其产品出县境的，必须经省、自治区、直辖市政府野生动物行政主管部门或者其授权的单位批准。

　　第二十四条　出口国家重点保护野生动物或者其产品的，进出口中国参加的国际公约所限制进出口的野生动物或者其产品的，必须经国务院野生动物行政主管部门或者国务院批准，并取得国家濒危物种进出口管理机构核发的允许进出口证明书。海关凭允许进出口证明书查验放行。

　　涉及科学技术保密的野生动物物种的出口，按照国务院有关规定办理。

　　第二十五条　禁止伪造、倒卖、转让特许猎捕证、狩猎证、驯养繁殖许可证和允许进出口证明书。

　　第二十六条　外国人在中国境内对国家重点保护野生动物进行野外考察或者在野外拍摄电影、录像，必须经国务院野生动物行政主管部门或者其授权的单位批准。

　　建立对外国人开放的猎捕场所，应当报国务院野生动物行政主管部门备案。

　　第二十七条　经营利用野生动物或者其产品的，应当缴纳野生动物资源保护管理费。收费标准和办法由国务院野生动物行政主管部门会同财政、物价部门制定，报国务院批准后施行。

　　第二十八条　因猎捕野生动物造成农作物或者其他损失的，由猎捕者负责赔偿。

第二十九条 有关地方政府应当采取措施，预防、控制野生动物所造成的危害，保障人畜安全和农业、林业生产。

第三十条 地方重点保护野生动物和其他非国家重点保护野生动物的管理办法，由省、自治区、直辖市人民代表大会常务委员会制定。

第四章 法律责任

第三十一条 非法捕杀国家重点保护野生动物的，依照关于惩治捕杀国家重点保护的珍贵、濒危野生动物犯罪的补充规定追究刑事责任。

第三十二条 违反本法规定，在禁猎区、禁猎期或者使用禁用的工具、方法猎捕野生动物的，由野生动物行政主管部门没收猎获物、猎捕工具和违法所得，处以罚款；情节严重、构成犯罪的，依照刑法第一百三十条的规定追究刑事责任。

第三十三条 违反本法规定，未取得狩猎证或者未按狩猎证规定猎捕野生动物的，由野生动物行政主管部门没收猎获物和违法所得，处以罚款，并可以没收猎捕工具，吊销狩猎证。

违反本法规定，未取得持枪证持枪猎捕野生动物的，由公安机关比照治安管理处罚条例的规定处罚。

第三十四条 违反本法规定，在自然保护区、禁猎区破坏国家或者地方重点保护野生动物主要生息繁衍场所的，由野生动物行政主管部门责令停止破坏行为，限期恢复原状，处以罚款。

第三十五条 违反本法规定，出售、收购、运输、携带国家或者地方重点保护野生动物或者其产品的，由工商行政管理部门没收实物和违法所得，可以并处罚款。

违反本法规定，出售、收购国家重点保护野生动物或者其产品，情节严重、构成投机倒把罪、走私罪的，依照刑法有关规定追究刑事责任。

没收的实物，由野生动物行政主管部门或者其授权的单位按照规定处理。

第三十六条 非法进出口野生动物或者其产品的，由海关依照海关法处罚；情节严重、构成犯罪的，依照刑法关于走私罪的规定追究刑事责任。

第三十七条 伪造、倒卖、转让特许猎捕证、狩猎证、驯养繁殖许可证或者允许进出口证明书的，由野生动物行政主管部门或者工商行政管理部门吊销证件，没收违法所得，可以并处罚款。

伪造、倒卖特许猎捕证或者允许进出口证明书，情节严重、构成犯罪的，比照刑法第一百六十七条的规定追究刑事责任。

第三十八条 野生动物行政主管部门的工作人员玩忽职守、滥用职权、徇私舞弊的，由其所在单位或者上级主管机关给予行政处分；情节严重、构成犯罪的，依法追究刑事责任。

第三十九条 当事人对行政处罚决定不服的，可以在接到处罚通知之日起十五日内，向做出处罚决定机关的上一级机关申请复议；对上一级机关的复议决定不服的，可以在接到复议决定通知之日起十五日内，向法院起诉。当事人也可以在接到处罚通知之日起十五日内，直接向法院起诉。当事人逾期不申请复议或者不向法院起诉又不履行处罚决定的，由做出处罚决定的机关申请法院强制执行。

对海关处罚或者治安管理处罚不服的，依照海关法或者治安管理处罚条例的规定办理。

第五章　附　　则

第四十条　中华人民共和国缔结或者参加的与保护野生动物有关的国际条约与本法有不同规定的，适用国际条约的规定，但中华人民共和国声明保留的条款除外。

第四十一条　国务院野生动物行政主管部门根据本法制定实施条例，报国务院批准施行。

省、自治区、直辖市人民代表大会常务委员会可以根据本法制定实施办法。

第四十二条　本法自 1989 年 3 月 1 日起施行。

附录 11　水生野生动物保护实施条例

（1993 年 9 月 17 日国务院批准，1993 年 10 月 5 日农业部令第 1 号发布）

第一章　总　　则

第一条　根据《中华人民共和国野生动物保护法》（以下简称《野生动物保护法》）的规定，制定本条例。

第二条　本条例所称水生野生动物，是指珍贵、濒危的水生野生动物；所称水生野生动物产品，是指珍贵、濒危的水生野生动物的任何部分及其衍生物。

第三条　国务院渔业行政主管部门主管全国水生野生动物管理工作。

县级以上地方人民政府渔业行政主管部门主管本行政区域内水生野生动物管理工作。

《野生动物保护法》和本条例规定的渔业行政主管部门的行政处罚权，可以由其所属的渔政监督管理机构行使。

第四条　县级以上各级人民政府及其有关主管部门应当鼓励、支持有关科研单位、教学单位开展水生野生动物科学研究工作。

第五条　渔业行政主管部门及其所属的渔政监督管理机构，有权对《野生动物保护法》和本条例的实施情况进行监督检查，被检查的单位和个人应当给予配合。

第二章　水生野生动物保护

第六条　国务院渔业行政主管部门和省、自治区、直辖市人民政府渔业行政主管部门，应当定期组织水生野生动物资源调查，建立资源档案，为制定水生野生动物资源保护发展规划、制定和调整国家和地方重点保护水生野生动物名录提供依据。

第七条　渔业行政主管部门应当组织社会各方面力量，采取有效措施，维护和改善水生野生动物的生存环境，保护和增殖水生野生动物资源。

禁止任何单位与个人破坏国家重点保护的和地方重点保护的水生野生动物生息繁衍的水域、场所及生存条件。

第八条　任何单位和个人对侵占或者破坏水生野生动物资源的行为，有权向当地渔业行政主管部门或者其所属的渔政监督管理机构检举和控告。

第九条　任何单位与个人发现受伤、搁浅和因误入港湾、河汊而被困的水生野生动物时，应当及时报告当地渔业行政主管部门或者其所属的渔政监督管理机构，由其采取紧急救护措施；也可以要求附近具备救护条件的单位采取紧急救护措施，并报告渔业行政主管部门。已经死亡的水生野生动物，由渔业行政主管部门妥善处理。

捕捞作业时误捕水生野生动物的，应当立即无条件放生。

第十条　因保护国家重点保护的和地方重点保护的水生野生动物受到损失的，可以向

274

当地人民政府渔业行政主管部门提出补偿要求。经调查属实并确实需要补偿的，由当地人民政府按照省、自治区、直辖市人民政府有关规定给予补偿。

第十一条　国务院渔业行政主管部门和省、自治区、直辖市人民政府，应当在国家重点保护的和地方重点保护的水生野生动物的主要生息繁衍的地区及水域，划定水生野生动物自然保护区，加强对国家和地方重点保护水生野生动物及其生存环境的保护管理，具体办法由国务院另行规定。

第三章　水生野生动物管理

第十二条　禁止捕捉、杀害国家重点保护的水生野生动物。

有下列情形之一，确需捕捉国家重点保护的水生野生动物的，必须申请特许捕捉证：

（一）为进行水生野生动物科学考察、资源调查，必须捕捉的；

（二）为驯养繁殖国家重点保护的水生野生动物，必须从自然水域或者场所获取种源的；

（三）为承担省级以上科学研究项目或者国家医药生产任务，必须从自然水域或者场所获取国家重点保护的水生野生动物的；

（四）为宣传、普及水生野生动物知识或者教学、展览的需要，必须从自然水域或者场所获取国家重点保护的水生野生动物的；

（五）因其他特殊情况，必须捕捉的。

第十三条　申请特许捕捉证的程序：

（一）需要捕捉国家一级保护水生野生动物的，必须附具申请人所在地和捕捉地的省、自治区、直辖市人民政府渔业行政主管部门签署的意见，向国务院渔业行政主管部门申请特许捕捉证；

（二）需要在本省、自治区、直辖市捕捉国家二级保护水生野生动物的，必须附具申请人所在地的县级人民政府渔业行政主管部门签署的意见，向省、自治区、直辖市人民政府渔业行政主管部门申请特许捕捉证；

（三）需要跨省、自治区、直辖市捕捉国家二级保护水生野生动物的，必须附具申请人所在地的省、自治区、直辖市人民政府渔业行政主管部门签署的意见，向捕捉地的省、自治区、直辖市人民政府渔业行政主管部门申请特许捕捉证。

动物园申请捕捉国家一级保护水生野生动物的，在向国务院渔业行政主管部门申请特许捕捉证前，须经国务院建设行政主管部门审核同意；申请捕捉国家二级保护水生野生动物的，在向申请人所在地的省、自治区、直辖市人民政府渔业行政主管部门申请特许捕捉证前，须经同级人民政府建设行政主管部门审核同意。

负责核发特许捕捉证的部门接到申请后，应当自接到申请之日起三个月内做出批准或者不批准的决定。

第十四条　有下列情形之一的，不予发放特许捕捉证：

（一）申请人有条件以合法的非捕捉方式获得国家重点保护的水生野生动物的种源、产品或者达到其目的的；

（二）捕捉申请不符合国家有关规定，或者申请使用的捕捉工具、方法以及捕捉时间、地点不当的；

（三）根据水生野生动物资源现状不宜捕捉的。

第十五条 取得特许捕捉证的单位和个人，必须按照特许捕捉证规定的种类、数量、地点、期限、工具和方法进行捕捉，防止误伤水生野生动物或者破坏其生存环境。捕捉作业完成后，应当及时向捕捉地的县级人民政府渔业行政主管部门或者其所属的渔政监督管理机构申请查验。

县级人民政府渔业行政主管部门或者其所属的渔政监督管理机构对在本行政区域内捕捉国家重点保护的水生野生动物的活动，应当进行监督检查，并及时向批准捕捉的部门报告监督检查结果。

第十六条 外国人在中国境内进行有关水生野生动物科学考察、标本采集、拍摄电影、录像等活动的，必须向国家重点保护的水生野生动物所在地的省、自治区、直辖市人民政府渔业行政主管部门提出申请，经其审核后，报国务院渔业行政主管部门或者其授权的单位批准。

第十七条 驯养繁殖国家一级保护水生野生动物的，应当持有国务院渔业行政主管部门核发的驯养繁殖许可证；驯养繁殖国家二级保护水生野生动物的，应当持有省、自治区、直辖市人民政府渔业行政主管部门核发的驯养繁殖许可证。

动物园驯养繁殖国家重点保护的水生野生动物的，渔业行政主管部门可以委托同级建设行政主管部门核发驯养繁殖许可证。

第十八条 禁止出售、收购国家重点保护的水生野生动物或者其产品。因科学研究、驯养繁殖、展览等特殊情况，需要出售、收购、利用国家一级保护水生野生动物或者其产品的，必须向省、自治区、直辖市人民政府渔业行政主管部门提出申请，经其签署意见后，报国务院渔业行政主管部门批准；需要出售、收购、利用国家二级保护水生野生动物或者其产品的，必须向省、自治区、直辖市人民政府渔业行政主管部门提出申请，并经其批准。

第十九条 县级以上各级人民政府渔业行政主管部门和工商行政管理部门，应当对水生野生动物或者其产品的经营利用建立监督检查制度，加强对经营利用水生野生动物或者其产品的监督管理。

对进入集贸市场的水生野生动物或者其产品，由工商行政管理部门进行监督管理，渔业行政主管部门给予协助；在集贸市场以外经营水生野生动物或者其产品，由渔业行政主管部门、工商行政管理部门或者其授权的单位进行监督管理。

第二十条 运输、携带国家重点保护的水生野生动物或者其产品出县境的，应当凭特许捕捉证或者驯养繁殖许可证，向县级人民政府渔业行政主管部门提出申请，报省、自治区、直辖市人民政府渔业行政主管部门或者其授权的单位批准。动物园之间因繁殖动物，需要运输国家重点保护的水生野生动物的，可以由省、自治区、直辖市人民政府渔业行政主管部门授权同级建设行政主管部门审批。

第二十一条 交通、铁路、民航和邮政企业对没有合法运输证明的水生野生动物或者其产品，应当及时通知有关主管部门处理，不得承运、收寄。

第二十二条 从国外引进水生野生动物的，应当向省、自治区、直辖市人民政府渔业行政主管部门提出申请，经省级以上人民政府渔业行政主管部门指定的科研机构进行科学论证后，报国务院渔业行政主管部门批准。

第二十三条　出口国家重点保护的水生野生动物或者其产品的，进出口中国参加的国际公约所限制进出口的水生野生动物或者其产品的，必须经进出口单位或者个人所在地的省、自治区、直辖市人民政府渔业行政主管部门审核，报国务院渔业行政主管部门批准；属于贸易性进出口活动的，必须由具有有关商品进出口权的单位承担。

动物园因交换动物需要进出口前款所称水生野生动物的，在国务院渔业行政主管部门批准前，应当经国务院建设行政主管部门审核同意。

第二十四条　利用水生野生动物或者其产品举办展览等活动的经济收益，主要用于水生野生动物保护事业。

第四章　奖励和惩罚

第二十五条　有下列事迹之一的单位和个人，由县级以上人民政府或者其渔业行政主管部门给予奖励：

（一）在水生野生动物资源调查、保护管理、宣传教育、开发利用方面有突出贡献的；

（二）严格执行野生动物保护法规，成绩显著的；

（三）拯救、保护和驯养繁殖水生野生动物取得显著成效的；

（四）发现违反水生野生动物保护法律、法规的行为，及时制止或者检举有功的；

（五）在查处破坏水生野生动物资源案件中做出重要贡献的；

（六）在水生野生动物科学研究中取得重大成果或者在应用推广有关的科研成果中取得显著效益的；

（七）在基层从事水生野生动物保护管理工作五年以上并取得显著成绩的；

（八）在水生野生动物保护管理工作中有其他特殊贡献的。

第二十六条　非法捕杀国家重点保护的水生野生动物的，依照全国人民代表大会常务委员会关于惩治捕杀国家重点保护的珍贵、濒危野生动物犯罪的补充规定追究刑事责任；情节显著轻微危害不大的，或者犯罪情节轻微不需要判处刑罚的，由渔业行政主管部门没收捕获物、捕捉工具和违法所得，吊销特许捕捉证，并处以相当于捕获物价值十倍以下的罚款，没有捕获物的处以一万元以下的罚款。

第二十七条　违反野生动物保护法律、法规，在水生野生动物自然保护区破坏国家重点保护的或者地方重点保护的水生野生动物主要生息繁衍场所，依照《野生动物保护法》第三十四条的规定处以罚款的，罚款幅度为恢复原状所需费用的三倍以下。

第二十八条　违反野生动物保护法律、法规，出售、收购、运输、携带国家重点保护的或者地方重点保护的水生野生动物或者其产品的，由工商行政管理部门或者其授权的渔业行政主管部门没收实物和违法所得，可以并处相当于实物价值十倍以下的罚款。

第二十九条　伪造、倒卖、转让驯养繁殖许可证，依照《野生动物保护法》第三十七条的规定处以罚款的，罚款幅度为五千元以下。伪造、倒卖、转让特许捕捉证或者允许进出口证明书，依照《野生动物保护法》第三十七条的规定处以罚款的，罚款幅度为五万元以下。

　　第三十条　违反野生动物保护法规，未取得驯养繁殖许可证或者超越驯养繁殖许可证规定范围，驯养繁殖国家重点保护的水生野生动物的，由渔业行政主管部门没收违法所得，处三千元以下的罚款，可以并处没收水生野生动物、吊销驯养繁殖许可证。

　　第三十一条　外国人未经批准在中国境内对国家重点保护的水生野生动物进行科学考察、标本采集、拍摄电影、录像的，由渔业行政主管部门没收考察、拍摄的资料以及所获标本，可以并处五万元以下的罚款。

　　第三十二条　有下列行为之一，尚不构成犯罪的，由公安机关依照《中华人民共和国治安管理处罚条例》的规定处罚：

　　（一）拒绝、阻碍渔政检查人员依法执行职务的；

　　（二）偷窃、哄抢或者故意损坏野生动物保护仪器设备或者设施的。

　　第三十三条　依照野生动物保护法规的规定没收的实物，按照国务院渔业行政主管部门的有关规定处理。

第五章　附　　则

　　第三十四条　本条例由国务院渔业行政主管部门负责解释。

　　第三十五条　本条例自发布之日起施行。

附录 12 中华人民共和国濒危野生动植物进出口管理条例

第一条 为了加强对濒危野生动植物及其产品的进出口管理，保护和合理利用野生动植物资源，履行《濒危野生动植物种国际贸易公约》（以下简称公约），制定本条例。

第二条 进口或者出口公约限制进出口的濒危野生动植物及其产品，应当遵守本条例。

出口国家重点保护的野生动植物及其产品，依照本条例有关出口濒危野生动植物及其产品的规定办理。

第二条 国务院林业、农业（渔业）主管部门（以下称国务院野生动植物主管部门），按照职责分工主管全国濒危野生动植物及其产品的进出口管理工作，并做好与履行公约有关的工作。

第三条 国务院其他有关部门依照有关法律、行政法规的规定，在各自的职责范围内负责做好相关工作。

第四条 国家濒危物种进出口管理机构代表中国政府履行公约，依照本条例的规定对经国务院野生动植物主管部门批准出口的国家重点保护的野生动植物及其产品、批准进口或者出口的公约限制进出口的濒危野生动植物及其产品，核发允许进出口证明书。

第五条 国家濒危物种进出口科学机构依照本条例，组织陆生野生动物、水生野生动物和野生植物等方面的专家，从事有关濒危野生动植物及其产品进出口的科学咨询工作。

第六条 禁止进口或者出口公约禁止以商业贸易为目的进出口的濒危野生动植物及其产品，因科学研究、驯养繁殖、人工培育、文化交流等特殊情况，需要进口或者出口的，应当经国务院野生动植物主管部门批准；按照有关规定由国务院批准的，应当报经国务院批准。

禁止出口未定名的或者新发现并有重要价值的野生动植物及其产品以及国务院或者国务院野生动植物主管部门禁止出口的濒危野生动植物及其产品。

第七条 进口或者出口公约限制进出口的濒危野生动植物及其产品，出口国务院或者国务院野生动植物主管部门限制出口的野生动植物及其产品，应当经国务院野生动植物主管部门批准。

第八条 进口濒危野生动植物及其产品的，必须具备下列条件：

（一）对濒危野生动植物及其产品的使用符合国家有关规定；

（二）具有有效控制措施并符合生态安全要求；

（三）申请人提供的材料真实有效；

（四）国务院野生动植物主管部门公示的其他条件。

第九条 出口濒危野生动植物及其产品的，必须具备下列条件：

（一）符合生态安全要求和公共利益；

（二）来源合法；

（三）申请人提供的材料真实有效；

（四）不属于国务院或者国务院野生动植物主管部门禁止出口的；

（五）国务院野生动植物主管部门公示的其他条件。

第十条　进口或者出口濒危野生动植物及其产品的，申请人应当向其所在地的省、自治区、直辖市人民政府野生动植物主管部门提出申请，并提交下列材料：

（一）进口或者出口合同；

（二）濒危野生动植物及其产品的名称、种类、数量和用途；

（三）活体濒危野生动物装运设施的说明资料；

（四）国务院野生动植物主管部门公示的其他应当提交的材料。

省、自治区、直辖市人民政府野生动植物主管部门应当自收到申请之日起 10 个工作日内签署意见，并将全部申请材料转报国务院野生动植物主管部门。

第十一条　国务院野生动植物主管部门应当自收到申请之日起 20 个工作日内，做出批准或者不予批准的决定，并书面通知申请人。在 20 个工作日内不能做出决定的，经本行政机关负责人批准，可以延长 10 个工作日，延长的期限和理由应当通知申请人。

第十二条　申请人取得国务院野生动植物主管部门的进出口批准文件后，应当在批准文件规定的有效期内，向国家濒危物种进出口管理机构申请核发允许进出口证明书。

申请核发允许进出口证明书时应当提交下列材料：

（一）允许进出口证明书申请表；

（二）进出口批准文件；

（三）进口或者出口合同。

进口公约限制进出口的濒危野生动植物及其产品的，申请人还应当提交出口国（地区）濒危物种进出口管理机构核发的允许出口证明材料；出口公约禁止以商业贸易为目的进出口的濒危野生动植物及其产品的，申请人还应当提交进口国（地区）濒危物种进出口管理机构核发的允许进口证明材料；进口的濒危野生动植物及其产品再出口时，申请人还应当提交海关进口货物报关单和海关签注的允许进口证明书。

第十三条　国家濒危物种进出口管理机构应当自收到申请之日起 20 个工作日内，做出审核决定。对申请材料齐全、符合本条例规定和公约要求的，应当核发允许进出口证明书；对不予核发允许进出口证明书的，应当书面通知申请人和国务院野生动植物主管部门并说明理由。在 20 个工作日内不能做出决定的，经本机构负责人批准，可以延长 10 个工作日，延长的期限和理由应当通知申请人。

国家濒危物种进出口管理机构在审核时，对申请材料不符合要求的，应当在 5 个工作日内一次性通知申请人需要补正的全部内容。

第十四条　国家濒危物种进出口管理机构在核发允许进出口证明书时，需要咨询国家濒危物种进出口科学机构的意见，或者需要向境外相关机构核实允许进出口证明材料等有关内容的，应当自收到申请之日起 5 个工作日内，将有关材料送国家濒危物种进出口科学机构咨询意见或者向境外相关机构核实有关内容。咨询意见、核实内容所需时间不计入核发允许进出口证明书工作日之内。

第十五条　国务院野生动植物主管部门和省、自治区、直辖市人民政府野生动植物主管部门以及国家濒危物种进出口管理机构，在审批濒危野生动植物及其产品进出口时，除收取国家规定的费用外，不得收取其他费用。

第十六条　因进口或者出口濒危野生动植物及其产品对野生动植物资源、生态安全造成或者可能造成严重危害和影响的，由国务院野生动植物主管部门提出临时禁止或者限制濒危野生动植物及其产品进出口的措施，报国务院批准后执行。

第十七条　从不属于任何国家管辖的海域获得的濒危野生动植物及其产品，进入中国领域的，参照本条例有关进口的规定管理。

第十八条　进口濒危野生动植物及其产品涉及外来物种管理的，出口濒危野生动植物及其产品涉及种质资源管理的，应当遵守国家有关规定。

第十九条　进口或者出口濒危野生动植物及其产品的，应当在国务院野生动植物主管部门会同海关总署、国家质量监督检验检疫总局指定并经国务院批准的口岸进行。

第二十条　进口或者出口濒危野生动植物及其产品的，应当按照允许进出口证明书规定的种类、数量、口岸、期限完成进出口活动。

第二十一条　进口或者出口濒危野生动植物及其产品的，应当向海关提交允许进出口证明书，接受海关监管，并自海关放行之日起30日内，将海关验讫的允许进出口证明书副本交国家濒危物种进出口管理机构备案。

过境、转运和通运的濒危野生动植物及其产品，自入境起至出境前由海关监管。

进出保税区、出口加工区等海关特定监管区域和保税场所的濒危野生动植物及其产品，应当接受海关监管，并按照海关总署和国家濒危物种进出口管理机构的规定办理进出口手续。

进口或者出口濒危野生动植物及其产品的，应当凭允许进出口证明书向出入境检验检疫机构报检，并接受检验检疫。

第二十二条　国家濒危物种进出口管理机构应当将核发允许进出口证明书的有关资料和濒危野生动植物及其产品年度进出口情况，及时抄送国务院野生动植物主管部门及其他有关主管部门。

第二十三条　进出口批准文件由国务院野生动植物主管部门组织统一印制；允许进出口证明书及申请表由国家濒危物种进出口管理机构组织统一印制。

第二十四条　野生动植物主管部门、国家濒危物种进出口管理机构的工作人员，利用职务上的便利收取他人财物或者谋取其他利益，不依照本条例的规定批准进出口、核发允许进出口证明书，情节严重，构成犯罪的，依法追究刑事责任；尚不构成犯罪的，依法给予处分。

第二十五条　国家濒危物种进出口科学机构的工作人员，利用职务上的便利收取他人财物或者谋取其他利益，出具虚假意见，情节严重，构成犯罪的，依法追究刑事责任；尚不构成犯罪的，依法给予处分。

第二十六条　非法进口、出口或者以其他方式走私濒危野生动植物及其产品的，由海关依照海关法的有关规定予以处罚；情节严重，构成犯罪的，依法追究刑事责任。

罚没的实物移交野生动植物主管部门依法处理；罚没的实物依法需要实施检疫的，经检疫合格后，予以处理。罚没的实物需要返还原出口国（地区）的，应当由野生动植物主管部门移交国家濒危物种进出口管理机构依照公约规定处理。

第二十七条 伪造、倒卖或者转让进出口批准文件或者允许进出口证明书的，由野生动植物主管部门或者工商行政管理部门按照职责分工依法予以处罚；情节严重，构成犯罪的，依法追究刑事责任。

第二十八条 本条例自 2006 年 9 月 1 日起施行。

附录 13 国家重点保护野生动物名录（兽纲）

中 名	学 名	保护级别	
		I 级	II 级
兽纲 MAMMALIA			
灵长目	PRIMATES		
懒猴科	Lorisidae		
蜂猴（所有种）	*Nycticebus* spp.	I	
猴科	Cercopithecidae		
短尾猴	*Macaca arctoides*		II
熊猴	*Macaca assamensis*	I	
台湾猴	*Macaca cyclopis*	I	
猕猴	*Macaca mulatta*		II
豚尾猴	*Macaca nemestrina*	I	
藏酋猴	*Macaca thibetana*		II
叶猴（所有种）	*Presbytis* spp.	I	
金丝猴（所有种）	*Rhinopithecus* spp.	I	
猩猩科	Pongidae		
长臂猿（所有种）	*Hylobates* spp.	I	
鳞甲目	PHOLIDOTA		
鲮鲤科	Manidae		
穿山甲	*Manis pentadactyla*		II
食肉目	CARNIVORA		
犬科	Canidae		
豺	*Cuon alpinus*		II
熊科	Ursidae		
黑熊	*Selenarctos thibetanus*		II
棕熊	*Ursus arctos*		II
（包括马熊）	(*U. a. pruinosus*)		
马来熊	*Helarctos malayanus*	I	
浣熊科	Procyonidae		
小熊猫	*Ailurus fulgens*		II
大熊猫科	Ailuropodidae		

（续）

中　名	学　名	保护级别	
		Ⅰ级	Ⅱ级
大熊猫	*Ailuropoda melanoleuca*	Ⅰ	
鼬科	Mustelidae		
石貂	*Martes foina*		Ⅱ
紫貂	*Martes zibellina*	Ⅰ	
黄喉貂	*Martes flavigula*		Ⅱ
貂熊	*Gulo gulo*	Ⅰ	
＊水獭（所有种）	*Lutra* spp.		Ⅱ
＊小爪水獭	*Aonyx cinerea*		Ⅱ
灵猫科	Viverridae		
斑林狸	*Prionodon pardicolor*		Ⅱ
大灵猫	*Viverra zibetha*		Ⅱ
小灵猫	*Viverricula indica*		Ⅱ
熊狸	*Arctictis binturong*	Ⅰ	
猫科	Felidae		
草原斑猫	*Felis lybica*（＝*silvestris*）		Ⅱ
荒漠猫	*Felis bieti*		Ⅱ
丛林猫	*Felis chaus*		Ⅱ
猞猁	*Felis lynx*		Ⅱ
兔狲	*Felis manul*		Ⅱ
金猫	*Felis temmincki*		Ⅱ
渔猫	*Felis viverrinus*		Ⅱ
云豹	*Neofelis nebulosa*	Ⅰ	
豹	*Panthera pardus*	Ⅰ	
虎	*Panthera tigris*	Ⅰ	
雪豹	*Panthera uncia*	Ⅰ	
＊鳍足目（所有种）	PINNIPEDIA		
海牛目	SIRENIA		
儒艮科	Dugongidae		
＊儒艮	*Dugong dugong*	Ⅰ	
鲸目	CETACEA		
喙豚科	Platanistidae		
＊白鱀豚	*Lipotes vexillifer*	Ⅰ	
海豚科	Delphinidae		
＊中华白海豚	*Sousa chinensis*	Ⅰ	

（续）

中　名	学　名	保护级别	
		Ⅰ级	Ⅱ级
＊其他鲸类	（Cetacea）		Ⅱ
长鼻目	PROBOSCIDEA		
象科	Elephantidae		
亚洲象	*Elephas maximus*	Ⅰ	
奇蹄目	PERISSODACTYLA		
马科	Equidae		
蒙古野驴	*Equus hemionus*	Ⅰ	
西藏野驴	*Equus kiang*	Ⅰ	
野马	*Equus przewalskii*	Ⅰ	
偶蹄目	ARTIODACTYLA		
驼科	Camelidae		
野骆驼	*Camelus ferus*（＝*bactrianus*）	Ⅰ	
鼷鹿科	Tragulidae		
鼷鹿	*Tragulus javanicus*	Ⅰ	
麝科	Moschidae		
麝（所有种）	*Moschus* spp.	Ⅰ	
鹿科	Cervidae		
河麂	*Hydropotes inermis*		Ⅱ
黑麂	*Muntiacus crinifrons*	Ⅰ	
白唇鹿	*Cervus albirostris*	Ⅰ	
马鹿	*Cervus elaphus*		Ⅱ
（包括白臀鹿）	（*C. e. macneilli*）		
坡鹿	*Cervus eldi*	Ⅰ	
梅花鹿	*Cervus nippon*	Ⅰ	
豚鹿	*Cervus porcinus*	Ⅰ	
水鹿	*Cervus unicolor*		Ⅱ
麋鹿	*Elaphurus davidianus*	Ⅰ	
驼鹿	*Alces alces*		Ⅱ
牛科	Bovidae		
野牛	*Bos gaurus*	Ⅰ	
野牦牛	*Bos mutus*（＝*grunniens*）	Ⅰ	
黄羊	*Procapra gutturosa*		Ⅱ
普氏原羚	*Procapra przewalskii*	Ⅰ	
藏原羚	*Procapra picticaudata*		Ⅱ

（续）

中　名	学　名	保护级别	
		Ⅰ级	Ⅱ级
鹅喉羚	*Gazella subgutturosa*		Ⅱ
藏羚	*Pantholops hodgsoni*	Ⅰ	
高鼻羚羊	*Saiga tatarica*	Ⅰ	
扭角羚	*Budorcas taxicolor*	Ⅰ	
鬣羚	*Capricornis sumatraensis*		Ⅱ
台湾鬣羚	*Capricornis crispus*	Ⅰ	
赤斑羚	*Naemorhedus cranbrooki*	Ⅰ	
斑羚	*Naemorhedus goral*		Ⅱ
塔尔羊	*Hemitragus jemlahicus*	Ⅰ	
北山羊	*Capra ibex*	Ⅰ	
岩羊	*Pseudois nayaur*		Ⅱ
盘羊	*Ovis ammon*		Ⅱ
兔形目	LAGOMORPHA		
兔科	Leporidae		
海南兔	*Lepus peguensis hainanus*		Ⅱ
雪兔	*Lepus timidus*		Ⅱ
塔尔木兔	*Lepus yarkandensis*		Ⅱ
啮齿目	RODENTIA		
松鼠科	Sciuridae		
巨松鼠	*Ratufa bicolor*		Ⅱ
河狸科	Castoridae		
河狸	*Castor fiber*	Ⅰ	

注：标"＊"者，由渔业行政主管部门主管；未标"＊"者，由林业行政主管部门主管。

附录 14　进境海洋哺乳动物现场
检疫监管规程

前　言

本标准依照 GB/T 1.1—2009 给出的规则起草。

本标准由国家认证认可监督管理委员会提出并归口。

本标准起草单位：中华人民共和国辽宁出入境检验检疫局、中华人民共和国江苏出入境检验检疫局、大连虎滩海洋动物保护研究所。

本标准主要起草人：袁文泽、王水明、邱向锋、孙尼、乜英奎、姜焱、贾赟、郭宁。

本标准系首次发布的检验检疫行业标准。

进境海洋哺乳动物现场检疫监管规程

1 范围

本标准规定了进境海洋哺乳动物现场检疫监管的内容和措施。

本标准适用于进境海豚、鲸、海狮、海豹、海象、海狗、海牛、儒艮、海獭、江豚等海洋哺乳动物（不包括北极熊）现场检疫监管工作。

2 规范性引用文件

下列文件对于本文件的应用是必不可少的。凡是注日期的引用文件，其随后所有的修改单（不包括勘误的内容）或修订版均不适用于本标准。凡是不注日期的引用文件，其最新版本（包括所有的修改单）适用于本文件。

GB/T 18088—2000 出入境动物检疫采样

GB 3097—1997 海水水质标准

3 报检单证审核

3.1 核对报检的进境海洋哺乳动物的种类、品种、数量、进境口岸、输出国家和地区及输入路线等是否与《中华人民共和国进境动植物检疫许可证》（以下简称检疫许可证）相符，检疫许可证是否在有效期内，合同/信用证、发票、提运单、濒危物种进出口管理办公室的批文（复印件）等单证是否齐全。

3.2 核对报检的进境海洋哺乳动物的动物种类、品种、数量是否符合我国官方检疫要求。

3.3 涉及异地调离的，还要提供口岸检验检疫局出具的《入境货物调离通知单》。

4 准备工作

4.1 查阅相关双边协定（议定书、检疫备忘录）和我国有关法律法规及相关检疫要求。

4.2 准备现场检疫的工具、消毒器械和消毒药品。

4.3 准备现场检疫记录单。

4.4 准备必要的人员防护用具。

5 现场检疫监管

5.1 现场检查

5.1.1 海洋哺乳动物到达进境口岸时，应在现场核查货证是否相符。核查的内容包括：是否有输出国官方检疫部门出具的有效动物检疫证书（正本），证书的格式和内容是否与国家质检总局已确认的证书一致，查验动物种类、品种和数量及实验室检测项目、标准和结果与双边协定、检疫许可证要求是否一致。检疫证书正本必须随动物同行，不得涂改，或者涂改后必须由输出国政府授权兽医在涂改后签上其姓名。

5.1.2　查阅货运单、合同、发票、运行日志等有关资料，了解动物的启运时间、口岸、途经国家和地区，是否符合双边协定和检疫许可证的规定和要求。

5.1.3　必要时，登机（轮、车）核查动物数量、品种，检查动物健康情况、精神状态，包括呼吸、饮食等是否异常，有无体表寄生虫或皮肤病，分泌物、排泄物是否异常，防护用水及护垫有无异常或污染，是否有疑似动物传染病或寄生虫病的临床症状等。

5.2　防疫消毒

5.2.1　动物运抵检疫隔离场所前，对进境海洋哺乳动物检疫隔离场所进行清理和消毒。

5.2.2　对进境海洋哺乳动物的运输工具停泊的场地、所有装卸工具、中转运输工具进行消毒处理，对上下运输工具或者接近动物的人员进行防疫消毒。

5.2.3　动物隔离检疫结束后，对动物的粪便、垫料、污物及养殖水体进行无害化处理，符合防疫和环保要求后，方可运出隔离场所。对阳性动物和死亡动物应进行无害化处理。

5.2.4　剩余饲料、使用过的工具和器械如需运出场外，须做消毒处理。

5.2.5　对隔离期间动物隔离设施和活动场所进行彻底的清理和消毒。

5.3　现场调离

经现场检疫合格后，签发《入境货物通关单》和《运输工具熏蒸/消毒证书》，指派专人随车押运动物到指定的隔离检疫场所。

5.4　隔离检疫

5.4.1　按照检疫许可证和有关法规的要求，对进境海洋哺乳动物实施隔离检疫，隔离期为30天。

5.4.2　隔离检疫期间，建立检查计划，定期进行临床检查。监测动物体温采用附录A方法进行。需要进行抽采样品（血液、分泌物或排泄物）进行实验室检测的，按照附录B海洋哺乳动物血液采样方法、附录C海洋哺乳动物分泌物采样方法进行采样，并参照GB/T 18088标准采取样品，填写《出/入境货物检验检疫样品送检单》，24小时内将样品送实验室进行相关项目的检测。

5.5　检疫监督

5.5.1　海洋哺乳动物生活水体应符合GB 3097—1997海水水质标准。

5.5.2　海洋哺乳动物使用的饲料应安全卫生，经检验合格方可使用。

5.5.3　监督海洋哺乳动物的隔离检疫场所和相关人员，落实有关防疫消毒、饲料安全保障、水体消毒、驻场兽医、物流管理、粪便和污水无害化处理、人员出入管理、隔离场实验员、食堂管理和防火等管理制度。

5.6　检疫处理

5.6.1　进境海洋哺乳动物无有效检疫许可证或有效检疫证书的，视情况做退回或销毁处理。

5.6.2　现场检疫发现海洋哺乳动物发生死亡或有一般可疑传染病临床症状时，应做好现场检疫记录，隔离有传染病临床症状的动物，对铺垫材料、剩余饲料、排泄物、养殖水体等做除害处理，对死亡动物进行剖检，根据需要采样送实验室进行检测。

5.6.3　经现场检疫发现进境海洋哺乳动物有《中华人民共和国进境动物一类、二类传染病、寄生虫病名录》中所列的一类传染病、寄生虫病及其他海洋哺乳动物（重要的海洋哺乳动物疫病简介见附录 D）临床症状的，按照《进出境重大动物疫情应急处理预案》等有关规定处理。

5.6.4　经隔离检疫和实验室检测发现不合格的，出具《入境货物检验检疫处理通知书》和《动物卫生证书》并做相应的处理。

5.6.5　未按检疫许可证规定的路线运输的，按《中华人民共和国进出境动植物检疫法》（以下简称进出境动植物检疫法）及其实施条例的规定，视情况做处罚或退回、销毁处理。

5.6.6　未经检验检疫机构同意，擅自卸离运输工具的，按进出境动植物检疫法及其实施条例的有关规定给予处罚。

5.6.7　海洋哺乳动物到港前或到港时，产地国家或地区突发动物疫情或公共卫生情况的，根据国家质量监督检验检疫总局颁布的相关公告、禁令和文件执行。

5.7　检疫放行

对检疫合格的海洋哺乳动物出具《入境货物检验检疫证明》，准予放行。

6　资料归档

检验检疫结束后，检验检疫机构应及时总结和整理检疫过程中的所有单证、原始记录及有关资料，按照相关规定进行保存。

附录 A
（资料性附录）
海洋哺乳动物体温检测方法

A.1　口腔测温法：将经过消毒、涂抹少量凡士林油的线控温度检测仪探头紧贴口腔黏膜缘轻轻插入动物口腔3厘米，停留约30秒，仪器稳定后读取温度。

A.2　直肠温度测量：对鲸豚类动物（海豚、白鲸等）将直肠测温器轻轻插入肛门20～30厘米处，停留约1分钟仪器稳定后读数。对鳍脚类动物将其仰腹或侧卧趴在地面上，操作人员持肛温器，轻轻插入肛门15～20厘米，停留30秒后待仪器稳定后读数。

附录 B
（资料性附录）
海洋哺乳动物血液采样方法

B.1　鲸豚类（海豚、白鲸等）血液采集：动物仰卧或俯卧漂于水面，训练员抓住尾鳍后，操作人员用酒精棉擦拭尾鳍静脉血管处，将采血针头插入血管抽取血液。抽血完毕后，在抽血处涂抹药膏并按压止血。

B.2　海狮血液采集：尾臀静脉采血。对动物以腹卧方式进行保定，并将两前鳍置于两侧之下，后鳍向后伸直。然后估计出股骨结节线与背中线的交叉点到尾基线与背中线交叉点距离的三分之一处，在离背中线左侧或右侧1.5～2.5厘米处刺入针头，然后慢慢将血抽出。

B.3　海豹血液采集：脊柱内硬膜外静脉采血。对动物以腹卧方式保定，后鳍向后伸直。触摸胸椎和腰椎的背脊直到找到第三和第四腰椎，将针头垂直刺入此二椎的椎间孔中，慢慢刺入，动作不要间断，如针头碰到了骨头，则调整针头的方向，直到进入椎间孔。

附录 C
（资料性附录）
海洋哺乳动物分泌物采样方法

C.1　口腔分泌物采样方法：取灭菌棉拭子轻轻探入口腔3～4厘米，在腔壁上粘取分泌物。

C.2　鲸豚类（海豚、白鲸等）呼吸道分泌物采集：采样时先用无菌纱布将呼吸孔周围擦拭干净，然后向其发出喷气信号，动物即会强烈地喷气。第一次喷气结束后，采样人员持一无菌采样杯置于距呼吸孔上方 5 厘米处，再次向动物发出喷气信号，动物喷气后即可采集到呼吸道分泌物样本。

C.3 鲸豚类（海豚、白鲸等）粪便采集：操作人员持直径 0.5 厘米的一次性医用导管，轻轻插入肛门 20～30 厘米，然后将导管末端对折或用手指堵住末端管口后随即拔出导管即可获取粪便。

C.4 鲸豚类（海豚、白鲸等）胃液采集：胃液样本的采集应在每天清晨喂食前进行（即空腹采样）。将一根直径约 2 厘米的聚乙烯塑料管插入动物的第一胃内来采集胃液。胃管插入的深度可以通过吻突至背鳍前端的距离来粗略估算。采样时使用开口器使动物张口，操作人员手持胃管缓慢插入，感觉插入阻力较大时不宜强行用力，应边转动胃管边插入直到需要插入的位置，然后用嘴轻吸胃管后端，并将胃管对折以防止胃管中的胃液流出，轻轻拔出胃管即可获取胃液。

附录 D
（资料性附录）
重要的海洋哺乳动物疫病简介

D.1 流感病毒病：A 型流感病毒（Type A/Seal/MA/1/80，Type A/Seal/MA/133/82，Type A/Seal/MA/3807/91，Type A/seal/M/3911/92）和 B 型流感病毒（Type B/seal/netherlands/1）对海豹有较高的致病性。大部分的 A 型流感病毒被鉴定为 H3 型流感病毒，该亚型常见易感于鸟类、猪、马和人类。该病毒与鸟类流感 H3 型病毒颇为相似，一些学者认为海豹和猪一样，在流感传播的过程中扮演着重组病毒基因的角色，因此，该病毒有可能跨种类传播。值得注意的是，A 型流感病毒曾在一头生病的领航鲸体内分离出来，目前还不清楚该病毒对鲸豚类的影响程度。

D.2 布氏杆菌病（Brucella）：布氏杆菌可感染部分鲸豚类（大西洋白边海豚、条纹原海豚、瓶鼻海豚等）、鳍脚类（冠海豹、灰海豹、太平洋海豹、环斑海豹等）和欧洲水獭。该病原可在瓶鼻海豚的胎盘和流产胎儿上提取培养，也可在皮下组织（脂肪下层脓肿）、淋巴结、肝脏、脾脏、附睾、骨骼和肺脏检出。该菌为革兰氏阴性球杆菌，可引起坏死性胎盘炎，淋巴结、肝脏、肺脏呈现多点灶性肉芽肿性炎症等。多数情况下，鳍脚类、海獭和鲸等感染布氏杆菌后一般没有临床症状，但也可引起流产和心内膜炎。目前布氏杆菌感染海洋动物的原因还未清楚，但是布氏杆菌抗体已经在北大西洋地区的各种海洋动物中广泛存在。

D.3 钩端螺旋体病（Leptospira）：该病原螺旋体按照血清学分类可分为感冒伤寒型钩端螺旋体、黄疸型钩端螺旋体和布拉迪斯拉发钩端螺旋体。感染动物普遍可见肾脏包膜和皮质延髓连接处出血，组织学检查肾小管上皮细胞中空可观察到螺旋体。临床血液检查可见白细胞增多，肌酐、尿素氮值升高的肾脏疾病，肾脏极度肿胀、切面皮质和髓质颜色苍白、界限不明显等。感染动物新生和流产胎儿可见皮下出血，眼前房出血（红眼）尤为明显。据报道该病在美国加利福尼亚等地区的海狮繁殖区秋季流行，在幼龄和未成年的雄性海狮中比较常见，主要症状为精神沉郁、食欲减退、发热、后肢轻瘫、不愿活动，部分病例还有黄疸、口腔溃疡和重度口渴等症状。据资料记载，该病可传染，受到感染的海狮尿液中带菌时间长达 154 天。

D. 4　海豹瘟、海豚瘟（Phocine distemper virus、Dolphin distemper virus）：由副黏病毒感染引起，海豹及海狮易感。该病毒可经呼吸道和消化道感染，侵入途经为扁桃体以及其他淋巴结组织、呼吸上皮和眼结膜等。感染动物表现为严重的全身性疾病并伴有呼吸系统症状。据资料记载，1988 年丹麦和西北欧的海豹群暴发了传染病，引起港湾海豹及发海豹的大批死亡，经研究确定其病原为 PDV‐1。1989 年，海豹瘟又在前苏联的贝加尔湖流行，病原为 PDV‐2。

索　引

（续）

学名	中文名	英文名	别名	页码
Balaenoptera musculus	蓝鲸	Blue Whale、Sulphur-bottom Whale、Sibbold's Rorqual	磺底鲸、西巴德鲸、塞巴氏须鲸、大蓝鲸、大北须鲸、巨北须鲸、蓝须鲸、剃刀鲸	12
Berardius arnuxii	阿氏贝喙鲸	Arnoux's Beaked Whale、Southern Four-toothed Whale	南方四齿鲸、南方喙鲸、新西兰喙鲸、南方巨瓶鼻鲸、南方鼠鲸	67
Callorhinus ursinus	北海狗	Northern fur seal	北方海狗	73
Castor fiber	欧亚河狸	Eurasian Beaver、European Beaver	河狸、海狸、欧洲河狸	176
Cephalorhynch us commersonii	康氏矮海豚	Commerson's dolphin、Piebald Dolphin、Panda Dolphin	黑白海豚、花斑喙头海豚、熊猫海豚、臭鼬海豚、詹姆士海豚	25
Choeropsis liberiensis	倭河马	Pygmy Hippopotamus	侏儒河马	180
Cystophora cristata	冠海豹	Hooded Seal	囊鼻海豹	120
Delphinapterus leucas	白鲸	Beluga、White Whale	贝鲁卡鲸、海金丝雀	47
Delphinus delphis	短吻真海豚	Common Dolphin	普通海豚、大西洋/太平洋海豚、鞍背海豚、白腹小海豚、十字海豚、岬角披肩海豚、红腹海豚	19
Dugong dugon	儒艮	Dugong、Sea Cow	海牛、人鱼、美人鱼、南海牛、海猪、海骆驼	140
Enhydra lutris	海獭	Sea Otter	南方海獭或加州海獭（加利福尼亚州的海獭族群）、阿拉斯加海獭（阿拉斯加族群）	153
Erignathus barbatus	髯海豹	Bearded Seal	髭海豹、须海豹、胡子海豹	119
Eschrichtius robustus	灰鲸	Gray Whale	东太平洋灰鲸、加州灰鲸、魔鬼鱼、掘贝者、弱鲸	17
Eubalaena australis	南露脊鲸	Southern Right Whale	露脊鲸、黑露脊鲸、直背鲸、脊美鲸	7
Eubalaena glacialis	北大西洋露脊鲸	Northern Right Whale	露脊鲸、比斯卡恩露脊鲸、直背鲸、脊美鲸	7
Eubalaena japonica	北太平洋露脊鲸	Northern Right Whale	露脊鲸、比斯卡恩露脊鲸、直背鲸、脊美鲸	7
Eumetopias jubatus	北海狮	Steller Sea Lion、Northern Sealion、Northern Sea Lion、Steller's Sealion、Steller's Sea Lion	北太平洋海狮、斯氏海狮、海驴	92
Feresa attenuata	小虎鲸	Pygmy Killer Whale、Slender Blackfish	小逆戟鲸、小杀人鲸、细长黑鲸、细长领航鲸、矮虎鲸、侏儒虎鲸、矮鲸、矮豚	21

（续）

学名	中文名	英文名	别名	页码
Globicephala macrorhyncus	短肢领航鲸	Short-finned Pilot Whale、Pacific Pilot Whale	短鳍领航鲸、圆头鲸、太平洋领航鲸、大吻巨头鲸、大吻领航鲸	23
Grampus griseus	灰海豚	Risso's dolphin、Grey Dolphin	里氏海豚、白头花纹海豚、灰格兰布氏海豚、纹身海豚、花纹鲸	27
Halichoerus grypus	灰海豹	Grey Seal、Gray Seal	大西洋灰海豹	133
Hippopotamus amphibius	河马	Hippopotamus、Large Hippo、Common Hippopotamus		178
Hydrurga leptonyx	豹海豹	Leopard Seal	豹形海豹、豹斑海豹	115
Hyperoodon ampullatus	北瓶鼻鲸	Northern Bottlenosed Whale、North Atlantic Bottlenose Whale	瓶头鲸、陡头鲸、北大西洋瓶鼻鲸、平头鲸	69
Inia geoffrensis	亚马孙河豚	Boto、Pink River Dolphin、Boutu、Amazon River Dolphin	亚河豚、亚马孙淡水豚、亚马孙江豚、粉红淡水豚、粉红小海豚、粉红海豚	60
Kogia sima	侏儒抹香鲸	Dwarf Sperm Whale	欧文氏小抹香鲸、倭抹香鲸、拟小抹香鲸	58
Lagenorhynchus cruciger	沙漏斑纹海豚	Hourglass Dolphin	十字纹海豚、南方白侧海豚	29
Leptonychotes weddellii	韦德尔氏海豹	Weddell Seal	威德尔氏海豹、威德尔海豹、威氏海豹	117
Lipotes vexillifer	白暨豚	Baiji、Yangtze River Dolphin、Whitefin Dolphin、White Flag Dolphin、Chinese Lake Dolphin、Changjiang Dolphin	白暨、白鱀、青暨、白鳍豚、白旗豚、扬子江豚、长江豚、中国江猪、白江猪、江马	62
Lissodelphis peronii	南露脊海豚	Southern Right Whale Dolphin	南鲸豚、无背鳍喙吻海豚	30
Lobodon carcinophagus	食蟹海豹	Crabeater Seal	锯齿海豹	113
Lontra canadensis	北美水獭	North American Otter、North American River Otter、Northern River Otter	北方水獭	160
Lontra felina	秘鲁水獭	Marine Otter、Sea Cat	猫獭	165
Lontra longicaudis	长尾水獭	Neotropical otter、La Plata Otter、Neotropical River Otter、South American River Otter、Long-tailed Otter	新热带区水獭	163
Lontra provocax	智利水獭	Southern River Otter、Huillin	南方水獭	162
Lutra lutra	欧亚水獭	Eurasian Otter、European Otter、European River Otter、Old World Otter、Common Otter	水獭、亚欧水獭、獭、獭猫、鱼猫、水狗	166
Lutra maculicollis	斑颈水獭	Spotted-necked Otter、Speckle-throated Otter、Spot-necked Otter		169

（续）

学名	中文名	英文名	别名	页码
Lutra sumatrana	毛鼻水獭	Hairy-nosed Otter	苏门答腊水獭	168
Lutrogale perspicillata	江獭	Smooth-coated Otter、Indian Smooth-coated Otter	滑獭、印度水獭、咸水獭、短毛獭	171
Megaptera novaeangliae	座头鲸	Humpback Whale、Hump Whale、Hunchbacked Whale、Bunch	大翅鲸、驼背鲸、巨臂鲸、弓背鲸、长鳍鲸、子持鲸	14
Mirounga angustirostris	北象海豹	Northern elephant seal	北象形海豹	107
Mirounga leonina	南象海豹	Southern Elephant Seal、South Atlantic Elephant-seal、Southern Elephant-seal	南象形海豹	109
Monachus monachus	地中海僧海豹	Mediterranean Monk Seal		104
Monachus schauinslandi	夏威夷僧海豹	Hawaiian monk seal		103
Monachus tropicalis	加勒比僧海豹	Caribbean monk seal、West Indian Seal，West Indian Monk Seal	西印度僧海豹	106
Monodon monoceros	一角鲸	Narwhal、Unicorn Whale	独角鲸、长枪鲸	50
Neophoca cinerea	澳大利亚海狮	Australian Sea Lion、Australian Sealion	澳洲海狮	99
Neophocoena phocaenoides	江豚	Finless porpoise、Black Finless Porpoise	江猪、露脊鼠海豚、新鼠海豚、黑鼠海豚、黑露脊鼠海豚、乌忌	52
Odobenus rosmarus	海象	Walrus		137
Ommatophoca rossii	罗斯海豹	Ross Seal、Big-eyed Seal、Singing Seal	大眼海豹、罗氏海豹	111
Orcaella brevirostris	短吻海豚	Irrawaddy dolphin、Snubfin Dolphin	伊河海豚、伊洛瓦底海豚、伊洛瓦底江豚、伊豚、伊河豚、鳍海豚	32
Orcinus orca	虎鲸	Killer Whale、Grampus、Orca	逆戟鲸、杀人鲸、杀手鲸、格兰布鲸	34
Ornithorhynchus anatin us	鸭嘴兽	Platypus、Duck-billed Platypus	鸭獭	182
Otaria flavescens	南美海狮	South American Sea Lion、Southern Sea Lion	南海狮	97
Pagophilus groenlandicus	竖琴海豹	Harp Seal、Greenland Seal、Saddleback Seal	格陵兰海豹、琴海豹、鞍纹海豹	129
Peponocephala electra	瓜头鲸	Melon-headed whale	多齿黑鲸、小杀人鲸、伊列特拉海豚、瓜状头鲸	37
Phoca caspica	里海海豹	Caspian Seal	里海环斑海豹、喀海豹	128
Phoca fasciata	环海豹	Ribbon Seal	带纹海豹	135
Phoca largha	斑海豹	Spotted Seal、Larga Seal	大齿斑海豹、大齿海豹、大齿港海豹、西太平洋斑海豹	124

（续）

学名	中文名	英文名	别名	页码
Phoca sibirica	贝加尔海豹	Baikal Seal	贝加尔湖海豹、西伯利亚海豹、淡水海豹	126
Phoca vitulina	港海豹	Harbour Seal、Common seal、Harbor Seal		122
Phocarctos hookeri	新西兰海狮	New Zealand Sea Lion、New Zealand Sealion，Hooker's Sea Lion、Hooker's Sealion	胡氏海狮	101
Phocoena sinus	加湾鼠海豚	Vaquita、Gulf Porpoise、Gulf Of California Porpoise、Gulf Of California Harbour Porpoise、Cochito	小头鼠海豚、太平洋鼠海豚、港口豚、加湾鼠海豚、海湾鼠海豚、加利福尼亚湾鼠海豚	54
Physeter macrocephalus	抹香鲸	Sperm Whale、Spermacet Whale、Cachelot、Pot Whale	巨抹香鲸、卡切拉特鲸、巨头鲸	56
Platanista gangetica	恒河豚	Ganges River Dolphin、Indus River Dolphin、Blind River Dolphin、Ganges Susu、Ganges Dolphin、South Asian River Dolphin	甘吉江豚、甘吉海豚、恒河江豚、印河江豚、盲河豚、侧游江豚	66
Pontoporia blainvillei	拉普拉塔河豚	Franciscana、La Plata River Dolphin	普拉塔河豚、拉河豚、弗西豚、巴西河豚	64
Pseudorca crassidens	伪虎鲸	False Killer Whale	黑鯱、拟虎鲸、伪领航鲸、拟逆戟鲸	39
Pteronura brasiliensis	巨獭	Giant Otter、Giant Brazilian Otter	大水獭、巨水獭、南美巨獭、巴西巨獭、巴西大水獭、亚马孙大水獭、南美大水獭	172
Pusa hispida	环斑海豹	Ringed seal、Fjord Seal、Jar Seal	环海豹、北欧海豹、嗜冰海豹、圈海豹	131
Sousa chinensis	中华白海豚	Chinese White Dolphin、Indo-pacific Humpbacked Dolphin	印度太平洋驼背豚、斑海豚、华白豚、海湾豚	40
Stenella coeruleoalba	条纹原海豚	Striped Dolphin、Euphrosyne Dolphin	蓝白原海豚、蓝白细纹海豚、条纹海豚、条纹小海豚、蓝白海豚、白腹海豚、游氏海豚、梅氏海豚、格氏海豚	43
Trichechus inunguis	亚马孙海牛	Amazonian Manatee、South American Manatee	南美海牛	146
Trichechus manatus	西印度海牛	West Indian Manatee、American Manatee	北美海牛、加勒比海牛	142
Trichechus senegalensis	西非海牛	West African Manatee、African Manatee、Seacow	非洲海牛	144

（续）

学名	中文名	英文名	别名	页码
Tursiops truncatus	宽吻海豚	Bottlenose Dolphin、Common Bottle-nose Dolphin、Bottle-nosed Dolphin、Bottlenosed Dolphin	瓶鼻海豚、胆鼻海豚、樽鼻海豚、大海豚、尖嘴海豚、尖吻海豚	45
Ursus maritimus	北极熊	Polar Bear	白熊	150
Zalophus californianus	加州海狮	Californian Sea Lion	海驴	95

图书在版编目（CIP）数据

水生哺乳动物资源 / 袁文泽主编 . —北京：中国
农业出版社，2015.12
ISBN 978-7-109-21564-1

Ⅰ.①水… Ⅱ.①袁… Ⅲ.①水生动物－哺乳动物纲
－动物资源 Ⅳ.①Q959.8

中国版本图书馆 CIP 数据核字（2016）第 072273 号

中国农业出版社出版
（北京市朝阳区麦子店街 18 号楼）
（邮政编码 100125）
策划编辑　黄　宇
文字编辑　张彦光

中国农业出版社印刷厂印刷　新华书店北京发行所发行
2015 年 12 月第 1 版　2015 年 12 月北京第 1 次印刷

开本：787mm×1092mm 1/16　印张：19.25
字数：455 千字
定价：120.00 元
（凡本版图书出现印刷、装订错误，请向出版社发行部调换）